GRAVITARE

关 怀 现 实 ， 沟 通 学 术 与 大 众

奔腾不息

Unruly Waters

How Rains, Rivers, Coasts, and Seas Have Shaped Asia's History

雨、河、岸、海
与亚洲历史的塑造

〔印〕苏尼尔·阿姆瑞斯 Sunil Amrith ——著

王庆奖、朱丽云 ——译

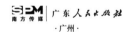
广东人民出版社
·广州·

图书在版编目（CIP）数据

奔腾不息：雨、河、岸、海与亚洲历史的塑造 /（印）苏尼尔·阿姆瑞斯
著；王庆奖、朱丽云译. —广州：广东人民出版社，2024.3
（万有引力书系）
书名原文：UNRULY WATERS：HOW RAINS, RIVERS, COASTS, AND SEAS
HAVE SHAPED ASIA'S HISTORY
ISBN 978-7-218-16611-7

Ⅰ.①奔… Ⅱ.①苏… ②王… ③朱… Ⅲ.①环境—历史—亚洲
Ⅳ.①X-093

中国国家版本馆CIP数据核字（2023）第086852号

Copyright © 2018 by Sunil Amrith.
Published by agreement with Trident Media Group, LLC, through The Grayhawk Agency Ltd.

BENTENG-BUXI：YU、HE、AN、HAI YU YAZHOU LISHI DE SUZAO

奔腾不息：雨、河、岸、海与亚洲历史的塑造
[印] 苏尼尔·阿姆瑞斯　著　王庆奖　朱丽云　译　　版权所有　翻印必究

出 版 人：肖风华

丛书策划：施　勇　钱　丰
责任编辑：陈畅涌　张崇静
营销编辑：龚文豪　张静智　张　哲
责任技编：吴彦斌
出版发行：广东人民出版社
地　　址：广州市越秀区大沙头四马路10号（邮政编码：510199）
电　　话：（020）85716809（总编室）
传　　真：（020）83289585
网　　址：http://www.gdpph.com
印　　刷：广州市岭美文化科技有限公司
开　　本：889毫米×1194毫米　1/32
印　　张：12.75　字　数：330千
版　　次：2024年3月第1版
印　　次：2024年3月第1次印刷
审 图 号：GS粤（2023）1346号
著作权合同登记号：图字19-2023-318号
定　　价：98.00元

如发现印装质量问题，影响阅读，请与出版社（020-85716849）联系调换。
售书热线：（020）87716172

目 录

推荐序

梅雪芹　仇振武

我们亚洲　山是高昂的头
我们亚洲　河像热血流
我们亚洲　树都根连根
我们亚洲　云也手握手
莽原缠玉带　田野织彩绸
亚洲风乍起　亚洲雄风震天吼

　　上述几句歌词，出自1990年在北京举办的第十一届亚运会宣传曲《亚洲雄风》；该曲词句貌似简单，却勾勒了亚洲丰富多样的自然风貌和山水文化。彼时，我还是北京师范大学历史系研究生二年级学生，以志愿者身份，通过捡拾亚运会场馆垃圾的方式，参与到那届亚运会的志愿服务与赛事欣赏之中。犹记得，当亚运会体育馆上空循环播放《亚洲雄风》的时候，我和同学们因其渲染的浓厚情感和鲜活意象而激动不已的情形。那时我就想过，什么时候能读到一部反映亚洲山水历史及其文化的著作呀！巧合的是，时隔33年，当又一届亚运会在我国召开的时候，我得以一边欣赏体育赛事，一边与自己的研究生们一起阅读这样一部亚洲历史专著，从而使我由来已久的阅读需求在很大程度上得到了满足，让我有机会真切地感受亚洲山河及其历史的壮丽与繁复。

这部著作，即是读者眼前的《奔腾不息：雨、河、岸、海与亚洲历史的塑造》（以下简称《奔腾不息》），作者是耶鲁大学历史系教授、印裔历史学家苏尼尔·阿姆瑞斯（Sunil Amrith）。该书原名为 *Unruly Waters: How Rains, Rivers, Coasts, and Seas Have Shaped Asia's History*，其核心主题显然是水或水域（waters），作者的问题意识则通过副书名中的"如何"（how）一词得到了反映，即他想要探究的问题是，雨水、河流、海岸和大海如何塑造了亚洲的历史。循着作者的思路，我们试图阐释的问题是：第一，他为什么要用这样的视角和主题来解读与建构亚洲历史？第二，他是如何认识和书写雨、河、岸、海对亚洲历史的塑造的？第三，我们又该如何认识他这样的解读？

一

水乃生命之源。水无处不在，雨水、河流、海岸、海洋无不与水密切相关；单单海洋，在我们生活的这颗星球上就占据了70%以上的面积，算上各种内陆水域，水在地球上的面积则更为广阔。水无远弗届，即便在包裹这个星球上空的大气层中，也同样蕴含了数不清的水分子，它们通过季风、降雨和风暴等形式深刻地塑造了人类社会。联合国2022年世界水周的主要议题即是"看不见的水"，它主张："世界上的水不仅存在于我们身边所能看到的河流、湖泊和海洋之中，水循环还包括我们可能无法轻易看到的水，而这些看不见的水对于实现可持续未来也至关重要。"这些水就包括地下水、土壤水分和大气中的水。①毋庸置疑，在世界历史的长河中——人们亦用"河流"来形容历史——无论是有形的水还是无形的水都扮演了重要的角色。在亚洲，水的角色尤为引人注目。

从地理与河流的角度来看，亚洲是众多大河的发源地，印度河、伊洛瓦底江、萨尔温江、湄公河以及我们熟知的长江、黄河皆从青藏高原发源，奔腾不息地哺育着地球上五分之一的人口。从海洋和海岸的角度来看，10亿以上的人口生活在亚洲的海岸地区，他们的生产、生活与海洋息息相关，更受到诸如海平面上升、热带风暴以及海啸等自然因素或海洋灾害的影响。从季风和降雨的角度来看，亚洲沿海乃至广阔的内陆腹地，都是季风势力的辐射区。季风拥有自己的生命史，每年来临的具体时间及强度皆具有不确定性，这种不确定性致使受其影响的人类社会必须通过各种方式获取稳定供应的水源，譬如推行灌溉措施、建设水利工程，或者大力发展现代气候与气象科学，等等。因此在近代亚洲历史上，水和水域成为殖民扩张与帝国竞争的重要对象。在民族国家独立之后，由水资源争夺引发的一系列地区政治和国际冲突进一步塑造了亚洲的政治地理格局。

亚洲，连同亚洲的江河湖海，一直是该书作者阿姆瑞斯关注的领域，他的写作基本围绕亚洲的区域研究展开。2019年，阿姆瑞斯受邀前来清华大学开设讲座，主要内容就是畅谈《奔腾不息》这本书。与他的上一本书《横渡孟加拉湾：自然的暴怒和移民的财富》（以下简称《横渡孟加拉湾》）类似，②《奔腾不

---

① "2022年世界水周：揭示看不见的水的重要性"，https://www.un.org/zh/189107。登录日期：2023年11月9日。

② ［印度］苏尼尔·阿姆瑞斯著：《横渡孟加拉湾：自然的暴怒和移民的财富》，尧嘉宁译，朱明校译，浙江人民出版社2020年版。

息》继续雄心勃勃地挑战着亚洲区域研究中的既定范式。然而，《奔腾不息》又是一本特征极其鲜明的著作，它更加侧重于揭示自然在人类历史中扮演的角色。如果说《横渡孟加拉湾》为读者展现了近代历史上形形色色的移民群体在孟加拉湾这片位于南亚和东南亚之间的海域中穿行和离散的画面，那么《奔腾不息》则进一步从环境史的视角出发来窥探近代亚洲的人类社会如何与自然环境产生着持续而互动的交往，通过将水和水域作为主题和视角，该书澄清了近现代亚洲近现代历史上的诸多迷思，别开生面地揭示出亚洲内部的多样性与同质性。

依该书作者所言，从水域出发来理解亚洲近现代史"并非寻常做法"（第7页），这是因为自20世纪90年代以来，学术研究的主流对象乃是"身份与自由"。然而作者提醒道，对身份议题的关注到21世纪似乎显得过时了。这是因为，随着全球气候变化与生态危机的日益显现，越来越多的亚洲人民正成为气候风险的潜在受害者。怀着对地球现实的忧虑，作者主张亚洲史的研究也应关注生态环境的变迁，"尤其是亚洲的水生态变化"（第7页），并认为这是重新理解亚洲史的关键。

当然，作者也承认，既有的亚洲研究中不乏关于水的论述，尤其是亚洲农业史或农村史的研究。在亚洲这片广袤的地区，农业发展和水利建设一直贯穿人类历史的始终，也自然成为历史学者争论不休的焦点。在1957年出版的《东方专制主义》（*Oriental Despotism*）一书中，德裔美国学者魏特夫（Karl Wittfogel）[①]通过对南亚和东亚平原三角洲地区的研究，认为东方国家专制主义的

---

　　① 　德裔美国历史学家，曾任共产国际教育宣传委员。著有《东方专制主义》。——编者注

形成与水利工程的修建和管理密切相关。①《东方专制主义》一书的问世掀起了学界的批判浪潮，也间接推动了20世纪七八十年代农业史研究的兴起。在农业史学者看来，水利工程与国家集权之间的关系并不简单。譬如在中国古代，国家在水利工程建设中的作用并没有想象的那么强大，有时候"水利社会"比"水利国家"的说法更符合实际，甚至水利工程也可能成为地方势力抵抗政府集权统治的工具。②无论如何，这些研究说明水和水域在20世纪亚洲历史的研究中并未缺席。此外，中国史与南亚史的研究专家也从各个角度考察了水在各地区历史中占据的重要地位。③尽管如此，该书作者却不失惋惜地称，这种良好的农业史研究传统已然消逝。尤其在南亚研究中，"文化研究"横扫了一切，学者们置日益加剧的水危机于不顾，反而更青睐城市史、思想史、移民史等研究议题。

在批判南亚研究"文化史转向"的同时，该书作者也致力于突破原来的农业史研究。比较明显的是，在以往的农业史研究中，水通常被视为一种可供使用和管理的资源。而该书作者却突

---

① Karl Wittfogel, *Oriental Despotism: A Comparative Study of Total Power* (New Haven, CT: Yale University Press, 1957).

② 参见Pierre-Étienne Will, "State Intervention in the Administration of a Hydraulic Infrastructure: The Example of Hubei Province in Late Imperial Times," in S. R. Schram ed., *The Scope of State Power in China* (New York: St. Martin's Press, 1985), 295–347; Peter C. Perdue, "Official Goals and Local Interests: Water Control in the Dongting Lake Region during the Ming and Qing Periods," *The Journal of Asian Studies*, Vol. 41 (No. 4, 1982): 747–765; Peter C. Perdue, *Exhausting the Earth: State and Peasant in Hunan, 1550–1850* (Cambridge, MA: Harvard University Press, 1986)。

③ 参见［英］伊懋可（Mark Elvin）著：《大象的退却：一部中国环境史》，梅雪芹、毛利霞、王玉山译，江苏人民出版社2014年版；Sugata Bose, *Agrarian Bengal: Economy, Social Structure and Politics, 1919–1947* (Cambridge: Cambridge University Press, 1986)。

破了这种成见，他有意识地回到了水本身，看到了作为自然存在的水所具有的各种形态，也看到了在长时段的变迁中，它们在经济、科技与文化等各种意义上与人类社会形成的相互塑造的关系。显然，这样一种对水本身的认识，以及对自然与人类双向互动过程的关注，契合了环境史研究的旨趣。

一般认为，环境史作为一门新兴的研究领域，起源于20世纪六七十年代的美国。根据美国环境史学家J. 唐纳德·休斯（J. Donald Hughes）的定义，"环境史"（environmental history）是"一门通过研究不同时代人类与自然关系的变化来理解人类行为和思想的历史"[①]。在环境史研究中，水及与其相关的一系列自然存在，如河流、湖泊、海洋、大气、冰川等水的各种形态，都是重要的研究主题。在《奔腾不息》第一章，作者开宗明义地强调了环境史研究对他的启发，即促使他从水的角度来重新理解亚洲史。

可以说，正是沿着环境史研究的思路，《奔腾不息》一书的作者从自然本身出发，从自然与人类历史的纠葛出发，重新发现了水。也正因此，人与水的关系不单单是一个资源利用的问题，而是充满复杂的互动过程，其中又包含气象学、水文学和海洋学等知识的生产与流动。当然，水的自然特性不仅决定了人类与水互动方式的多样化，也决定了历史学者必须从超越民族国家的视角来看待自然与人类的互动变迁，因为作为自然的水从不局限于人为划定的疆域和边界之中。正是在这个意义上，该书作者尝试第二次突破过去以民族国家为框架的农业史乃至环境史研究，从一种"更广阔的视角"（第11页）出发，致力于凸显跨国与跨区

---

① ［美］J. 唐纳德·休斯著：《什么是环境史》（修订版），梅雪芹译，光启书局2022年版，第3页。

域研究的重要性。从各种意义上而言，亚洲的水和水域不啻是该书作者用来解读亚洲这块巨大拼图的史学密钥。

二

《奔腾不息》整本书围绕亚洲的水和水域展开，重点研究对象则是近现代的南亚次大陆。其写作风格纵横捭阖，形散而神不散，引申出作者许多发散性的思考。为了更加清晰地理解作者的意图，我们着重从3个方面来阅读此书，这既是对水的认识、对水的利用，以及关于水的争斗与合作而贯穿这3个方面的暗线则是所谓的"遥相关"（teleconnection）。"遥相关"原本就是一个大气科学的概念，它指的是地球上相距遥远地点的天气现象之间的重要关系或联系，通常包括跨越数千米的气候模式。[①]其实"遥相关"概念的诞生就与亚洲密不可分，因为最早对这一概念作出贡献的科学家之一，乃是英国气象学家吉尔伯特·沃克（Gilbert Walker），他通过计算的方式展现了全球大气压力、温度和降雨量时间序列之间的相关性。而这些工作都是他在20世纪初担任印度气象局（Indian Meteorological Department, IMD）主任的期间完成的。在人文学科研究中，"遥相关"概念在前人的讨论中也有迹可循。19世纪初，德国哲学家黑格尔（G.W.F.Hegel）已经提出了类似观点："在貌似不伦不类的事物中找出相关连

---

① Breanna Zavadoff and Marybeth Arcodia, "What are teleconnections? Connecting Earth's climate patterns via global information superhighways," December 22, 2022, https://www.climate.gov/news-features/blogs/enso/what-are-teleconnections-connecting-earths-climate-patterns-global.

的特征，从而把相隔最远的东西出人意外地结合在一起。"①黑格尔的讨论并未涉及气象学，但在马克思主义史学家迈克·戴维斯（Mike Davis）的笔下，"遥相关"概念体现了大气科学与人文科学的融合。在《维多利亚晚期的大屠杀》（*Late Victorian Holocausts*）一书中，戴维斯使用该术语形容近代厄尔尼诺（El Niño）等异常天气在世界各地区引发的各类气象灾害和社会问题，例如干旱与饥荒。②戴维斯的说法可能给予《奔腾不息》一书作者许多启发。

在《奔腾不息》一书中，作者首先使用"遥相关"概念来分析19世纪90年代的南亚饥荒，认为这些饥荒引发了世界性的关注，并帮助"萌生了一种新的、全球性的人道主义意识，一种英国、美国和欧洲中产阶级大众对遥远陌生人的痛苦遭遇的代入感"。（第90页）这种代入感加剧了英国殖民当局的焦虑，厉行节俭的当局不愿意提供充足的灾害救助，转而更加投入对气象科学的研究。因此，作者继续将"遥相关"概念拓展至季风和气旋两个方面，因为对季风和气旋的认识贯穿了近代南亚的气象科学发展，亦即贯穿了时人对不同形态的水的认识。

对水的认识是亚洲地区人民利用水、争夺水的基础。作为全世界最大的季风系统，亚洲的季风系统覆盖了亚洲大部分地区，以至于在20世纪便有地理学家将其脚步所到之处称为"季风亚洲"（Monsoon Asia，第26页）。在近代，南亚次大陆为现代季风科学的发展提供了自然的"实验室"。19世纪70年代，气象学

① ［德］弗里德里希·黑格尔著：《美学》（第2卷），朱光潜译，商务印书馆1979年版，第132页。

② 参见Mike Davis, *Late Victorian Holocausts: El Niño Famines and the Making of the Third World* (London: Verso, 2001)。

发展为一门跨国研究，其标志事件是1873年由欧美国家牵头成立国际气象组织（International Meteorological Organization, IMO）。两年后，印度气象局应运而生。为研究季风不规律导致的降水不稳定问题，印度气象局第一任局长亨利·布兰福德（Henry Blanford）将眼光从印度拓展至更广阔的地区，包括毛里求斯、科伦坡、新加坡、巴达维亚以及澳大利亚与新西兰。19世纪80年代初，他又根据喜马拉雅山脉的降雪量来预测来年夏季风的强弱。而与季风同样获得英印气象学家关注的，则是与季风活动密切相关的热带气旋，这也是另一种水的形态。印度气象局第二任局长约翰·埃利奥特（John Eliot）正是一名热带气旋研究专家，他的著作直接影响了亚洲其他地区的气象学家，如香港天文台台长杜伯克（William Doberck）和马尼拉天文台台长何塞·阿尔盖（José Algué），后者认为孟加拉湾（Bay of Bengal）气旋的研究与菲律宾群岛的台风研究能够遥相呼应（第110页）。在中国的上海和香港，台风研究及相应预警制度的发展也都与南亚和东南亚有着千丝万缕的联系。该书作者因而强调，彼时亚洲的风暴专家都在设想更为广阔的气候区域，这揭示出亚洲共同面临的气候风险。到19世纪末20世纪初，英国气象学家将南亚气候置于更为广阔的时空中，譬如印度气象局第三任局长沃克将亚洲季风视为影响全球大气环流和世界气候的重要构成因素，即亚洲季风与整个世界的气象活动之间都存在"遥相关"。

通过对"遥相关"的认识，该书作者揭示出19世纪气象学家如何逐渐将亚洲诠释为一个综合的气候系统。作者也从对水的关照出发，以南亚季风和热带气旋的相关研究串联起亚洲的广泛区域，将亚洲置于世界乃至整个星球中进行讨论，这契合了美国环境史学家唐纳德·沃斯特（Donald Worster）自20世纪80年代起倡导的"星球史"（planetary history）转向，[①]它的主旨即是说我们生存的星球是一个相互关联的整体。

同样受气候与气象活动的影响，南亚的水资源呈现出不均衡性和极端的季节性，这种特有的生态特性困扰着印度的历代统治者，他们特别关注对水的管理和利用。"水之为利害也"，所谓的水利即兴水之利，除水之害。因此，对水的利用是该书所讨论的第二个重要主题。

水资源对于南亚的重要性不言而喻。水为农业之利。无论是在季风区的孟加拉农业三角洲，还是在非季风区的旁遮普（Punjab）运河殖民地，水资源都是农业发展的命脉，而农业税收是支撑英帝国在印度从事军事和其他活动的物质基础。水为交通之要。运河与铁路为欧洲的商人、士兵和探险家深入亚洲内陆腹地提供了便利。虽然在交通方面，铁路比运河效率更高，但即便是铁路也不得不克服复杂的水域状况。水为解旱之道。殖民时期的印度人民频繁遭受饥荒的困扰，大多数饥荒暴发的自然原因是当年季风的失能，而大量人口死亡的直接原因是淡水不足。19世纪末，一系列干旱和饥荒事件引发了印度人对国家和经济、自然和气候的新思考，也激发了民族主义的思想和力量。印度的经济学家开始设想，在未来的世界和独立后的印度，水必将成为国家重要的战略资源。水为发展之基。20世纪初，地下水开采发展为一股新的浪潮。在中国和印度，地下水的开采和灌溉农业的发展改变了国家内部的经济地理格局。为谋水利之便，处于现代化建设中的日本也成为印度学习的对象。在印度，人们使用发动机

---

① Donald Worster, "The Vulnerable Earth: Toward A Planetary History," *Environmental Review*, Vol. 11 (No. 2, 1987): 87–103.

驱动的水泵来开辟水源，这类小型机械和日常技术的运用，与日益普及的石油发动机相结合，对南亚地区的景观、环境和自然资源都造成了不可逆的改变。而以大坝建设为基础的水力发电，则为水资源的利用提供了另一种方式。除此之外，海洋渔业的发展也涉及对水的规划和利用。简而言之，水资源问题是一个长时段的、跨地域的问题，贯穿了殖民时代和民族国家时代，也横跨了亚洲多个国家。从亚洲近代史的宏观视野看待水的问题，正是《奔腾不息》一书的题中之义。

在亚洲，水资源分布的数量与地域都具有极度的不均衡性，亚洲的政治版图也无法同由大自然的山脉与河流划定的地理版图兼容，所以对水的利用难以避免地牵涉有关水资源的争斗与纠纷。在殖民时代，水资源所有权的界定映射出帝国对边疆安全的管控与焦虑。近代西方殖民者对亚洲大河源头的考察，其最终目的在于地缘政治与帝国安全考量。类似地，在20世纪二三十年代的印度和中国，民族主义运动之间关于水资源的控制不断加剧。到20世纪下半叶，随着许多亚洲民族国家从殖民时代的"废墟图景"中兴起，水更是承载了关于社会经济发展的新梦想，水资源的稳定供应成为新兴民族国家的核心目标。在该书作者看来，民族国家比殖民政权有着更为强烈的征服水域的野心，而修建水坝是这种野心的明确体现。大坝作为一种基础设施所具有的宏伟政治景观元素，象征着亚洲国家领导人对自然的征服，也承载着所谓的现代性和发展梦。然而，建造大坝的社会和生态成本是高昂的——这在亚洲许多地区存在共性。大坝建设固然为许多人提供了水电资源，但也摧毁了地区原有的经济—生态关系，它一方面致使当地许多人流离失所，另一方面造成不少环境问题，例如，大坝建设淹没了森林，加剧了土地盐碱化，阻碍了河水的流动以及河中生物的迁徙，也减少了河口三角洲的淤泥，导致排水阻塞、洪涝加剧等。当然，亚洲的公民社会并未对此保持沉默。20世纪末，反对大坝的声音，以及各种呼吁生态环境保护的声音，已经在亚洲很多国家出现并跨越了政治和思想的疆界而遥相呼应。这是亚洲国家内部公民社会"遥相关"的另一种体现，也说明亚洲是当代环保主义运动的发源地之一。

当然，关于水的争斗既有冲突也有合作。跨越边界的水域和共同面临的水源问题，以及更大时空范围内的气候与气象灾害，为不同国家间的合作奠定了自然基础。围绕二战后的国家建设，亚洲国家间开展了新的竞争与合作。20世纪50年代，印度派代表前往中国考察水利工程建设，水利问题成为沟通中印两国外交的桥梁。同在一个去殖民化的时代，亚洲内部不同国家和地区的经验共享变得越来越重要。1959—1965年进行的国际印度洋科学考察计划（International Indian Ocean Expedition），加深了南亚与广阔的印度洋的联系，也揭示了大气活动与地球表面以及海洋深处的内在关联，这无疑是一种三维的"遥相关"。由此，该书作者认为，印度洋在真正意义上成为一个范围广泛、超越国界的气象体系。新的气象科学也提醒人们重视亚洲的脆弱性，随着亚洲内部日益相互关联，其遭受不稳定气候风险的危害也日益加剧。面临当代的气候危机，"遥相关"正变得清晰可见，没有哪个国家和民族能够独善其身。

总而言之，水的问题将亚洲的不同区域串联起来，既给人们呈现出一个不同的亚洲，同时也凸显了其内部同质性的一面。水滋润哺育了亚洲人民，也使得亚洲人民面临相似的生存困境。因此，对水的认识、对水的利用，以及关于水的争斗与合作，无不彰显了各种形态的水在塑造亚洲历史中的重要性。正如《奔腾不息》一书所揭示的，水的问题也将不同地区的人类社会紧紧凝聚在一起，"遥相关"成为联结亚洲乃至世界人类命运共同体的纽带。

三

在《奔腾不息》一书中，作者怀着对亚洲山山水水的热爱，揭示出了一个内部极具相似性同时又联系紧密的亚洲。这是"我们"的亚洲，是一个"树都根连根、云也手握手"的亚洲，也是一个水脉和命脉相连的亚洲。亚洲的雨、河、岸、海，承载着数十亿亚洲人民的喜悦与痛苦并存的历史记忆，塑造着气候变化与生态危机加剧的当下，也预示着可以通力合作改善人民生存处境、共建生态文明的未来。我们认为，作者解读和书写这样一部亚洲历史，至少有如下的意义。

首先，《奔腾不息》一书以水为媒，借水为镜，补充了人们熟知的亚洲历史叙事。整体来看，亚洲历史的发展变迁与亚洲水域状况以及各类人群对水的认识、利用，与水相关的争斗与合作纠缠在一起。可以说，亚洲是一片由水域塑造的大陆，亚洲史是一部由水域塑造的历史。该书作者使用"遥相关"的方式揭示了亚洲内部不同地区之间围绕着水和水域的联系与交流，也指出了亚洲国家和地区所面临的相似困境。可以说，这种跨地区的视野源于自然，因为水本身就是跨界的、流动的，与我们居住的星球同呼吸、共命运；另一方面，作者又为既有的亚洲研究提供了一个大自然的分析框架。由于作者不仅仅将水视为一种资源，而且视为一种自然之物，因此他对水和水域的研究突破了二维的平面，达到了三维的空间。这样一来，《奔腾不息》将水从地表带到了天空和深海，其考察方式契合了方兴未艾的气象史和海洋史研究。从自然本身出发来思考亚洲历史，促使我们自觉地将眼光从人类世界转移到非人类世界，看到这片大陆上的自然。而在这个框架内部，学者们也能够重新审视既往历史研究的经典议题，一些以往被视为政治、经济和社会的历史事件，在环境史的视野下具有了新的意蕴。例如，印巴分治的问题就因运河系统的存在而变得十分复杂。在旁遮普，分治打破了半个世纪以来精心规划的运河网；而在孟加拉，洪水的涨退和沙洲的变迁使得确定政治边界的愿望变得扑朔迷离。由是，在南亚近现代历史上，"自然的河流"变成了"帝国的河流"，如今又变成了"国家的河流"。在此过程中，尽管河流的"身份"不断变化，但人类企图控制水的抱负是一以贯之的。英属印度殖民政权搜集和学习了前殖民时代的本土气象知识，而殖民时代创造的许多现代水利制度与科技也在后殖民时代得到了传承和发扬。不仅如此，民族国家还继承了殖民时代西方人掌控自然世界的野心，并将这种野心发挥到极致。无论如何，如《奔腾不息》一书所揭示的那样，亚洲水域的激浪与柔波所"折射"出的不仅是国家形态的变迁，也是一系列相关的经济、社会、文化与科学的传承、断裂与演变。

其次，作者对亚洲水利工程史的分析，辩驳了流传甚广的亚洲历史理论，例如上文提及的魏特夫的治水社会与"东方专制主义"论。从近代亚洲历史上来看，在不同的时空范畴中，水利工程所呈现出来的复杂性远非魏特夫的理论所能阐释。在前人研究对魏特夫所进行的批判的基础上，该书作者进一步从长时段南亚史的视角出发，揭示了印度不同区域之间的降水与河流分布差异，以及基于这些差异所形成的诸如开凿运河、引水灌溉、开发地下水资源、修建水坝、筑堤、发电等各类做法。并且在这些"治水"行为中，诸如地方宗族、庙宇神职人员和地主等各个阶层的参与者在不同的历史时空中发挥了不同的作用。不仅如此，水利设施建设与极权主义的发展既非线性，也绝不平行。权力的集中与分散交替出现，水利建设的兴衰成败共同构成了错综复杂的历史面貌。透过水域的棱镜，《奔腾不息》一书阐释了在不同历史时空、不同政治制度以及不同社会关系之中，人类对于水和水域的认识、利用及与水相关的争斗与合作有着不尽相同的体现、过程及结果。这对我们认识水和水域在亚洲历史上的作用，进而更好地认识亚洲历史本身的复杂性有着重要的意义。

再次，《奔腾不息》一书提供了认识自然力量和人类脆弱性的历史例证。从人类角度而言，"自然之力"既包括自然生产力，同时也包括自然破坏力。[①]亚洲人民赖水为生，但也时时刻刻受到降水的不规律性、水资源分布不均、流域的跨界争端等问题的掣肘。譬如就热带气旋而言，它既能够消解酷暑、舒缓干旱并参与大气循环，也会给亚洲海域沿岸的居民带来剧烈的生命和财产损失。面对自然的不确定性和破坏力，不仅个人是渺小的，就连帝国和民族国家也是脆弱的。而越是脆弱和焦虑，统治阶级却越要彰显战胜自然的力量。随着人与自然关系问题的进一步加剧，随着人类更多地参与和改变全球地质变迁和大气循环，生活在"人新世"（Anthropocene）的我们也将面临更多气候变化所带来的风险。在这个意义上，《奔腾不息》一书充满着对生态环境变迁的现实关怀。

最后，《奔腾不息》一书展示了亚洲国家超越政治边界而开展合作的自然基础。如该书所呈现的，亚洲的自然山水将亚洲

---

① 有关"自然之力"的论述，参见梅雪芹：《从关注"一条鱼"谈环境史的创新》，《史学月刊》2018年第3期，第27—33页。

国家和地区塑造成一个命运共同体。例如，作为全球气候系统的重要组成部分，亚洲季风（包括东亚季风和南亚季风）环流在有形和无形中塑造了亚洲广大地区的水源分布、生物群落、农业发展乃至工业生产格局等。又如从喜马拉雅山脉发源的河流，它们在流经数个亚洲国家和地区、哺育10亿乃至数十亿人口的同时，也如巨大的绳结一般，将这些亚洲国家和地区人民的命运紧紧地系在一体。虽然亚洲的水和水域不断地引发国家、民族和宗教群体之间的争端，却也为亚洲国家和地区之间的合作提供了广泛的自然支撑，因为关于水的问题不仅仅是民族国家的内部问题，也是跨越国境的、洲际的乃至星球的问题。至少在亚洲内部，人类命运的"遥相关"得到了明确的体现。通过对亚洲水域历史的挖掘，《奔腾不息》一书的作者呼吁当代亚洲国家和地区能够联手合作，共同应对气候变化带来的新问题。从另一个角度来说，正是对自然的认识为作者思考亚洲的命运共同体提供了方法，帮助作者用一种新的眼光看待亚洲历史，这体现了环境史作为"根史"（root history）的深层意蕴。

《奔腾不息》一书纵横捭阖、包罗万象，但也不可避免地存在一些缺憾。最明显的是，由于作者是近现代南亚区域研究专家，其论述重心不可避免地向近现代南亚史尤其是印度史倾斜，因而对亚洲其他地区的分析稍显不足。显然，东北亚、东南亚、西亚都未能在该书中占据多少篇幅。尽管作者主要着眼于亚洲内部的同质性而非差异性，但南亚能在多大程度上代表亚洲？这是一个值得玩味的问题。

此外，作者在讨论亚洲水域的时候，也似乎忘记了考察水与其周围环境的联系。我们在思考，能否借用生态学或"多物种民族志"（Multispecies Ethnography）的方法，将生活在水域内外的各种生物囊括进来，置于同一个自然之中？譬如在水边生活的牛、水中游动的鱼，以及随季节迁徙的鸟？它们的行为能否展现全球气候的变化？水与周边动物的关系无须赘言，而水与植物及其生长的土壤之间的关系，似乎也有丰富的研究价值，正如前文所述，"土壤水""大气水"和"地下水"都是构成全球水循环的重要环节。当我们将视野转向"仰望天空"（look to the skies）的同时，似乎也不应忘记环境史"亲抚大地"（down to earth）的初衷。[①]

最后，作者倾向于认为殖民政权和民族国家都拥有征服自然的野心，且后者更甚于前者。这种说法或许对历史的复杂性估计不足。一方面，在不同时代与不同的政权形式下，水域治理背后的动力机制可能并不一致；另一方面，自然有其能动性（nature's agency），它的历史与人类的历史是一个相互形塑的过程。无论在殖民史还是在民族国家的历史上，水域的变化都曾经引发统治者的环境焦虑（environmental anxiety）[②]，进而可能引发更深层次的合法性焦虑。由是，与水域变迁和水源污染相关的一系列"社会–生态"问题推动了国家层面的环境治理和生态修复进程。随

---

① 这两个短语分别来自气候史学家詹姆斯·弗莱明（James Fleming）的文章和环境史学家泰德·斯坦因伯格（Ted Steinberg）的论著。参见James R. Fleming, "Climate, Change, History," *Environment and History*, Vol. 20 (No. 4, 2014): 577–586; Ted Steinberg, *Down to Earth: Nature's Role in American History* (New York: Oxford University Press, 2002); Ted Steinberg, "Down to Earth: Nature, Agency, and Power in History," *The American Historical Review*, Vol. 107 (Iss. 3, 2002): 798–820。

② 根据新西兰环境史家毕以迪（James Beattie）的说法："环境焦虑指的是当环境不符合欧洲人对其自然生产力的预想，或者当殖民化引发了一系列意想不到的环境后果，威胁到欧洲人的健康、军事力量、农业发展和社会关系等各个方面时，令欧洲人所产生的担忧。"参见James Beattie, *Empire and Environmental Anxiety: Health, Science, Art and Conservation in South Asia and Australasia, 1800–1920* (London: Palgrave Macmillan, 2011), 1。

着生态、环境与自然愈发成为亚洲公民社会的重要议题，我们相信，在未来生态文明建设也将成为全体亚洲国家的共识。

对于《奔腾不息》这样一部立意深刻的书，一些小的问题是瑕不掩瑜的。关键在于，我们读者从这本书中能够获得什么助益？毋庸置疑，这本书呈现了亚洲水域的方方面面，有助于我们更广阔而深入地了解亚洲的自然及其历史变迁。它同时也揭示了亚洲国家内部关于水源的争斗、交流与合作的复杂画卷。"溯洄从之，道阻且长"，亚洲的历史实实在在地为我们应对当下的危机提供了经验，但如何汲取历史的经验来指导我们当下的行动却殊为不易。在亚洲内部民族主义情绪加剧的"后疫情时代"，我们还能像1990年北京亚运会歌曲《亚洲雄风》所歌唱的那样心纳寰宇、胸怀天下吗？在这个意义上，作者能够撰写这样一部亚洲的历史确实有着非凡的价值。

总而言之，《奔腾不息》一书展现了地域广袤而波澜壮阔的亚洲，它以水和水域作为媒介，既为我们重读亚洲的历史提供了一扇独特的窗口，也为我们想象亚洲的未来提供了一种新颖的方式，更促使我们以"星球居民"的身份思考全球气候变化与环境问题。由此，《奔腾不息》一书值得每一位对亚洲历史感兴趣的读者阅读和品味。

地图列表

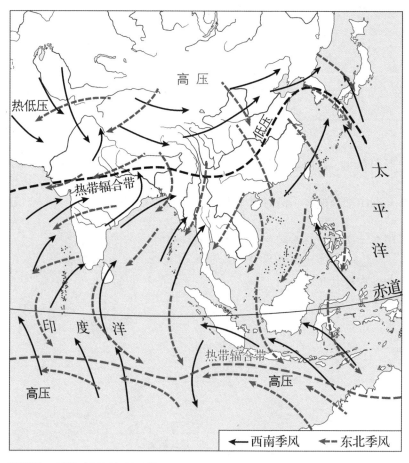

高压

热低压

高 压

低压

热带辐合带

太平洋

赤道

印 度 洋

热带辐合带

高压

高压

← 西南季风　←- 东北季风

审图号：GS粤（2023）1346号

亚洲东北、西南季风图

河流分布图

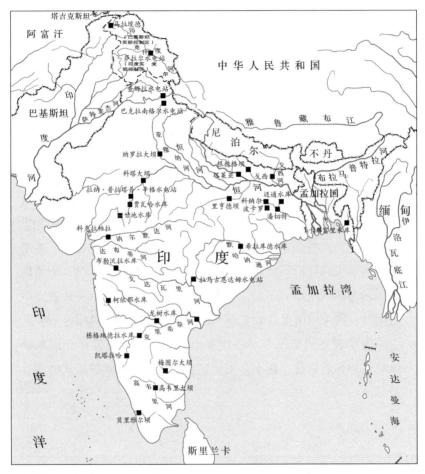

印度大坝分布图

名称与术语说明

本书中地名在不同历史时期叫法不一。一般来说，本书中使用的地名为所描述历史时期相应的地名。例如，本书在讨论殖民地时期及独立后早期时，使用孟买（Bombay）、马德拉斯（Madras）、加尔各答（Calcutta）、浦那（Poona）、仰光（Rangoon）等地名；而在论及其近代历史时，所使用的名称则分别变成孟买（Mumbai）、金奈（Chennai）、加尔各答（Kolkata）、浦那（Pune）、仰光（Yangon），这是由于在20世纪90年代，这些国家官方重新确定了这些城市的正式名称。本书中的国名也同样沿用此规则。例如，在涉及殖民时期时，所使用的国名为锡兰（Ceylon）、马来亚（Malaya），而论及其独立后时期时，则采用斯里兰卡（Sri Lanka）、马来西亚（Malaysia）。

为了表述清楚，本书将南亚语言的单词进行音译，以反映该地区的普遍做法，而不是采用南亚语言学者喜欢的正式的变音符号。

第一章　塑造现代亚洲

1

从太空轨道俯瞰，美国航空航天局（NASA）卫星拍到的青藏高原以南的区域图中，上半部分呈现出喜马拉雅山脉蜿蜒的走向，山脉周围镶嵌着众多青藏高原色彩斑斓的湖泊。

从表面看来，卫星图不过是记录了某一个瞬间，但其中却蕴含着层层的历史，向人们展示了漫长时间作用的结果。如今的印度半岛（即南亚次大陆）在与马达加斯加（Madagascar）分离后（约9000万年前），在大约5000万年前与欧亚大陆相撞合，形成了喜马拉雅山脉。印度半岛俯冲至欧亚大陆（Eurasia）边缘下，推高了青藏高原，特提斯海（Tethys Sea）①消失。E. M. 福斯特（E. M. Forster）②曾在《印度之行》（*A Passage to India*）中写道："地质学比宗教传说看得更远，知道曾有一个时期，不论是恒河抑或哺育它的喜马拉雅山都还并不存在，印度斯坦（Hindustan）的这些圣地之上还是一片汪洋大海。"③印度洋下的火山活动使压力不断上升，印度板块边缘的岩层崩塌，从而形成了地球上最大的山脉。1

2

---

①　又称古地中海。横贯欧亚大陆的南部地区，与北非、南欧、西亚和东南亚的海域沟通。距今 4000 万年前的始新世晚期，青藏高原出露海面。现代地中海是特提斯海的残留海域。（如无特别说明，本书脚注均为译者注。）

②　20世纪英国作家，曾2次赴印度旅行，代表作为《看得见风景的房间》《莫瑞斯》等。——编者注

③　中文译文引自［英］E.M.福斯特著：《印度之行》，冯涛译，上海译文出版社2016年版，第153页。——编者注

　　这些崇山峻岭是如此的高大，集中着如此多的积雪、冰、热能、融化的水流，以至于它们深刻影响着地球的气候。亚洲的大江大河便是这段地质历史的产物。它们向着南方、西南方流去，塑造了肉眼可见的陆地景观：从高山上流下的河水，冲击力巨大，侵蚀着所到之处的岩石，开凿出山峡与河谷。几百年来，河水从山上带走了淤泥和沉积物，它们沿着亚洲的河谷与洪泛区堆积起来，哺育着大量人口。20世纪50年代，地理学家诺顿·金斯伯格（Norton Ginsburg）看着地图，在彼时卫星图片尚不可用的情况下，在其著作中把亚洲的“核心山脉”描绘成“巨大车轮的轮毂，世界上最大的一些河流便是其轮辐”。[2]

　　而曾经看不见、如今却叠映的区域——这一地区的河流四分五裂，它们是由官僚式的而非自然环境的逻辑支配——是近现代历史存在的依据。山脉走势穿越了中国西南部、尼泊尔、不丹和印度东北部。河流则更为奔腾不羁，溢出青藏高原以南的地区。从山顶流下的江河多达10条，哺育着地球上五分之一的人口，这10条河流分别是：塔里木河、阿姆河（Amu Darya）、印度河（Indus River）、伊洛瓦底江（Irrawaddy River）①、萨尔温江（Salween）②、湄公河（Mekong River）③、长江、黄河，以及位于这片区域中央的恒河（Ganges）与布拉马普特拉河

----

① 中国古称“大金沙江”“丽水”。其河源有东西两支，东源叫恩梅开江，发源于中国境内察隅县境，伯舒拉山南麓（中国境内称之为独龙江），西源叫迈立开江，发源于缅甸北部山区。——编者注

② 在中国境内称为“怒江”。源于中国唐古拉山南麓，称为那曲河，离开源头后称为怒江。——编者注

③ 发源于中国唐古拉山东北坡，在中国境内称为“澜沧江”。世界第九长河，亚洲第五长河，东南亚第一长河。——编者注

（Brahmaputra River）①。喜马拉雅山脉的江河流经16个国家，有无数支流汇入。这些支流穿越的地区被人们划分为南亚、东南亚、东亚和中亚，然后注入孟加拉湾、阿拉伯海（Arabian Sea）、中国南海、中国东海以及咸海（Aral Sea）。

上述地区以西则展现着一部更为紧凑的历史。污染引起的雾霾笼罩在印度北部的上空，"褐云"②（brown cloud）中混合着人造的硫酸盐、硝酸盐、黑炭颗粒和有机微粒。③在全世界，印度次大陆的气溶胶浓度是最高的，尤其是在冬季的几个月，几乎没有降水，难以将天空"洗净"。单一颗粒物虽然在气体中只停留数周，但累积起来的雾霾则可持续数月之久——我们在这里看到的是一份转瞬即逝的"档案"，"档案"内容来自家家户户的煤炉、一辆接一辆的卡车和汽车的排气管、一座座冒着烟雾的工厂烟囱、每年雨季后烧遍恒河平原的烟雾。而褐云的位置及烟雾的源头见证了20世纪横贯印度西北地带的人口增长、城市扩张以及经济发展不平衡的历史。随着时间推移，一系列转瞬即逝而又不断冒出的褐云可能已经削弱了南亚在过去半个世纪的降雨量，从而改变了联系着云、山和河流的水循环。3

最后，我们再从外太空的视角看一看山峰上的冰雪。当下的情况预示着未来将要面临的挑战。如今下泻的水量极易受到碳排放量上升的影响。随着地球表面升温，喜马拉雅山脉的冰川正在

---

① 在中国境内称为"雅鲁藏布江"。上源喜马拉雅山北麓，经喜马拉雅山东端的珞瑜地区向南流入印度和孟加拉国境内，称布拉马普特拉河，下游注入孟加拉湾。——编者注

② 详见联合国环境规划署报告，https://news.un.org/zh/story/2008/11/104332。——编者注

③ 详见"联合国与空气质量"网页，https://www.un.org/zh/sustainability/airpollution/asia.shtml。——编者注

融化；而在未来的几十年，冰川融化的速度将进一步加快，这将
直接影响亚洲的主要河流以及全球的气候。

＊　＊　＊

世界上超过一半的人口居住在亚洲，但除了南极洲外，亚洲
蕴藏的淡水比其他大陆都少。全世界五分之一的人口在中国，六
分之一的人口在印度，但中国的淡水资源总量只占世界的7%[①]，
印度只占4%，且在这两个国家，淡水资源的分布并不均衡。随着
人口增长、城市扩张与经济的快速发展，无论是水质还是水量均
承受着巨大压力。亚洲的河流被大型水坝拦截，且水中充满了污
染物。据估算，80%的中国地下水不宜饮用[②]；在印度，地下水
受到氟化物和砷的污染，或因盐度太高而无法饮用或损害健康。[4]

气候变化的影响已经显现，这加剧了亚洲人民本就面临的、
与水资源相关的风险。大量研究人员预测认为，随着全球变暖、
冰雪融化，喜马拉雅山脉的河水将上涨；接着，在大约21世纪中
期，这些河流在一年中的某些时候将开始干涸。既有的水资源不
均衡现象将进一步加剧：降水丰沛的地区会获得更多的降水，而
干旱地区则会变得愈加干旱。在这一普遍局势之下，气候将更为
多变，极端天气事件将不断增多。全球变暖的后果与气候变化的
区域性动因——土地用途的变化、气溶胶排放以及褐云——开始

---

① 中华人民共和国水利部发布的《2016年中国水资源公报》指出，中国淡水
资源总量为2.8万亿立方米，占全球水资源的6%，详见http://www.mwr.gov.cn/english/
mainsubjects/201604/P020160406508110938538.pdf。——编者注

② 中国水利部澄清，指出"80%地下水不宜饮用"的论断主要是根据北方平原
地区浅层地下水的监测数据，并不是地下水饮用水水源地的水质数据。目前地下水
饮用水水源主要取自深层地下水。详见http://tv.cctv.com/2016/04/12/VIDEJ8Fd3vYM11
CN0ZopgNg 2160412.shtml。——编者注

相互作用，使不确定性成倍增加。尤其是沿海地区，面临一系列威胁：热应力、洪水以及更猛烈的气旋风暴。[5] 风险最大的是欧亚大陆南部和东部边缘新月形的沿海地区，而这里也是世界上人口最集中的地区。世界上人口最多且容易受到海平面升高影响的20个城市都在亚洲。[6] 面临最大威胁的城市包括印度的孟买和加尔各答、孟加拉国的达卡（Dhaka）、印度尼西亚的雅加达（Jakarta）、菲律宾的马尼拉（Manila），这是由于这些城市不仅人口数量庞大，而且还存在极度贫困和不平等现象。

与此同时，政治家和工程师计划通过技术治水。未来10年，印度、中国、尼泊尔、不丹和巴基斯坦将在喜马拉雅山脉的河流上建设400多座水坝，以满足当地对电力和灌溉的需求。从印度沿着东南亚直到中国，新的港口和火力发电站[①]沿着弧形海岸排布。印度和中国已经做出规划，花费达上千亿美元，把河流的水源引到最干旱的区域，这些花费高昂的浩大建设项目是世界上前所未有的。这些规划关系到全球相当数量人口的福祉，关系到亚洲未来的形态，以及亚洲各国间的关系。每一种风险、针对这些风险的每一个应对措施，都深深地根植于先前几代人的理念、制度和选择——也即是说，正是现代亚洲历史塑造了这些理念、制度和选择。

一

为理解亚洲在世界上最易受到气候变化影响的原因以及南亚

5

---

① 　中国大多数火力发电厂和炼钢企业装备了清洗、除尘和去除二氧化硫及氮氧化物的设备，并且迁出城市中心区域。——编者注

首当其冲的原因，就需要关注水的历史。从西边的巴基斯坦，穿过印度以及东南亚，再到东边的中国，整个亚洲腹地对水的管理助推了人口增长以及人类寿命的延长——这即使在20世纪中叶都难以想象。在气候不断变暖的全球，亚洲的规模之大与众不同，亚洲各民族间差异之明显亦十分突出。而此两者都根源于对水源的需求。这是现代亚洲史的一个主要特征，也是人们常常忽略的一个方面。

现代历史上，为水而战是一个全球叙事，我们在美国西部、德国或苏联都可以看到类似的故事。[7]对水的寻求形塑和支撑着如此多的印度人和中国人的生活，这点是其他地方无可比拟的。这两个国家的人口比重并非是一个天然的事实，而是历史的结果，即以治水为关键的历史的结果。如今，由于密集的水利水电工程，对水源的管理比之以往更为细致，但是管理的基础依然脆弱。在亚洲，物质生活状况的不稳定所带来的倍增效应，同样是其他地方无法相比的，而这也需要历史性的解释。降水量越来越不稳定、风暴越来越密集、河流改道、水井干涸，半个世纪以来来之不易的辛劳成果极有可能"一朝回到解放前"。全球变暖的力量与早期水源管理的物质遗产是共同发生作用的。沿海地区面临海水变暖以及因城市不断扩充，不堪重压而下沉的历史现实，这类城市中，很多最初都是18、19世纪殖民者建造的港口。而江河三角洲也在不断下陷，这是由于20世纪五六十年代在上游修建大型水坝导致下游的沉淀物匮乏。我们正是生活在前几代人对水的梦想与恐惧所造成的意外结果之中。

6　　本书的主题即是这些梦想与恐惧的起源，以及政策生命力与由这些政策所产生的基础设施的悠久历史，本书讲述的正是在过去的200年里，殖民者的图谋、自由斗士的愿景、工程师的设计——以及横跨几代的数亿人民的个体行为和集体行为——如何改变了亚洲的水域状况。

借由此道理解亚洲的现代史，并非寻常做法。自20世纪90年代以来，身份与自由一直是历史书写的主流话题，这些主题引导了亚洲研究的方向，与对其他地区的研究无异。[8] 20世纪80年代末与90年代，印度尼西亚、菲律宾、缅甸等地争取民主的运动达到新高潮。为了解释威权政府的缺陷或其能够长期存在的原因，特别是随着早期的多种观念在冷战结束后焕发了新的活力，历史学者在政治和思想史中捕捉对自由的多重理解。在南亚研究中，身份主题最令人忧虑。在20世纪90年代的印度，按照种姓等级进行的政治动员——以及种姓制度至今依然给印度社会造成深刻创伤的不断认识——与具有暴力性质和排外特征的印度民族主义惊人的崛起产生了冲突，引起了历史学者对南亚文化与社会持续分化、割裂的关注。

这些历史揭示了为得到尚未实现的认可和正义所作出的斗争，也准确点明了持续存在的不平等现象。尽管如此，我们依然忽略了许多东西。小说家阿米塔夫·高希（Amitav Ghosh）[①]指出，具有讽刺意味的是，在气候危机升级的特殊时刻，20世纪的虚构文学作品却对不断加剧的气候变化危机毫无觉察——这一兀自发展的转向发生在一个正处于不可逆转的转型时刻的物质世界。[9] 除了少数几种例外情况外，这类批评也同样适用于我等书写历史之人。本人撰写此书的前提是亚洲环境的变化，尤其是亚洲的水生态变化，在现代史上，这一变化可能与政治和文化转型

---

① 印度作家，生于加尔各答，成长于印度、孟加拉国、斯里兰卡等地，2007年被授予印度最高荣誉"卓越贡献奖"。代表作为《罂粟海》《烟河》《在古老的土地上》等。——编者注

7 　一样影响重大，不得不引起我们的关注——其对政治和文化的影响尤为深刻。

在环境史的专业领域之外，大自然这一角色从大部分关于历史变迁的概述中消失，这种现象很突出，也是近期出现的状况。20世纪70年代和80年代，农业史研究方兴未艾。在那个年代，亚洲水源与农业的讨论极力摆脱社会学家魏特夫的阴影。20世纪50年代，魏特夫认为集中控制水利灌溉的需求是中国、古埃及和印度等"水利社会"运行逻辑的核心，这使它们倾向于选择专制政府，这就是"东方专制主义"（oriental despotism）。[10] 实际上，魏特夫的概括经不起仔细的推敲。20世纪70年代和80年代的农业史书写强调，亚洲各社会对水能利用的规划是多样的。这些研究虽然都强调灌溉的重要性，但都没有涉及水利社会的现实与政治结构之间的直接关系。纵览那个年代对南亚或东亚的农业研究，便可发现："水"无处不在。中国的历史学家倾向于采用长期视角，以揭示在几千年的时间里，水如何塑造了中国社会与中华文明；南亚的历史学家则更倾向于强调非连续性——尤其是由于英国殖民主义所造成的断裂，迫使印度农村更加全方位地融入全球资本主义经济。无论是基于几千年还是几十年的时间跨度，此类研究展现出丰富的图景，季节变换、河流变化以及旱涝灾害对人类生存的威胁令此类研究变得生动。[11] 这种历史书写的传统在南亚研究中消逝得最为显著，在南亚研究中，以文化史为导向的研究横扫了一切。但在其他领域，历史学家也纷纷转向城市的政治和文化研究，转向思想史，转向世界主义史以及旅行和人口迁徙史研究，而将农村史置之脑后。这种转向发生时，正值日益严重的水危机对人类生存构成威胁的时刻。

8 　本人的观点与早期研究亚洲农村论著之视角的区别主要体现

在两个方面。第一，不把水仅仅视为一种资源。在本书接下来的章节中，新经济压力和新技术对水本身的影响——对水循环的影响、对水中化学元素的影响、对水的价值观的影响——与水资源对农业产出的影响同等重要，而后者是经济史学家主要关注的问题。随着亚洲水体的改变，气象学家、水文学家和海洋学家更新了对水的认识。在成像技术和统计能力进步的支持下，近期的科学研究改变了从历史的视角认知水源和气候的可能性，将我们带到了之前未曾想过查阅的资料面前。法国历史学家马克·布洛赫（Marc Bloch）[1]认为，人类的历史存在于"景观特征背后"，就像它存在于"工具和机器"之中以及制度之中一样。[12]同样地，人类历史也存在于河水样本中的化学成分背后，存在于水域的卫星图像背后，存在于每个冬季盘旋于南亚上空、使降水量发生改变的雾霾成分背后。人类历史存在于不断变化的洋流和风之中。

费尔南·布罗代尔（Fernand Braudel）[2]将历史分为3个时段，其中，最首要的、最缓慢流逝的层面是自然和时间，这是一段"不断重复、循环往复的历史"。他的观点影响了印度洋历史的书写，例如，印度洋上规律性转向的季风提供了基本的自然环境，使远距离贸易成为可能，并影响着农业周期。[13]但在过去200多年里，由于人类的干预，大自然发生了深刻的变化，以至于原本的稳定性和"不断重复"变得难以预测。到了20世纪末，我们已经可以如此发问——正如本书将要论及的——不仅是气候如何塑造了我们，而且还有我们如何影响了气候。

第二个区别源自更宽泛的地理学概念。一如20世纪末之前的

---

① 法国历史学家，年鉴学派创始人之一，代表作为《法国农村史》。——编者注
② 法国历史学家，年鉴学派代表人物，提出了著名的长时段理论，主要著作有《菲利普二世时代的地中海和地中海地区》等。——编者注

9 大部分历史书写一样，农业史把民族国家视为理所当然，尽管民族国家内的某区域（the region-within-the-nation）往往是最有意义的研究单元，如中国南方地区或爪哇（Java）地区、孟加拉三角洲或湄公河三角洲地区。将水的问题置于叙事中心，就需要采取更加灵活的空间概念。河流并不会顾及人类活动的边界，但政治边界却对河流的流动有着实质性的影响。对气候认识的追求促使气象学家、工程师和地理学家的思考超越国界；但他们往往面临某种阻力，使他们所制定的计划和理想难以实现、实施到位。水的问题总是吸引着人们的关注，这不仅体现在地图上点与点之间的二维空间——正如我们经常做的，在地图上描绘河流弯曲的线条一样——也体现在深度与高度之中，这实际上比历史学家所意识到的更重要。

我们最终的成果并非是要替代人们熟知的亚洲现代史叙事：这段历史由殖民帝国与资本主义塑造、被反殖民主义革命所锻造并由20世纪后半期雄心勃勃的新政府所重塑。相反，水域问题为这个熟悉的故事增添了另一个维度。在亚洲，水域一直都是衡量统治者雄心的标尺、衡量技术实力的标准——还是一个倾倒文明废物的垃圾场。从某种意义上来说，即便水生态的改变对数百万人的生活有着直接的影响，水也是其他各种变革的"取样装置"。[14]我们可以通过政治转型对水域的影响追溯亚洲多地政治转型的来龙去脉：从19世纪英国的全球影响力到20世纪印度政府和中国政府所实施的国家重建工程。但水的历史不单是人类意愿的映射，它更表明了大自然从未被真正地征服。对每一项旨在发展和富足的普罗米修斯计划来说，水域一直扮演着某种实质性的抑制角色。多季风和气旋的多雨气候十足凶猛，仍然是人们恐惧的根源，但最大的恐惧莫过于干旱时对缺水的恐惧。水的文化史既让人心生敬畏，也令人傲慢自大。水有它自身的年代顺序，即按部就班的季节时序；也有灾难突发而集中的偶发时序；还有不易觉察的累积性破坏的时序，这些破坏体现在人类活动对海洋的影响上。

二

环境史从对特定景观的细致观察中衍生出自身的丰富性——那些最深刻的论著总是在研究范围上聚焦于某个地方或区域：从单一的村庄，到一座城市、一处森林或是一条河流。只有在如此集中的范围内，我们才能真正厘清大自然与人类社会之间的关系。但环境变化的范围已经扩大，环境变化的节奏已经加速。环境危机之间的联系成倍增加：在任何具体的地点，其风险与危害的起因可能远在千里之外。我们需要更广阔的视角。汉学家彭慕兰（Kenneth Pomeranz）[1]接受了这一挑战，他在2009年的一篇文章《喜马拉雅山脉的大分流》（"The Great Himalayan Watershed"）中写道："对世界几乎一半的人口来说，在喜马拉雅山脉和青藏高原，与水相关的梦想与恐惧在此交会。"[15] 喜马拉雅山脉的河流关系着占世界上相当一部分人口的未来；有关河流水道及其利用中产生的冲突有可能导致几个相邻国家的紧张局势加剧，以印度、巴基斯坦和中国为甚。

亚洲水危机的规模及内在关联为本书提供了一个切入点。但这并非仅仅是喜马拉雅山顶上的视角；亦非来自卫星图片那种全

---

[1]　"加州学派"代表人物，芝加哥大学历史系教授。著有《大分流：欧洲、中国及现代世界经济的发展》等。——编者注

知的视野，因为卫星视角有个特点：虽说卫星信号处处显示着人的印迹，但其中并没有人的存在。本书是以印度为核心的亚洲水域史——而印度之所以是一个富有启示意义的有利研究对象，且由此可以讲述一个跨越区域与国界的故事，其背后有3个令人信服的理由。

首先是由于印度在英帝国历史上的重要性；以及，相应地，英帝国在气候变化史上的重要性。19世纪，欧洲列强征服了世界上的大部分地区，迫使人与自然的关系发生了一场根本变革。亚洲和非洲被更加紧密地"卷入"全球资本主义经济，帝国主义的坚船利炮和殖民主义的税收提供了支持，同时，这一"卷入"也受到亚非自身发展和发财致富的驱动。印度曾处于剧变的前沿——它比其他地区受到的剥削更为彻底、遭剥削的规模更大，对帝国主义势力在亚洲的进一步扩张起到关键作用。自现代早期阶段，欧洲贸易公司在大西洋各岛屿和加勒比地区开始了最初的扩张，靠着盘剥"廉价的大自然"和胁迫劳动，这些公司得以兴旺发达。[16] 到了19世纪，变革的步伐进一步加速。19世纪40—80年代，工业资本主义在全球范围内取得胜利，用艾瑞克·霍布斯鲍姆（Eric Hobsbawm）[①]的话来说："一个全新的经济世界已加在旧经济世界之上，并与其融为一体。"[17] 印度的田地及其水域被进一步开垦掠夺，以支撑依赖农业税收的殖民政府，并产出诸如棉花、黄麻、靛蓝色素、糖、茶、咖啡等原材料以供给欧洲的工业机器生产及其相关产业工人。这些耗水量大的作物都对水源提出了新的需求。

自印度开始，英帝国势力和投资向印度洋东西两侧扩张。

---

① 英国历史学家，著有《民族与民族主义》《传统的发明》等。——编者注

1840年，英国的舰船满载着印度军人起航，迫使清政府允许其向中国消费者倾销鸦片——因为鸦片贸易对英国东印度公司的财务运转起着至关重要的作用。于是，印度和中国之间的整个区域秩序重新调整。到19世纪的最后25年，从缅甸到越南，随着移民不断开辟新的定居点，亚洲人口结构发生了改变；亚洲的生态也为了适应大量经济作物的出口而发生了改变。许多亚洲大型沿海城市——孟买、加尔各答、金奈、达卡、香港、雅加达——开始了作为沿海港口的历史，以支撑欧洲列强赖以兴旺发达的全球贸易体系。

英帝国治下的印度比现今的印度疆域更为广阔，也比目前所定义的南亚——包括现在的印度、巴基斯坦、孟加拉国、尼泊尔、不丹和斯里兰卡在内——疆域更为广阔。但就内在意义来说，英属印度比起独立后的印度政治结构更为复杂。在英国直接控制下的地区，存在着其他形式的政体，统称为"土邦"（princely states），它们在服从英国整体统治的同时，也保留了一定程度上的主权。不论是在印度次大陆之内，还是在其海岸线之外的其他地方，水域构成了英帝国的"结缔组织"。在英国人的想象中，印度向外延伸，跨越广袤的印度洋，借由河水的流动以及气候的辐射，与中国和东南亚相连接［即"东印度"（the East Indies）①］。在这个范围尺度上对印度的想象，本身就是19世纪及新观察方式（地图、人口普查、勘察和摄影）的产物。它有赖于铁路和蒸汽船对空间的"压缩"。20世纪这些较大地理区域的"收缩"是本书反复出现的主题。

12

---

① 东印度是一个模糊、松散的地域概念。广义的"东印度"包括马来群岛，中南半岛和印度次大陆，延伸至整个东南亚和南亚。——编者注

从另一种意义上来说，印度遭帝国主义殖民的过往给亚洲水域史蒙上了长久的阴影。英国殖民主义给许多印度人带来了持久的创伤，这些人也包括受过教育的精英，他们领导了20世纪上半叶的印度民族主义运动。除了英属印度政府所使用的赤裸裸的暴力之外，这种创伤还存在于一种深刻的社会和经济不稳定感中。19世纪时，英国人制定的政策后果加上干旱的影响，导致饥荒发生，数百万人死亡，且这种情况数见不鲜。印度内外反殖民主义思想的核心是一个明确的要求："下不为例。"中国的情况始于灾难性的鸦片战争，受到欧洲列强摆布的"百年屈辱"深刻而迫切地促使中国的政治领袖们实现独立自主、自力更生。从对发展的迫切需求出发，在中国所制定的各项发展规划中，对水源的管理几乎都处于核心地位。在此后的几十年里，印度建造了3500座大坝，中国建了2.2万座大坝，而在这股热忱之下，是人们对19世纪的记忆。屈服于欧洲列强的记忆持续地影响着两国，指导着两国的农业生产，甚至为它们应对气候变化的方式奠定了基石。

如果印度在英帝国内所扮演的角色是其成为本书叙事核心的一个因素的话，那么第二个原因便是印度独立后的政治史。在亚洲新独立或革命后的国家中，印度是唯一一个自1947年以来，一直实行民主制度（其中3年除外）的国家。印度的民主政体充满活力，但也存在缺陷，与刺眼的社会、经济不平等共存；印度政府常常按照自我的方式行事，不厌其烦地行使它从英属印度全盘接手的权力。在不计代价寻求水资源的过程中，面对具有不同政治制度和不同意识形态趋向的亚洲国家，印度公共领域的深度与多样性依然是独一无二的。[18] 在印度，有关水资源的争论从来都不只局限于闭门造车的专家们之间的分歧，而是贯穿于报刊的专栏文章中，激发着社会运动，充斥着环保组织出版物的版面。其

未来数周内即将出现季风爆发之前典型的暴风云。图片来自：NurPhoto/Getty Images

中的许多观点在印度以外的地区得到了回应，于是，印度观察者们反过来收集了这些地区的案例和数据。传播有关水与技术的思想的载体之一是电影。20世纪下半叶，印度的商业电影产业发展起来，其规模超过了好莱坞，在后殖民时代的影响力可与好莱坞匹敌：在亚洲、中东和非洲吸引了大批观众。在某种程度上，印度电影捕捉到了在第三世界点燃"发展"愿景的希望与恐惧，这是无可比拟的。水是一个反复出现的主题。

　　由印度展开本书叙事的第三个原因，或许也是最根本的原因是气候。印度次大陆是季风的熔炉，[19] 而季风又是贯穿本书的一个脉络。季风最简单的定义是"季节性盛行风"。季风还出现在澳大利亚北部和北美；但没有哪里的季风像南亚季风那样显著，在湿季和旱季之间有明显的反转。在南亚，每年3个月（6—9月）的

14　降水量占到每年总降水量的70%以上。即便在此期间，降水也并非
持续不断，降水来自整个夏季只有100个小时的暴雨。尽管自1947
年以来，印度的灌溉规模大幅扩大，但60%的印度农业依然依靠雨
水灌溉，而从事农业的人口占了印度总人口的60%。与中国以及世
界上大多数的大国不同，即便到21世纪中叶，印度人口仍将以农
村人口为主。相比而言，世界上没有任何地方，有如此大规模的
人口，依赖着如此强烈的季节性降雨。在20世纪的头10年，英属
印度政府中主管财政的官员宣称，"每一笔预算都是把赌注压在
降雨之上"；一个多世纪后，著名的环保主义者、政治活动家苏
妮塔·纳拉因（Sunita Narain）①没有再用这些话术，但保留了这一
观点的实质："季风才是印度的'财政部长'。"20

　　气候问题被深嵌于印度社会、经济和政治思想结构之中，这
种现象根本不会（或再也不会）存在于其他地方——20世纪末，
15　这种主张会引起南亚学者的不满；如今，依然还会。现代性的一
个基本假设是，我们已经掌控了大自然。印度受制于季风的观念
似乎是在延续印度不可救药的落后的殖民主义思想观点。强调季
风的威力就是把印度人民描绘成受气候操纵的牵线木偶——而这
就是上一代人对这个故事的理解。但就当前来看，气候变化所导
致的全球危机令人担忧，大自然的威力所给予的警示也有着不同
的含义。这个故事讲述的并非是地理作为宿命，而是自19世纪中
期开始，"地理作为宿命"的观念如何在印度内外引发了一系列
社会、政治和科技变化。季风之所以重要，恰恰是因为它一直都
是人类关于忧虑、恐惧和适应的智慧的一个独特来源。把印度从
其气候中解放出来的愿望为规模不断扩大的水利工程增添了"动

----

① 现任印度科学与环境中心总干事。——编者注

力"，其影响远及印度国界之外。理解季风动力学的努力激发着相关科学研究的进展，科学研究仍然是我们认知全球气候的核心。在许多民族的世界观里，气候不是问题，但同季风共处的印度人从来无法对气候视而不见。在这个世界上任何地方都无法再忽视气候的时代，印度人理解与应对季风的历史可能会提供更广泛的经验教训——至少，从这个意义上来讲，印度并非落后于世界，而是走在世界前列。印度的经验教训并非总令人精神振奋。正如本书将要讲到的，对季风持久力量的认知总是伴随着惰性、疏忽，以及将更多人置于危险境地的决策，富裕和权力阶层为使自身免受风险而采取的策略。

南亚季风的影响远远超出了南亚。我们对这一点的认识，至少部分是来自20世纪在印度进行的气象研究。吉尔伯特·托马斯·沃克爵士是世界气象学研究的先驱，他在1927年写道："印度的气候为人们所特别关注，不仅仅是因为印度是英帝国最大的热带地区，也是因为印度的气候似乎是经过大自然的精心设计，目的是展示大规模的物理过程。"一个世纪以来，这种科学机遇意识，加上实质上对认识季风的迫切需求，激发着印度的研究。查尔斯·诺曼德（Charles Normand）与沃克持相近立场，他认为季风是"世界气象中一个主动而非被动的特征"。后续的研究证实了他的这个观点：亚洲季风与全球气候的许多层面有着密切的联系。它对全球的大气环流有着重要影响。南亚季风未来的行为对全世界有着深刻含义。[21]可以这么说，全球气候体系中，没有其他任何一个体系会如此直接地影响着如此多的人口。

16

＊＊＊

　　如此，始于印度，终于印度，我们的旅程将随着季风、山河和洋流，方向一偏，进入中国的水域，沿湄公河顺流而下，绕着亚洲的海岸弧线，最后回到南亚的中心。

　　这个故事的开端有诸多的可能。长江三角洲下游沿岸，最近被发掘出来的良渚古城中发现了5000年前中国沿海地区修建的大型水利工程。[22]拉贾斯坦邦（Rajasthan）和古吉拉特邦（Gujarat）里精心修建的阶梯井及印度南部沿河修建的水坝都是人们为了应对南亚季风所进行的长期斗争的证明。但本书的切入点是19世纪，此时，亚洲水域的规模及相互间的联系首次为人所知，与此同时，人们也面临前所未有的压力，使水发挥作用。一系列的政治、经济以及环境变革将持续地塑造着现代亚洲。

第二章　水与帝国

在印度东海岸中型城市拉贾蒙德里（Rajahmundry）附近，　　**17**
戈达瓦里河（Godavari River）沿岸，河岸边矗立着一座纪念亚
瑟·托马斯·科顿爵士（Sir Arthur Thomas Cotton）的博物馆。
通往博物馆的道路上，科顿的铜像俯视着河上一座车水马龙的桥
梁；他高昂着头，望着远方的地平线。

亚瑟·科顿出生于萨
里郡（Surrey），还有10个
兄弟姐妹。1819年，他加入
英国东印度公司的部队，成
为马德拉斯工兵团（Madras
Engineer Group）的一名少
尉。两年后，他被调派到马
德拉斯担任总工程师，从此
便对水产生了毕生的迷恋。
他是一名福音派基督徒，
性格坚毅而虔诚。他的职
业生涯始于对马德拉斯海
岸外的班本海峡（Pamban
Channel）做海洋勘测。19世
纪40年代，科顿翻修了位于
高韦里河（Kaveri River）的

亚瑟·科顿爵士的雕像，照片摄于亚
瑟·科顿博物馆，印度拉贾蒙德里附近。
图片由作者本人提供。

加尔拉奈（Kallanai）古水坝。高韦里河从西高止山脉（Western Ghats）向东流向孟加拉湾；高韦里三角洲土地肥沃，一直都是印度南部泰米尔语区的农业核心地带。科顿的关注点转移到高韦里河以北的克里希奈河（Krishna River）和戈达瓦里河，这两条河在印度东部沿海地区的安得拉邦（Andhra）流入印度洋。[1]1852年，科顿在多沃莱斯瓦拉姆（Dowleswaram）①的戈达瓦里河上建成一座拦河堰（或称坝），可利用大型闸门来控制河水流量。该地区的编年史家亨利·莫里斯（Henry Morris）称其为"英属印度迄今为止在工程技术方面所取得的最伟大壮举"。这是个"横跨岛屿间河流的巨大屏障，以阻止河水白白地流向海洋"。[2]在大多数英属印度通史中，戈达瓦里三角洲很少被提及。这里既没有发生过重大战役，也未曾发生过大屠杀；这里只是少数几个印度民族主义知识分子的故乡；市中心也不过是弹丸之地。但这里却是19世纪印度治水转型的缩影。

　　紧邻河堰的科顿博物馆既向人们传递着真挚不变的热忱，也展示着显而易见的被忽视的现状。墙上的照片业已褪色。19世纪50年代启用的治水技术纪念碑——滑轮和简易水泵——散布在建筑群周围。它们的位置看起来几乎是被随机摆放的，仿佛被遗忘在那里似的。但这个博物馆却有络绎不绝的学童和年轻夫妇前来参观。博物馆里的大部分说明文字是泰卢固语（Telugu）②。文字所传递的信息中，有一点很明确，那就是亚瑟·科顿拯救了戈达瓦里三角洲。他大胆使用工程技术，把这里从不毛之地变成了泽润沃土。墙上的湿壁画讲述了这样一

---

① 印度安得拉邦的一个城镇。
② 印度泰卢固族的语言，安得拉邦和泰伦加纳邦（Telangana）的官方语言。

亚瑟·科顿博物馆内的湿壁画展示了安得拉邦在科顿的工程壮举之前任由自然摆布的状态。图片由作者本人提供。

个故事：在科顿来到这里之前，这片土地饥荒连连，旱灾肆虐；正是他的慷慨相助，才让这里变成印度的"粮仓"、免受气候波动的影响。第二天，在当地的公交车上，不仅郁郁葱葱的景色吸引了我的邻座，我看似游客的身份也引起他的好奇，于是他再次向我讲述了这段历史。"这里的一切，"他的手臂划过地平线，"都要感谢老板科顿（Cotton dora[①]）；他是一位伟大的人物。"几年前，一部科顿传记以泰卢固语出版。连农民协会都是以他的名字命名的。每年在他生日的那天，农民们还会相聚在一起为他的雕像献上花环。2009年，一个来自安得拉邦的小型代表团——其中包括一名前内阁官员——还前往

① Dora意指"宗教"，语义源自"溪流"。——编者注

英国寻找他的墓地，并在萨里郡多尔金镇（Dorking）一个安静的角落发现了他的坟墓。对一个英国殖民主义者如此崇敬，在当代印度是非比寻常的，这与人们为抹去帝国主义留下的污点而重新命名城市、街道和建筑的行为背道而驰。这反映了一种意识：水具有超越意识形态、超越政治——甚至超越历史的意义。

21

　　印度的地理由风、水塑造而成。19世纪前，欧洲人对印度唯一的印象和唯一的兴趣是：印度是多雨的。欧洲人顺着季风的风向，航行到印度海岸；18世纪，他们逆流而上，来到恒河谷，也就是印度历代的孔雀王朝、笈多王朝、阿富汗人[①]以及莫

戈达瓦里河上的船只。图片由作者本人提供。

---

　　①　此处指德里苏丹国（Delhi Sultanate），是13—16世纪统治北印度的5个伊斯兰教王朝的统称，因其建都德里又以苏丹集政教大权于一身进行统治而得名。——编者注

卧儿王朝的心脏地带。到1800年，英国东印度公司击败了仅剩的挑战者：印度西部的马拉塔联盟（Maratha）、印度南部由提普苏丹（Tipu Sultan）领导的迈索尔王国（Mysore）。拿破仑战争（Napoleonic Wars）后，英国势力控制了整个印度洋。但英国人面临之前所有南亚帝国都难以处理的水利难题。往来于印度与世界各国之间的海上航线受逆转的风向支配。正是由于这个原因，沿海和内陆之间的通信十分缓慢；印度宽阔的大河在一年中的某个特定季节才可航行；陆路路况也很差。英国东印度公司的收入与农作物种植和收获周期有关。直到1800年，英国东印度公司才逐渐把诸如德干高原（Deccan）和半岛东南部边缘地带的干旱地区纳入其殖民管辖范围之内；到了19世纪中叶，印度的西北边境也被归入其殖民管辖范围以内。

　　在接下来的半个世纪里，英国的工程师、管理者和投资商试图通过征服自然来把印度内陆与沿海港口以及世界其他地区更紧密地连接起来。在印度，对水源的探索融合了冒险家和工程师、航海家和科学家的心血。他们受好奇心或必要性的驱使。有的人是在追求功名利禄，有的人则出于私人的热情。并非所有人都为殖民政府服务。如果没有印度人助手、观察员、绘图员、记录员、搬运工和士兵们的聪明才智，这些工作是不可能完成的，而这些人的成就，在大多数情况下，已经从历史记录中被抹去。在这一科学的世界里，女性的身影较为罕见，但有少数几个参与其中的女性作出了具有深远意义的贡献。19世纪印度的水科学追踪了河流的坡道、风暴的行踪轨迹、雨水的路径流向。这三者均跨越了英属印度的边界。对这三者的认识都使人们意识到区域范围内的相互依赖性和不平等现象。这三者都引发了新形式的政治干预。

一

　　"季风"（monsoon）一词最早出现在英语中是在16世纪末，源自葡萄牙语中的*monção*（季风）一词，它来自阿拉伯语中的*mawsim*（季节），*mawsim*这个词也是乌尔都语和印地语中表示"季风"的单词*mausam*的词源。以其最简单的定义来说，季风指的是风向规律性变化的天气系统，以明显的雨季和旱季为特征。世界上有许多季风系统，而迄今为止，亚洲季风的规模最大、影响最严重，印度次大陆是受亚洲季风影响最明显的地带。

　　南亚之所以处于季风系统的中心，是因为从地质历史来看，印度半岛从欧亚大陆突起，插入辽阔的印度洋。印度位于主宰北半球的大陆板块的边缘，而与其相望的南半球以海洋居多。季风已经演化了数千万年，无论在海洋还是陆地，都将为自然历史留下档案。微小的藻类、硅藻和被称为放射虫的单细胞海洋植物表明，季风最早出现在中新世，在喜马拉雅山脉因印度半岛和欧亚大陆板块碰撞而隆起后不久。嵌在树木里的年轮痕迹告诉我们，亚洲夏季季风在温暖的间冰期（如持续到14世纪的中世纪暖期）增强，而在行星冷却时期减弱，如从16世纪中叶持续至18世纪早期之间的小冰期。

　　早在1686年，英国天文学家埃德蒙·哈雷（Edmond Halley）就发现了季风的基本驱动力是海洋和陆地的热力性质差异——他将季风视为巨大的海风。在夏季，陆地的升温速度比海洋快，风从海洋上的高压区吹向了陆地上的低压区。哈雷写道："没那么稀薄或受热膨胀因而更为笨重的空气，必向相应的、空气更为稀薄或没那么笨重的地方运动，以达到平衡。"不过，哈雷的认识漏掉了一个重要的影响维度，即由乔治·哈德利（George

Hadley）于18世纪发现的——地球的自转会影响风的运动，致使气流方向在北半球偏右，在赤道以南偏左。[3]

因此，亚洲大陆在春季开始逐渐升温，陆地上方的暖空气上升，而海洋上较为凉爽湿润的空气就会流向陆地表面"取而代之"。季风从西南方向吹来，经过阿拉伯海和孟加拉湾又折返，像钳子一样把印度"夹"在中间。从海洋来的空气中含有大量以蒸发水形式存在的太阳能，在水汽凝结成雨时被释放出来：这些能量的释放维系着季风的力量。季风于5月末或6月初登陆喀拉拉邦（Kerala）和斯里兰卡，在6月底抵达孟加拉三角洲之后不断向内陆推进。季风登陆或"暴发"前的一段时间里，天气变幻莫测，雷暴频繁出现。季风一到，可谓壮观。在历经了数月不断升温后，季风带来了可喜的宽慰：这片土地又可以养活整个印度了。

随着高温和降水极值点稳步向内陆推进，并最终在到达遥远的印度西北部和巴基斯坦后偃旗息鼓，暴雨浸透了这片土地，使地表降温。喜马拉雅山脉是这一季风系统的重要组成部分。青藏高原的海拔高度使当地气候迅速变暖，所产生的压差和温差为季风系统提供了动力；但喜马拉雅山脉本身就起到了阻挡风力的作用，基本上把印度与亚洲其他地区相隔开来，而把季风性降雨集中到山脉以南的恒河平原。

随着陆地和海洋之间的温度差异逐渐消失，季风系统恢复平衡状态，又一段过渡时期随之开启。当冬季到来，亚洲大陆的降温速度比海洋快。此时，风从东北逆向吹来，使得亚洲大部分地区在11月至（次年）3月期间天气干燥。但无论是夏季还是冬季，季风并非连续的。雨季的特点是降雨常常暂停，即所谓的"间断"；"干燥"的冬季季风为少数地区带来全年的大部分降

24

雨，如印度东南部的泰米尔纳德邦（Tamil Nadu）沿岸。[4]这段过渡时期，随着风向逆转，正是破坏性气旋定期造访孟加拉湾的主要时间。正如我们将在本书中读到的那样，对季风的勉力探索始于19世纪下半叶，但遇到了重重障碍。研究季风的道路上依旧充满不确定性。

* * *

在印度的历史长河中，季风既是内部边界，又是外部边界。季风影响了农作物的种植和分布范围。它在给一些地区间交流带去便利的同时，也将这些地方与其他地区阻隔开来。其生态位（ecological niches）①导致了经济上的不平衡——而经济正是政治权力的来源。季风的影响也标志着印度两种截然不同观念之间的交会点是生态关系。这两种观念，一个是定居型农业帝国的定位；另一个是作为印度洋世界的外向型中心的思路。季风的模式在印度次大陆的中间画出一条粗略的垂直线，将干燥的西部地区与湿润、多沼泽的东部地区划分开来，前者横跨中亚并远至撒哈拉沙漠（Sahara），属于欧亚大陆的"干旱地带"；后者一直延伸到东南亚，形成了一个被20世纪地理学家称为"季风亚洲"的区域。[5]大多数印度人一直生活在这条线以东地区。

这条干湿分界线蜿蜒穿过印度次大陆。干旱地带从西北部的拉贾斯坦邦一直延伸到印度中部心脏地带的德干高原。德干高原位于庞大的西高止山脉东部的雨影区——从阿拉伯海席卷而来的雨云与高山相撞，雨水大量倾泻，几乎没有什么水汽留给德干

---

① 指每个个体或种群在种群或群落中的时空位置及功能关系。——编者注

高原东部的平原地带。干旱带由此一直蜿蜒至印度的最东南部，其间分布着更为丰饶肥沃的沿海或沿河地带。这一分界与远古时候的分界线一致——如今仍然可见，不过受技术影响发生了改变——位于两种主食作物分布区之间，几个世纪以来，它们，即季风区的水稻和干旱地区的小麦或小米养活了印度人。

南亚的大江大河改变了干湿地区交错的格局。这些河流与季风相互作用，形成了巨大的水力循环。恒河平原因土地肥沃，能够供养人类生存甚至产生富余，一直是印度历代帝国的心腹地带。几个世纪以来，印度河流肥沃的冲积土壤养活了大量人口。即便其规模与河流的通达范围无法与中国的长江水系及其古老的运河水系相提并论，但这里的河流系统也灌溉了庄稼，并成为交通和贸易的动脉。[6]

鉴于印度的河流哺育或毁灭生命的巨大力量，印度的河流一直备受崇敬。印度教学者黛安娜·艾克（Diana Eck）写道，恒河——通常被称为"母亲河"或"*Ma Ganga*"（意为恒河女神），是典型的圣河，也是印度河流崇拜的精神来源。从某种意义上说，印度其他河流都是恒河的缩影。数千年来，恒河一直是朝圣之地，在其与亚穆纳河（Yamuna River）[①]交汇之处普拉耶格（Prayag）[②]，朝圣盛况最为空前。许多印度教徒相信，在恒河中沐浴，或在恒河岸边火化，就能获得"梵我合一"（*moksha*）——从轮回中得到解脱。恒河水（*Gangajal*[③]）的纯

26

————————

①　恒河最长的支流。——编者注

②　此处指亚穆纳河与恒河的汇流点。恒河东源阿勒格嫩达河与其他5条支流交汇而成的5个神圣的汇流点称为"潘奇普拉耶格"（Panch Prayag），印度传统术语，意为五汇流处。——编者注

③　指恒河水。根据印度古老的传统，Gangajal被赋予宗教上的吉祥寓意，每个人在出生或死亡后都要被恒河净化。——编者注

洁性早已为印度各地人民所接受和重视。有关恒河起源的神话传说，印度教经文中载有多种版本，被称为"avatarana"，意为"降世、示悟"。在《罗摩衍那》（Ramayana）与《摩诃婆罗多》（Mahabharata）的故事版本中，奔腾不息的恒河之水降自天国，在流经湿婆（Shiva）的发髻时被驯服，而后才洒向印度平原。在所有的这些故事中，恒河象征着流动的女神夏克提（shakthi）①，是维系宇宙的能量。这种赋予河流神话意义的做法并非只用于屹立在圣水之地最高处的恒河。在印度许多地区，河流都被人格化了；河水的流动有助于人们去想象千里之外的地方是如何彼此相连的。许多南亚的精神传统中，河流均被视为引导世界上所有水流的力量，上至云层，下至海洋。[7]

＊ ＊ ＊

（降水）富足和匮乏地区之间的分界线反映了风雨的轨迹，以及河流的路径。几个世纪以来，印度统治者修建了灌溉运河、蓄水池、水渠和水坝。这些各式各样的基础设施与魏特夫所说"水利社会"的理想类型几乎毫无相似之处。不仅地方执政者和殖民政府带头建设水利工程，地方宗族、庙宇神职人员和地主们也竞相效仿。在前现代时期，斯里兰卡、印度中部及南部的灌溉基础设施最为普及。其中最大的一座设施是结构精巧的水利系统，各个供水工程均与一个大网络体系连接在一起。有的水坝，如16世纪位于干旱地区卡纳塔克邦（Karnataka）北部的达罗吉（Daroji）水库，即使以现代标准来衡量也属于大型水坝。水利

27

---

① 印度教的大母神，又译为沙克蒂、沙克提等，是一切女神的原型、性力派信仰中宇宙本源和万有存在的创造者。在印度教中，夏克提是宇宙初元的创造力量，也表示女神的生殖力，代表了推动整个宇宙的动能力量。——编者注

工程修建的雄心壮志时而迸发，时而消沉，建设与失修交替。从控制水源中获得的权力也分布不均，容易被夺取或衰落。[8]

对来自亚洲内陆高原的马背上的征服者来说，水从未远离他们的思考，他们在第二个千年一路冲到恒河平原，在印度建立了新的政治势力。其权力中心就在季风区和干旱区的交界地带，充分利用了二者的优势。德里苏丹国成立于1206年，是南亚第一个波斯—伊斯兰政权。[9]虽历经内部分裂、遭到来自西北势力的新一轮入侵而在14世纪下半叶瓦解，但苏丹势力进入印度次大陆的腹地，为莫卧儿这一更大帝国的崛起揭开了序幕。

莫卧儿帝国是一个突厥—蒙古王朝，其根源可追溯到今天的乌兹别克斯坦。在持续两个世纪的鼎盛时期，莫卧儿帝国统一了印度次大陆的大部分地区。巴布尔（Babur）是莫卧儿帝国的第一位皇帝。他自称是突厥征服者帖木儿（Timur）的后裔，他的母亲则是成吉思汗的后裔。巴布尔被赶出撒马尔罕（Samarkand）后，就在阿富汗的喀布尔（Kabul）建立了新王国。自此，他几次对印度次大陆发动进攻，并于1526年建立莫卧儿帝国。他从12岁起便开始写日记，后来还根据日记创作了《巴布尔回忆录》（Babur Nama），这是伊斯兰世界最早的自传之一。他观察事物细致入微，却受赤裸野心的驱使。他并不反对暴行，却也崇敬自然。《巴布尔回忆录》中多次提到水，巴布尔很喜欢把水作为装饰物，出于实用的需要来装点他所喜爱的花园。在莫卧儿帝国传统的园林景观中，花园既有象征意义，又有审美功能：花园是集美丽和感官享受于一体的空间；其比例体现着秩序与和谐的原则。

28

巴布尔对水的兴趣并不止步于他在园艺方面精致的要求。在向印度北方挺进时，他对当时印度使用的整个灌溉系统作出了评价。培育花园与种植农业这两种活动是相关联的。[10] 他视察亚穆纳河河谷时说，"印度斯坦境内大部分地区地势平坦，尽管有大量城镇与耕地，但找不到一条流动的活水"——巴布尔口中的"活水"指的是在中亚——其出生地的那些有名的运河。相反，"河流以及，在有些地方，死水"——来自水井或水塘，却灌溉着印度平原。他注意到"秋天的庄稼靠倾泻的雨水生长"，但"有的蔬菜"必须"经常浇水"。巴布尔经常观察劳作的农民，令他尤为震撼的是，当地采用了后来英国人所称的"波斯轮"（Persian Wheel）灌溉方式。"在拉合尔（Lahore）、迪巴尔普尔（Dibalpur）①等地，人们竟然用水车灌溉田地"，他写道：

> 他们配合井的深度，用足够长的绳索绕成两圈，在两圈绳子之间绑上木条，再在这些木条上绑紧水罐，将绑好木条的绳索及水罐置于井轮上。轮轴的一端固定着第二个轮子，紧靠的另一个轮子则固定在直立的轮轴上。由公牛拉动最后一个轮子。这个轮子的轮齿与第二个轮子的轮齿相啮合，这样，带着水罐的轮子就转动起来。水槽设置在水罐中水倾出的地方，水便由此输送到其他地方。

沿着亚穆纳河河谷走到阿格拉（Agra），巴布尔注意到"人们用桶灌水"——这些皮桶由带轭的公牛抬起——他觉得"这种方法既费力又肮脏"。[11]

莫卧儿帝国在1560—1605年和1630—1690年之间不停扩张。其领土从西部的古吉拉特邦延伸到东部的孟加拉邦（Bengal），

---

① 即现巴基斯坦境内的迪巴尔布尔（Dipālpur）。——编者注

往南远至印度南部。[12] 莫卧儿帝国调动了长途贸易网络，这个贸易网络沿商队路线一直延伸到中亚的西部边缘甚至更远的地方。他们用贵金属储存财富。莫卧儿帝国一征服恒河平原，就通过肥沃而人口稠密的农田和庞大的人口来充实国库。莫卧儿帝国还建立了严格的土地税收制度。政府依靠由扎明达尔（*zamindar*）①组成的环环相扣的制度，扎明达尔征收税款，在他们之下是土地权利的附属持有人。政府通过赠予土地奖励忠诚的官员，并拉拢地方精英加入该体系。[13]

　　莫卧儿帝国的军事和财政实力依靠在旱地不断积累的军事传统得以不断升级。在农业生产不稳定而马匹充足的大环境下，多达五分之一的男子在当地军队中服役，他们常常作为季节性劳动力被征用。[14] 但印度奔腾不息的水域对莫卧儿帝国的军事战略产生了一定的影响，正如其后来限制了英国人的决策那样。莫卧儿帝国的军队在逼近孟加拉三角洲时，在拉杰马哈尔（Rajmahal）外遭遇困难——他们的马匹在潮湿的环境中无法发挥作用，因此不得不使用船只。《阿克巴大帝之书》（*Akbar Nama*）是阿布·法兹勒（Abul Fazl）对阿克巴（Akbar）统治时期（1556—1603年）的记述，其中就描述了气候带来的挑战。1574年，阿克巴的军队占领了靠近古恒河港口华氏城（Pataliputra）的巴特那（Patna）——他们"在这个充满湍流与暴风雨的时节，选择了水路"。[15]

　　除军事行动外，印度河流的不稳定性也是当地居民的痛苦之源。历史学家伊尔凡·哈比卜（Irfan Habib）的《莫卧儿帝国

---

　　① 波斯语"土地所有者"之意，在莫卧儿帝国时期，扎明达尔属于贵族，并组成了统治阶级。政府通过扎明达尔充当中间人，向农民征收田赋的制度，被称为扎明达尔制。——编者注

地图集》（*An Atlas of the Mughal Empire*）是一部艰辛细致的复原作品，从波斯资料和欧洲旅行记录的细枝末节中，拼凑出河流改道的频率和突发性。这种混乱的局面是由河流从喜马拉雅山脉带下来的巨量泥沙造成的——在河流水势强劲时，泥水堆积起来形成了沙洲和岛屿，成为水流的障碍物，迫使水流开辟新的水路；泥沙淤积也抬高了河床，将河流推入新的河道。有时，河道突然改变是由强烈的地震所致。人们唯一能做的就是逃离——在消失的河流沿岸，废弃的定居点鳞次栉比，就像16世纪初恒河"遗弃"了曾经一度繁荣的根瑙杰城（Kannauj）一样。人们别无选择，只能跟随水源迁移。从17世纪早期开始，恒河开始向东改道。发生在1762年和1769—1770年的两次大地震让恒河偏离了原有的河道，被迫与新的支流相连：蒂斯塔河（Tista River）①与贾木纳河（Jamuna River）、贾兰吉河（Jalangi River）与马达庞加河（Mathabhanga River）、基尔蒂纳萨河（Kirtinasa）②与纳亚班吉尼河（Naya Bhangini River）。甚至连河流的名字都可佐证这种不稳定性："Naya"是"新"的意思，让人回想起古老的班吉尼河（Bhangini）。海岸线随着河流的变动而发生变化：哈比卜根据"破败的港口"——曾经一度位于海岸边，如今却被淤塞——重构了古吉拉特邦的海岸线。[16]

随着领土扩张到印度海岸，莫卧儿帝国在领域内建起了面向东印度洋和西印度洋的港口城镇。早在欧洲人到来之前，印度商人就已经与印度洋周边建立了贸易联系。印度纺织品充斥着整个东南亚和中国、地中海和西非的市场。印度的许多地区——古吉

---

① 又称提斯塔河。——编者注
② 即博多河（Padma River）。——编者注

拉特邦、孟加拉邦和科罗曼德尔（Coromandel）海岸①——都依靠远距离贸易得以繁荣发展。纺织品换来了医药产品、香料、地方工艺品和大量的贵金属。有人估算，16—18世纪间，印度经济吸纳了世界上20%的白银。[17] 在16世纪东南亚商业扩张时期，来自古吉拉特邦、马德拉斯邦（Madras）和孟加拉邦沿岸的印度商人把布料运往缅甸的勃固（Pegu）②和丹那沙林（Tennasserim）③、马来半岛上欣欣向荣的马六甲（Melaka）港口、印度尼西亚的苏门答腊岛（Sumatra）和爪哇岛。[18]

1512年，葡萄牙药剂师托梅·皮雷斯（Tomé Pires）发现，在马六甲，从孟加拉来的船只带来了"5种白布，7种锡那巴法布（*sinabafo*），3种乔塔平纹细布（*chautare*）、头帕布（*beatilha*）、巴拉姆印花布（*beirame*）以及众多其他材料，多达20种"。在他们的货舱里有"精致华丽的床帷，上面有用各色布料剪裁出的图案和装饰，好看极了"，还有"像挂毯一样的墙饰"。皮雷斯由此得出结论，"孟加拉布料在马六甲的售价高昂，因为这是整个东方的流通商品"——这些纺织品将从马六甲流入印度尼西亚群岛的各个市场。反过来，印度商人从马六甲出口"樟脑和胡椒——这两种货物很丰富——还有丁香、肉豆蔻、檀香、丝绸、大量的小珍珠、铜、锡、铅、水银、从琉球出口的大型青瓷器、从亚丁（Aden）出口的鸦片……还有来自中国的白色和绿色的锦缎以及带格卷缎（*enrolado*）、绯红色的帽子和地

31

---

① 或称乌木海岸，指印度半岛东南部海岸。——编者注
② 旧式拼法Pegu，今为Bago。——编者注
③ 今称德林达依。——编者注

毯；除此之外，爪哇的克里斯短剑（kris）^①等也很受欢迎"。¹⁹用于描述各式各样的印度布料的词汇也渗入各地的贸易语言中，如平纹细棉布（*longcloth*）和沙龙布（*salemporis*），莫里斯（*moris*）和方格花布（*gingham*），粗蓝布（*dungaree*）、几内亚布（*guinea cloth*）和卷布（*kaingulong*）。印度织布工瞄准不同的市场需求，他们的织法、图案、色彩和设计都迎合当地的审美取向。²⁰

印度洋的贸易已经深入到内陆地区，与经陆路通往中亚的商业贸易路线相交。16世纪和17世纪的印度同其他地方一样，农村的商业化程度日益加深。自1500年始，印度南方的商人阶层开始崛起，经营多种业务，其中就包括海外贸易，征收并保留部分当地税收，并为当地统治者的军事野心提供资金支持。全球对印度棉花的需求形成了一条交易链，从而把种植棉花的农村地区与港口城镇联系起来。农民们愈发依赖城市商人的信贷来获得来年耕种所需的资金；金银货币的使用也更加广泛。农业商业化滋养着莫卧儿帝国的国库。历史学家维克多·利伯曼（Victor Lieberman）^②认为，这个国家对现金税的需求"就像一个巨大的水泵，将农村的食物'吸纳'到城镇"。²¹

这正是欧洲贸易公司所进入的世界；起初，他们只是众多"玩家"之一。15世纪末，季风将第一批葡萄牙船只带到了印度。抵达非洲东海岸的马林迪（Malindi）后，达伽马（Vasco da Gama）向当地的印度商人寻求建议。这些商人向他提供了有关风向的信息，这风将带他横渡印度洋到达卡利卡特

---

① 又名印度尼西亚配剑、马来短剑。外观呈波状刀刃。可能通过爪哇岛传遍东南亚。——编者注

② 美国密歇根大学历史系教授，著有《形异神似：全球背景下的东南亚》《超越二元历史：重新思考欧亚》等。——编者注

（Calicut）[1]，当地一位领航员引导他航行。由于三大伊斯兰帝国——奥斯曼帝国（Ottoman）、萨法维帝国（Safavid）和莫卧儿帝国的陆上势力阻挡了穿越欧亚大陆中部的道路，来自欧洲西部边缘的特许公司只好纷纷选择走海路。于是，他们找到了一条通往印度的替代路线，可获取利润丰厚的印度棉纺织品、印度尼西亚群岛的香料和中国的陶瓷制品。他们的船只绕过好望角，穿越印度洋。抵达印度西海岸时，他们发现这片地区已向世界开放，通过商业与印度洋沿岸直至地中海地区紧密地联系在一起。16世纪的印度沿海此时有了两条道路：它既与印度洋的远端相连，又与多山的中亚相接。[22]

　　一批又一批入侵者骑着马从西北来到南亚。而此时，新贵们经由海路来争夺权力。征服之路既不容易，起初也不吸引人。欧洲人追求的是垄断地位，为了争取独占权，他们以崭新的方式将印度洋海上通道军事化。由于荷兰人夺取了葡萄牙在海外的殖民地和商站，葡萄牙很快就在印度洋上迎来了来自荷兰和英国东印度公司的竞争。[2]欧洲势力散布在印度沿岸的一些"工厂"，每座工厂集宿舍、贸易站点和仓库功能于一体。在与当地统治者经过处心积虑地协商后欧洲人在印度沿岸确立了自身权力。欧洲人之间的竞争推动了这些公司的扩张——欧洲各国内部的武装冲突和公海上的海权争斗加剧了印度的商业竞争。

　　到了18世纪，欧洲特许公司已经调动起遍布全球的关系和

---

　　① 印度西南部港口城市科泽科德的旧称。——编者注

　　② 1580年，西班牙王国与葡萄牙王国组成了伊比利亚联盟，西班牙国王腓力二世是两个国家共同的国王。1602—1683年，荷兰-葡萄牙战争，荷兰夺取了葡萄牙在海外的殖民地和商站；战争期间，英国军队曾几次帮助荷兰军队。1640年后葡萄牙重获独立。

资源。[23] 它们用波托西（Potosí，今玻利维亚）矿场开采的白银
支付在亚洲的采购费用，还把印度棉布运到西非海岸，用来交换
奴隶。莫卧儿帝国日渐衰落，区域性王国逐渐崛起，填补政治真
空，而在插手这些区域性王国四分五裂的政治格局的过程中，欧
洲人拥有众多优势。除贵重金属外，他们还可为当地盟友提供先
进武器，带来安全保障。这些公司凭借其股份公司的结构迅速筹
集了大量资本。它们干预当地的继承纠纷，还与银行家和扎明达
尔做交易。在海岸与内陆之间的边界地区，英国、法国和荷兰的
公司之间已是千丝万缕，纠缠不清。[24]

　　18世纪下半叶，变革的局面出现了。英国的海上势力向内
陆推进。1757年的普拉西战役（Battle of Plassey）稳固了英国在
孟加拉的"桥头堡"。此后不久，英国东印度公司接收了迪万尼
（diwani）①，即莫卧儿帝国最富饶的省份孟加拉的土地收益权。
孟加拉的农业财富为英国一系列扩张的暴力行动提供了资金。英
国东印度公司的军队成长为世界上最强大的军事力量之一。英国
人是真正驾驭了季风前沿，整合了海洋财富和陆地财富的先行
者。1757—1857年，英国的控制范围从孟加拉扩展到恒河流域；
其扩张最快的时期是在18世纪90年代和19世纪，当时世界范围内
的反法战争点燃了英国的信心与野心。英国东印度公司于1799年
征服了印度南方高傲的独立王国迈索尔；于1801年征服了恒河
流域的阿瓦德王国（Awadh）和阿尔果德（Arcot）的南部领地；
于1815年征服了荷兰人统治下的斯里兰卡；于1818年征服了印度
西部的马拉塔；又于1826年征服了缅甸沿海。已故的克里斯托
弗·贝利（Christopher Bayly）早年对印度北部商人和市场的研究

---

① 指民事或税收大臣。

无人能及。他指出，无论什么时代，恒河流域都是"英国在亚洲的帝国主轴"。恒河流域的商业"向北面向中亚高地"，同时，"大量的棉花、鸦片和靛蓝被运往中国和欧洲"，与兽皮、油籽和用来制造火药的硝石一起，顺流而下至加尔各答。运送大米、鸦片和烟草的货船则逆流而上，去往印度西北边境。[25]

随着英国强势开道，进军内陆，进入印度南部和西部，水资源的分布给农业、财政以及随之而来的政治扩张带来了各种可能。对科学家和旅行者来说，掌握印度水域地图不过是好奇心使然；而对税收管理者来说，此事迫在眉睫。

34

二

孟加拉的总测量师詹姆斯·伦内尔（James Rennell）绘制了最早的英属印度地图之一。鉴于恒河处于英国在印度势力的中心，伦内尔首先绘制了从源头至孟加拉三角洲的恒河地图。他描述这条河从"西藏的广袤群山"流入印度平原的过程，在印度平源，恒河"成为一条穿越印度的军事通道"，最后在"由河流和小溪组成的迷宫"中汇入海洋。印度河流的威力给伦内尔留下了深刻印象，他写道："（其威力）仅次于地震，也许热带河流的洪水能以最快速度改变地球的面貌。"他描述了淤泥沉积而成的"广阔岛屿"（当地称为"chars"，意为沙洲），其形成所需的时间，"只是人的一生中某个短暂的瞬间"。伦内尔认为"印度境内河流改道并不是什么新鲜事"。他描述了戈西河（Kosi）和恒河的交汇之处是如何在短时间内移动了72千米。印度第二大河，浩浩荡荡的布拉马普特拉河"改道更是家常便饭"。伦内尔用"变幻莫测""令人生畏""波涛汹涌"等词来形容布拉马普特拉河。在布拉马普特拉河与恒河交汇的地方，也就是孟加拉三角洲地区，他对此的描述是"一片流动的淡水水体，在欧亚非大陆之上，难寻对手"。主导这条河的是季风。季风前特有的风暴被称为"西北风暴"，是"在内陆航行中所能遇到的最可怕的敌人"。敌人太多了。他写道，乘坐"恒河平底船"（bajra）——恒河上常见的大型船只，船舱的长度覆盖整个船身——逆流而上，"在平时，每天行程不过13千米"。[26]

36　　对印度气候着迷，甚至感到害怕的人不止伦内尔一人。英国东印度公司官员在印度修建植物园用于植物实验和商业实验的同时，对天气表现出浓厚的兴趣——其中兴趣最大的官员当属威廉·罗克斯伯勒（William Roxburgh）。罗克斯伯勒在爱丁堡大学学习解剖学和外科医学时，正值人们追求知识热情高涨的时期；他1772年离开爱丁堡，加入英国东印度公司，在开往印度的"霍顿"号（Houghton）船上做外科医生的助手。第二年，他再次在一次航行中服务，这次的航行途经圣赫勒拿岛（Saint Helena）和开普敦（Cape Town），抵达马德拉斯。[27]1776年抵达圣乔治堡（Fort Saint George）后，罗克斯伯勒开始撰写气象日记。他给自己配备了一个"拉姆斯登（RAMSDEN）制造"的便携式气压计，以及奈林布兰特公司（Nairne and Blunt）提供的室内温度计，这些科学仪器如同文字和思想一般，沿着帝国海运航线"远行"。室外温度计被他放在"一棵小树的阴凉处"，他每天观察3次，还设计出一种风力等级，分别为："温和、强劲、暴风雨，还有在印度所称的'tufoon'（台风）。"他最初带来的雨量计没有多少用处，但他向记者们保证，自己已经在位于医院的房子屋顶上安装了一个更好的仪器。[28] 罗克斯伯勒原本住在马德拉斯，后来沿着海岸向南迁移到纳戈雷（Nagore）这个小港口，该港口长期通过泰米尔穆斯林商人与东南亚相联系；自此以后，他便定居于戈达瓦里三角洲的萨默尔果德（Samalkota，Samalkot）——位于印度东部海岸线中部，直到1793年，罗克斯伯勒终于成为加尔各答植物园园长。罗克斯伯勒有许多追求。他通过私人贸易发了一笔小财。他还拥有一个"实验性植物种植园"，在那里种植靛蓝和胡椒、面包果和甘蔗；与植物学家约翰·格哈德·柯尼希（Johann Gerhard König）有过合作，后者当时驻扎在马德拉斯海岸的丹麦定居点特兰奎巴（Tranquebar）。[29]

　　罗克斯伯勒总是敏锐地观察着周遭的生活。他对季风的来去如何影响土地的耕作很感兴趣。他在描述戈达瓦里三角洲的生长季节时写道："雨季一般在6月来临，月底播种早稻糙米，到了7月，播种的是细粮作物。"他描述道："降雨从6月持续到11月中旬；7月、8月通常是最潮湿的月份；10月、11月风暴不断，就是人们所说的雨季。"在他的用法中，"季风"表示一段变化的时期，季风风向从西南转向东北。他还说："农民们不得不仰赖雨水，降雨量越适宜，收成就越好。"地势较高、土地较干旱的地方，"与印度的其他地方一样"，用于种植"旱季谷物"。[30]他详细研究了印度当地和世界各地在干旱条件下茁壮成长的、能耐恶劣环境的作物。他从英帝国治下的各地订购样品；将其种在自己的实验植物园里。[31]

　　罗克斯伯勒对印度南部气候的观察，无论是在其规律性还是极端性方面，都细致入微。但面对气候带来的灾难，他自己也难以逃避。1787年，一场强烈的气旋风暴袭击了戈达瓦里三角洲，摧毁了罗克斯伯勒的房屋、植物标本室、藏书室，以及大部分个人财物。家人侥幸逃过一劫，勉强保住了性命。他近距离地观察了18世纪80年代末和90年代初的那场给当地造成饥荒的长期干旱。1791年，罗克斯伯勒给他的朋友、英国著名的博物学家约瑟夫·班克斯（Joseph Banks）写了一封信说："由于相较于以往降雨量的不足，饥荒在这几个省份更加肆虐。"两年后，罗克斯伯勒的朋友安德鲁·罗斯（Andrew Ross）称："这里的饥荒所造成的后果很可怕……远超出文字可描述的程度。"他看到"许多以前人口稠密的村庄，如今已无人畜的痕迹"。[32] 罗克斯伯勒试图通过他收集的数据找出模型——他试图理解季节的周期，以及年复一年的变化。[33] 在科罗曼德尔海岸居住的几年里，他收集了马德拉斯海岸的大量气象数据，一位历史学家形容这些数据"在19世纪20年代之前，除了中国的钦天监外，没有其他机构或个人能与之匹敌"。[34] 罗克斯伯勒及其同事早年间的努力，为印度的现代气象学奠定了基础。

38　　与同时代受过教育的许多人一样，罗克斯伯勒开始思考印度的自然状况是否可能从"改善"中获益。[35] 他想到利用"每年白白流入大海的水"。[36] 他"惊讶地"发现，在这个地方没有"任何蓄水或输水工程的痕迹——无论是古代还是现代——来让稻田变得丰饶"；其结果就是"此地的农民完全依靠雨水灌溉田地；而降水不足时，后果就是，而且必然是，一场饥荒"。罗克斯伯勒观察并描绘着戈达瓦里三角洲；他想象着它的变化。他写道："由于这里高度和坡度适宜，可以清楚地预见，只要采取措施让大江大河的河水从属于人们的意志，就必然会从中产生无限的收益。"他给出的解决办法是，在戈达瓦里河的河水从山上流下时，利用天然盆地来储存大量的水。[37]

三

无论我们如何理解19世纪印度的经济转型，水都是其中的关键。水流情况——包括印度河流的流量、季节性、改道倾向等因素——都制约着印度的生产者在面对新市场机遇和新动力时的应对方式。英国的工业化得益于健全的运河网络体系；相比之下，印度的经济发展则受制于水运的难度与费用。当时，中国的运河网络比印度发达得多，但与英国不同的是，中国的能源供给来源远非水路。[38] 对于有的人而言，水源供给情况影响着经济作物的生产格局；而对有的人来说，缺水则考验着他们维持生计的能力。水可助印度的土地生产出更多世界所需的商品。

在19世纪30年代和40年代，在印度的英国殖民者仍然面临历代统治者都熟悉的种种限制。运输的过程缓慢——而且危险。1848年，植物学家约瑟夫·胡克（Joseph Hooker）写道："在印度的内陆航行中，没有哪个地方会像恒河与戈西河的交汇处那样令人恐惧，危险重重"；在雨季，戈西河"向恒河河床倾泻了大量泥沙，堆积成长长的河洲，又被河流冲走"；船只"卷入突然形成的漩涡之中"。[39] 季风不仅带来收成——还有歉收的威胁——也会威胁欧洲人的健康。霍乱、疟疾和其他疾病使许多在印度的英国殖民官员早逝。对在印度的英国居民来说，水仍然是敬畏和担忧的源头。1837年出版的一份加尔各答医学地志指出："不用去看广阔的（孟加拉）海湾，一窥完好的孟加拉地图便可知，大自然对这个国度是多么的慷慨，她有着雄伟的河流和无数的支流。"但同时，这些水域也是"水汽"的来源——这种雾霭是季风气候下"水陆贸易"的产物——威胁着人类的生命。作者詹姆斯·马丁（James Martin）认为"雨季与疾病有着明显的关

39

联"，并提出，"在欧洲人身上，雨季引发的疾病让他们表现出
生命力减弱的特点"。整个19世纪，人们都在担心欧洲人能否在
热带气候下生存下来。[40]

为了提高印度的生产力，使其更充分地融入正在形成的全球
资本主义经济中，也为了更有效地开发印度的自然资源，以满足
英国的工业化需要，英国的工程师、投资者和官员希望能够克服
印度水源的不均衡性及其极端的季节性；此外，他们还试图征服
太空。对印度水源和太空的探索都发生在19世纪30—70年代。

* * *

在罗克斯伯勒那个时代过去半个世纪后，戈达瓦里三角洲仍
然"没有任何一般意义上的灌溉、排水、堤防、运输系统"。[41]这
是亚瑟·托马斯·科顿给出的结论。本章便是以纪念此人的博物
馆为开篇。与之前的罗克斯伯勒一样，科顿所面临的问题是各地
的降雨量分布不均。他的任务是："解决自然供水不规律所带来
的问题。"科顿发现："某年，河水泛滥，庄稼全数……遭到毁
坏；又某年，此地四分之三以上的庄稼因雨水不足而歉收。"他
确信，如果引进综合性的灌溉系统，那么"连一英亩①地……都
不需要依赖雨水"。他始终认为，戈达瓦里三角洲需要的不是零
敲碎打地修复现有的灌溉工程，而是要修建"整体性的工程"。
采取常年灌溉；改善该地区的"道路和桥梁"；修复羯陵伽港口
（Kalinga或"Coringa"），以便发挥其在胡格利（Hooghly）与
亭可马里（Trincomalee）之间充当"无与伦比的最佳港口"的潜
力——以上种种对基础设施的投资将使该地区免受降雨分布不

---

① 约为4047平方米。——编者注

均、反复无常之苦。

科顿极力主张政府干预。他认为，印度不同于英国；管理公共支出的规则不能与家庭经济原则混为一谈。印度的问题在于"实际上几乎没有任何资本可以让土地所有者来进行改良"。政府每年投入30万或40万卢比就能"给整个地区注入生机与活力"——随着时间推移，流入国库的收入将远远超过政府的支出。科顿具有福音派的自信——这不亚于使命感——这让科顿走得更远。他谴责自己的同胞"喜欢把自己降到当地人的水平"而不是"勤奋地运用上帝赋予我们的手段，造福于上帝让我们担负起责任的国家"。[42]科顿最终为其宏伟蓝图找到了资金支持，并于1852年，在多沃莱斯瓦拉姆建成了一座水坝。但科顿的梦想远不止于此，他还设想，总有一天，运河网络能把喜马拉雅山脉的河水引到印度半岛的南端。他还认为，这些河流具有航行的潜力，只是尚未被发掘出来。1867年，科顿梦想着能把布拉马普特拉河与长江连接起来，而在当时，这位英国探险家对布拉马普特拉河上游还一无所知。他写道："让全印度向整个中国敞开大门，让一个拥有2亿人口的国家能够分享一个拥有4亿人口的国家的产品，这必将是一项全世界都前所未有的宏大工程。"[43]

41

无论是在英国人的想象中，还是在行政管理上，印度半岛都与印度恒河流域的"心脏地带"截然不同。罗克斯伯勒和科顿两人虽然相隔了半个世纪，但他们都试图对河流景观加以改造，把处于内陆、干旱的德干高原与孟加拉湾海岸连接起来，也试图利用和征服使印度南北之间存在差异的政治遗产。在印度南部，各方政治权力在一个由小国组成的体系中展开争夺，这些小国的崛起填补了由动荡的莫卧儿帝国留下的权力真空；水利景观分散在数以千计的水槽、水井、水坝和堰坝中，几十年的战争，尤其是因英国扩张而来的战争，使大部分水利设施处于失修状态。但在恒河沿岸，科顿的同行们也同样急切地想知道如何才能"改善"自然环境：修复或替换散布在山谷中残存的水利设施。他们面临不同的挑战，选择了不同的解决方案，但他们的假设与印度南部的同行们有许多共同之处。科顿建成水坝后两年，一个更具里程碑意义的工程便打开了它的闸门，这就是恒河运河。

恒河运河是普罗比·考特利（Proby Cautley）的杰作，科顿与他是同时代的同学，也最终成为其劲敌。考特利1819年以炮兵身份抵达印度。1824年，第一次英缅战争迫使很多英国东印度公司的工程师跨越孟加拉湾，离开印度；他们留下的空位为那些身在印度、没有接受过正规训练的人创造了机会。像许多公司官员一样，考特利自学成才，并在实践与观察中精进。在不同的生态环境下工作，考特利与科顿各自采用了不同的治水方法。到19世纪60年代，他们之间通过宣传小册子爆发了一场激烈而公开的论战。科顿指责考特利在恒河运河的设计上犯了根本性的错误；这场争论不仅关乎他们的声望，也涉及印度水利工程所有权和财务管理权。[44] 恒河沿岸和印度其他地方一样，水利基础设施早在英国统治之前就已建立起来。但在19世纪，英国工程师却把恒河谷变成了世界上最"完善的工程"景观之一。[45]

恒河平原的水利改造，始于英国东印度公司试图恢复旧亚穆纳运河（Yamuna Canal）对德里（Delhi）的供水。这些水利工程设施可以追溯到前莫卧儿时代：德里的水利基础设施在很大程度上要归功于13世纪苏丹伊勒图特米什（Iltutmish）的统治，是他下令建造一个精巧复杂的储水池和阶梯井网络。莫卧儿人又把这种精巧提升到了一个新高度。他们沿着亚穆纳河河岸建造了一系列华丽的花园，围绕着莫卧儿帝国皇帝的陵墓。他们通过一条运河和一个由小运河和排水渠组成的连锁系统，将水源引入了他们位于沙贾汉纳巴德（Shahjahanabad）的新都城。阿克巴皇帝下令整修西亚穆纳运河（West Yamuna Canal）——建造西亚穆纳运河的第一人是统治者菲鲁兹·沙阿（Firoz Shah）——用于灌溉，并将其延伸至德里。[46] 1568年颁布的《阿克巴运河法案》（Akbar's Canal Act）宣布，建造运河的目的是"满足穷人的需求"，"开凿运河是帝国永恒而伟大的标志"，以及确保"帝国税收的增长"。[47] 英国人发现，虽然运河河道已沦为废墟，但其精巧复杂的技术痕迹依然存在。1820年，英国工程师利用西亚穆纳运河恢复了对德里的供水。很显然，他们在有意识地追随莫卧儿帝国建筑师的脚步。

　　在取得这一成功后，印度当地的官员开始着手修复亚穆纳运河的东部分支。这个项目的二把手正是年轻的普罗比·考特利，他在此之前完全没有修建水利工程的经验。考特利对学习当地的做法持开放态度，甚至是异乎寻常的开放：他建议采用当地的造井技术，给桥梁打下更坚实的基础，而不是采用欧洲常用的方法来让恒河平原的土壤更加稳固。[48] 考特利在接管运河工程时，下令沿运河每隔16千米或32千米建造一处休息点——与莫卧儿帝国时期沿大干路（Grand Trunk Road）建造商队驿站的古老传统相一致。除水利工程之外，考特利还喜欢考古学、古生物学和植物学。1831年，在监督为建造运河而开凿水井的工程时，他在贝尔卡（Belka）发现了一个古代定居点的遗迹。考特利和他的同事休·法康纳（Hugh Falconer）开始收集哺乳动物、鸟类和鱼类的化石，最终将共214箱的收藏品运往伦敦英国国家博物馆（British Museum）。在19世纪印度科学史中，学科之间的界限常常模糊不清。

43

不过，直到19世纪30年代中期，考特利都只是一名水利工程师。到1835年，他已成为英国东印度公司里的运河主管。他的前任约翰·科尔文（John Colvin）给他留下了一个点子：修建一条运河，将恒河水引入位于恒河和亚穆纳河之间的旱地多阿布（Doab）①。早期调查得出的结论是，运河造价将过于昂贵——而且还可能面临工程方面的艰巨挑战。考量成本和收益是英国东印度公司管理层思维模式的核心，但1837年的一场大饥荒摧毁了容易受旱灾影响的多阿布地区，这一考量便发生了变化。到1840年，修建恒河运河的计划已就位。[49]

运河综合设施的中心位于恒河与平原交会处的赫里德瓦尔（Haridwar），其中，最复杂的设计工程是索拉尼（Solani）输水管道，在赫里德瓦尔的地下部分长达25.75千米。1894年，土木工程师麦克乔治（G.W.MacGeorge）在有关英属印度基础设施的论文中，将其称为"印度最有趣、最卓越的现代建筑"。[50] 当然，技术上也存在巨大的挑战。这项工程形成了一道混合景观，宛若一条人工"河流"与喜马拉雅山脉的溪流群纵横交错，而夏天一到，河流便成了洪流。一位英国工程师评论道："运河——本身就是一条小河，却要横穿这么一个大国来输水，河流悄无声息地流过，不受洪流干扰和伤害"，这就是"艺术与工程才能的胜利"。[51] 最重要的是，这是一个呕心沥血的壮举。这项工程属劳动密集型；机器在最初阶段几乎没有发挥作用。成千的砖瓦工人在砖窑里用当地森林木材作燃料来烧制砖块——这条运河是工人们的成果，[52] 挖泥工（bildars）则开凿了运河。还有数百名工人被

44

---

①　南亚用于表示介于两条河流交汇处的区域的术语，即河间冲积地。——编者注

安排去运送物资。有大量工作是由当地承包商组织的，他们从本地广泛招募工人。但多数工人的名字却不为人所知。历史学家贾恩·卢卡森（Jan Lucassen）在研究1848—1849年间的一次砖瓦工罢工时写出了他们的一些故事。雇主企图削减工人工资，于是砖瓦工们先是离开了工地，然后又放火焚烧了一些营地。[53]

恒河运河于1854年正式开通，全长超过1126.54千米。在通航典礼上，一本题为《恒河运河简介》（*A Short Account of the Ganges Canal*）的小册子被印成英语、印地语和乌尔都语分发给人们。其中宣称："促使英国政府批准修建恒河运河的主要动机"是"确保生活在恒河和朱木拿河（Jumna，亚穆纳河的旧称）之间的人民免受饥荒带来的痛苦和损失"。[54] 1837年和1838年暴发的饥荒对许多观察者来说仍记忆犹新。对英国东印度公司管理人员来说，这些记忆当中还包括饥荒时期土地收入的损失，以及高达500多万英镑的救济支出——无论出于人道主义的考虑有多么真诚，经济损失才是催生行动的动力。

运河开通一年后，波士顿评论期刊《北美评论》（*North American Review*）刊登了一篇描写恒河运河及其通航典礼的文章，这条"遥远东方的神秘河流"被赋予了"双重神圣性"——恒河长期以来被尊崇为一条神圣的河流，是来自印度遥远角落的人们的朝圣之地；如今它又重新（或加倍）得到了科技的恩宠和祝福。这条运河被誉为"世界上最大的水利工程，既可用于航行，也可用于灌溉"；其"设计不仅仅是为了当下的利益，更是着眼于遥远的未来"。运河的通航典礼吸引了大批群众。这篇文章写道："今年，受人尊敬的恒河即将离开她那古老而神圣的河道，进入一条异族人为她建造的水道，印度朝圣者纷纷从遥远的各地涌来。"文章引用了某记者掌握的一份"个人记述"，描述

45

了堤岸上由"超过3.5万名的工人"排列成"坚实的长队"的情景。当地军事力量无比强大，在这里，与印度每一项基础设施的发展一样，军队的作用必不可少，至关重要。"步兵站立在水渠护墙顶上"而"炮兵驻扎在高地上"。聚在一起庆祝新运河建成的人群估计不少于50万人。

这条运河对（英）帝国具有里程碑式的意义，是英国征服印度陆地和水域的象征。副总督约翰·科尔文，即考特利的前任，也是恒河运河构想的提出者，在开航致辞中说："长期以来，有人斥责英国人在印度的土地上没有留下任何永久的痕迹来证明英国的力量、财富和慷慨，如今我们作出了回应。"这条运河也标志着英国以人道主义为由的统治在合法性上迈出了象征性的一步。在《北美评论》刊登的这篇文章的作者看来，"很难想象还有什么仪式会比为这座工程开航祈祷的仪式更令人印象深刻"。用这位作者福音派的想象来看，整个恒河运河工程是"几百名基督徒在异国他乡、在被成千上万名异教徒所包围"的情况下诞生的作品——是一项"文明工程……造福未开化的芸芸众生"。他宣称，一个"尊重和珍惜被统治者利益的明智和自由的政府的新时代"已经到来。他承认，尽管英国在印度的统治给当地带来了诸多好处，但伴随其中的也有"邪恶的苦果"和"过去的不当治理"。然而如今风向正在转变，他写道："印度被异端、暴政和战争笼罩着的黑夜正在让位于基督教、良政和和平的黎明。"[55]

恒河运河建成后不久，1857年的印度民族起义（Indian Rebellion of 1857）结束了英国东印度公司的统治。军队内部的兵变演变成了广泛的社会抗议，并蔓延到整个印度北方；年迈的莫卧儿皇帝巴哈杜尔·沙二世（Bahadur Shah Ⅱ）是叛军的精神领袖。叛乱被暴力强硬镇压了，英国政府从英国东印度公司手中接过了对印度的控制权。殖民政府对农村实施了更为广泛的干预——利用法律重新配置财产权，重塑地主与佃户、男人与妇女、印度教徒与穆斯林、主要种姓和从属种姓之间的关系；使用武力解决了流动人口问题，并使用惩罚性合约为东南亚的种植园组织劳力。1869年，殖民政府对土地问题的态度在梅奥勋爵（Lord Mayo）[①]的论断中得以明确体现："每一项改善土地的措施都会使政府的财产增值"；他还说："一个好地主在英国所要履行的义务，在印度很大程度上是由英属印度政府承担的。"[56]

* * *

在对英帝国的颂歌中，英国工程师在19世纪的印度所取得的成就无与伦比。然而，19世纪下半叶对水利的狂热，其中究竟有何新意呢？对科顿来说，这是某种通过"具有一般性质的工程"来重新设计世界的能力，但印度南部用古老的储水池来灌溉农田的方式也同样被寄予厚望，并自成体系。水域景观总是在人为干预下被塑造而成。研究水历史的专家泰耶·特韦特（Terje Tvedt）警告人们不要自负地认为"征服自然"是一种现代化的现象。[57]但毫无疑问的是，19世纪所设计和建造的工程规模前所未有。蒸汽动力打破了早期建设模式的物理限制——尽管，如我们所见，因其更适用于当地的生态环境，传统方法得到了广泛应用。

英国对大规模公共工程的正当性的维护也增添了新的维度。前殖民时代的印度也通过对水资源的控制来为当地统治者提供了合法性，虽然其表现不如中国那般明显。灌溉工程增强了当地的

47

---

① 即理查德·索思韦尔·伯克（Richard Southwell Bourk），英国政府派遣的印度总督。——编者注

抗旱能力，确保了英国政府和英属印度的国库均保持充裕。最大限度地增加收入是英国在印度统治期间自始至终的核心目标；每一项基础设施投资的背后都有攫取利益的目的。与之前的许多地方统治者一样，英属印度政府也利用灌溉工程来显示仁慈、彰显权力、满足虚荣心。但有的英国水利工程师有着更为崇高的理想。在福音派积极进取观念的驱使下，类似科顿这样的工程师认为他们的使命远不只为英国维持税收。灌溉和其他技术合力将会引领印度农村的社会和道德变革，催生出一个不断扩张的商业和贸易世界。印度基础设施建设的道德观早在19世纪就已根深蒂固——而不久之后，它就会被用来反对英国的统治。

在早期，水利基础设施的好处主要体现在当地这一层面，或者至多是区域层面。从这个意义上说，英国殖民者设计、建造的工程所能够带来的最深远的变化兴许不过是空间的扩张——在英国工程师、管理者和投资商的想象中，随着越来越多的印度当地产品在伦敦和利物浦、汉堡和纽约等市场找到买主，对戈达瓦里三角洲或恒河平原某一地区进行的灌溉将对全球产生影响。

四

供水的无规律性是一种挑战；征服空间的限制又是另外一种挑战。为了将印度灌溉土地上的后续产品推向市场，印度的大江大河必须能够通航。自18世纪90年代制图专家詹姆斯·伦内尔绘制恒河地图以来，恒河流域在19世纪的前30年里几乎没有什么变化。孟加拉的内陆水道维持着"一个为6000万人口服务的区域贸易体系"。孟加拉三角洲水道上行驶着一排排专用船只：运盐船、孙德尔本斯（Sundarbans）的伐木工人使用的船只、运输槟椰叶的小型船只，以及用来服务欧洲商船、装卸其货物的特色港口驳船。在这些船舶中，等级较高的是恒河平底船，英国东印度公司的欧洲雇员都喜欢这种配备着单桅大帆的船只。最为豪华的是船载艇，专供高级官员和最富有的印度商人使用。船夫们都身怀专业绝技，他们的辛劳让这条河充满了生机。一套用来描述河上的劳作、混合着盎格鲁和印度特色的独特词汇由此出现了——这是英国人对当地词语翻译和误译、转写及误读的产物。[58] 如"Serangs"和"tindals"均指水手长；"manjhees"和"seaconnies"用来指舵手；"dandees"指专业划桨手；"lascars"指英国东印度公司水手。[①] 这些人都对这条河十分谙熟。[59]

但是恒河流量在雨季和旱季之间不断波动，河流携带着大量泥沙，沿途形成沙洲或浅滩，又将其冲毁——这些都令大型船只在恒河的航行危机四伏。沙洲迷惑着老道的船夫。保险公司对从加尔各答沿恒河到安拉阿巴德（Allahabad）的航行所收取的保费与到伦敦的保费相同。如果说有什么不同的话，那就是英国东印度公司作出规定，征收惩罚性税收，以减少恒河的通行船只数量。1830年，查尔斯·特里维廉（Charles Trevelyan）沿着恒河和亚穆纳河航行，报道了无数沿岸海关哨所以英国东印度公司的名义所实施的压迫行为。特里维廉写道："这些河流横贯孟加拉各邦，从一端到另一端，以加尔各答的海港为终点，这些河道一定是整个国家的贸易大通道。"但是，这些河流的潜力并没有被发挥出来。特里维廉发现，海关检查的次数"不仅阻碍了朱

---

① 这里指的是形成于18—19世纪、用于形容英国东印度水手（lascar）职业分工的一系列特色词汇。Serang来源于马来语，在船员中为最高级。次一级的tindal来源于马拉雅拉姆语（印度西南部沿海居民讲的一种接近泰米尔语的方言）。seacunny（本书使用的拼写为seaconny）来源于阿拉伯语。——编者注

木拿河的航行，而且足以使自山间开始的、近一半长的航线彻底关闭"。他注意到食盐、棉花、酥油和阿魏（asafoetida）等"主食"很少经由河流运输——商人们反而诉诸"繁琐而昂贵的陆地运输"。尽管每年都有大量来自德里的食盐交易，"以供东部各邦食用"，1830年，只有一批食盐从德里运抵阿格拉。特里维廉用工整的斜体字写道，"这似乎很不正常。负责征收关税的海关官员竟然"对以他们的名义所做的检查和勒索"有如此不完整的认知"。受害最深的是"较为贫穷的商人阶层，他们没钱支付苛税"。特里维廉指出："速度是贸易的生命。"他和许多其他英国东印度公司官员一样，也曾是商人，他的话并非纸上谈兵。[60] 特里维廉的报告为英国东印度公司最终取消内部关税起到了关键作用。

　　到特里维廉往下游航行时，恒河已经成为印度最早的蒸汽技术实验地。此时，英国的行政官员和商人急切地盼望着贸易和航运能够向上游扩张。第一台蒸汽机于1817年或1818年抵达加尔各答，其任务是清理胡格利河。来自伯明翰的八马力发动机驱动着旋转的斗铲，清理了自山上冲刷而下的淤泥。几年后，由加尔各答梅瑟斯造船公司（Messrs Kyd & Co）制造的蒸汽船"戴安娜"号（Diana）于1823年7月下水，其首航吸引了大批人群前来观看。作为一个商业项目，这艘船并不成功。战争刺激了技术的进步。1825年，在印度不断扩张的东北边境出现紧张局势后，英国东印度公司对缅甸王国发动了一场军事远征。这艘老式的挖泥船便被改造成了战舰；无利可图的"戴安娜"号被用于在印度和孟加拉湾东部沿海的阿拉干邦（Arakan）之间运送医疗物资和伤员。它被部署到伊洛瓦底江上游，当地人称之为"火魔"。[61]

　　到了19世纪30年代，蒸汽轮船代理商已经在恒河沿河各地都

设立了作坊——但多数代理商只是将此作为自己的副业。很多人
因蒸汽机获益。莱斯利（J. P. Leslie）白天是安拉阿巴德高等法院
的辩护律师；他自命为英属印度政府在港口的代理人，通过监督
货物装卸收取佣金。管理代理商的卡尔塔加力公司（Carr, Tagore,
& Co.）得到了向英属印度政府热力设备部门供应煤炭的合同，
把煤从他们位于孟加拉东部布德万（Burdwan）的矿山运出。恒
河是印度经济转型的一个缩影。蒸汽船把货物运往加尔各答，其
中所产生的税收是英国东印度公司管理层每年赖以生存的收入。
蒸汽船里塞满了"装有5000卢比硬币的箱子"，每个箱子都"用
绳子捆绑，贴上标签，用铅和蜡封起来"，由一名或多名士兵看
守。在恒河上游，私人资金从加尔各答的商人流向巴特那、贝纳
勒斯（Benaras，瓦拉纳西旧称）和安拉阿巴德，这些资金都是伦
敦、利物浦和纽约商人们热切期盼的农作物的预付款。恒河是印
度与世界经济融合的通道。大部分货物从加尔各答沿河运来，它
们都是英国在印度的物资装备：武器、医疗用品、印刷机、鸦片
代理商的印章、印度测量局（Indian Survey）工作人员使用的罗
盘和经纬仪，而印度测量局的一项庞大工程就是测量英国在印度
的每一寸领土并将其绘制成图。恒河沿岸使用蒸汽船运的主要商
品有3种——棉花、靛蓝和鸦片，每一种都受到全世界的青睐。靛
蓝很小，容易藏匿，长期以来都是用乡村小船运到加尔各答——
这也是英国东印度公司官员通过走私获取不义之财的理想方式。
自1836年始，货物便开始使用蒸汽船顺流而下地运输了。[62]

　　到19世纪30年代末，铁制蒸汽轮只需3周即可往来通行于加
尔各答和安拉阿巴德之间1255.29千米的路程，但过了安拉阿巴
德，人们就发现航道受阻。[63]恒河依然在挑战蒸汽船的动力。即
便在经验丰富的领航员的指导下，蒸汽船也会搁浅，在河岸的险

50

滩和沙洲上沉没。淤泥阻塞了大型船只的航道，使其只能在最易通航的河段航行。较为轻便的船只缺乏向上游推进的动力。蒸汽船又很昂贵。最有价值的商品便成为恒河沿线蒸汽船运输的主要货物。但是蒸汽船运输对多数商人来说费用高昂。诸如大米、糖、硝石、亚麻籽、大麻和兽皮等散装货物依然采用乡村小船或经由陆路运输。[64] 蒸汽船远远无法取代人们早期对河流的利用方式，而只是在能源和交通的多样化经济中占有一席之地：最古老和最先进的技术相互依存，相互竞争。通常情况下，河流本身——其流量、季节性和河道——就划定了什么可做或是经济上什么可行的界限。

最终，铁路而非公路却成了蒸汽船最大的竞争对手。由于英国投资者愿意投资铁路，恒河上的蒸汽船运输从未真正繁荣起来。

* * *

在世界范围内，铁路、蒸汽轮船、电报等打破了时空限制，为向工业资本主义转型奠定了基础。19世纪同期，环境史学家威廉·克罗农（William Cronon）在其著作中描述了芝加哥铁路的"触角"如何重塑了美国中西部的整个地貌。克罗农写道："铁路从地理上得以'解放'"——其运营能力"完全独立于曾经困扰以往运输方式的气候因素"。[65] 然而，这在印度是否适用呢？河流运输无法"独立"于季风运行，那么铁路是否可以呢？

印度的铁路梦诞生于19世纪30年代；到了19世纪40年代，这些梦想已经变成某种"狂热"。印度的铁路网络建设始于19世纪50年代，并于19世纪的最后25年达到顶峰，私人投资提供资金，承担了公共风险，而他们的回报则由政府担保。此时，铁路线已在欧洲和南北美洲蜿蜒穿行，投机者虎视眈眈地盯着印度。经过几次错误的开始和泡沫破裂后，印度铁路才于19世纪50年代开建。[66] 1853年，印度总督达尔豪西侯爵（Marquess of Dalhousie）宣布开建印度铁路：投资者可获得5%的回报率。与以往一样，军事需求在英属印度政府的考量中占大头。达尔豪西在给议会的报告中说，印度已经开启了铁路时代，一个覆盖印度全国的铁路网络"能让英政府将其主要军事力量部署于任何一个指定地点，以前需要几个月，而今只需几天的时间"。在他的设想中，铁路的"商业和社会效益""超出了目前的一切预期"。超出预期的还有"与我们目前的边界以外的人交流的范围和价值"。[67]

据土木工程师麦克乔治估计，在30年内，铁路将令印度缩小到"原来的二十分之一"。火车每天可以行驶600千米。牛车一天最多可以行驶二三十千米；内河航船顺流而下，一天可以行驶65千米，但是逆流而上时，甚至不及牛车的速度。铁路网加强了英属印度政府对印度领土的控制。印度的棉花和靛蓝、黄麻和鸦片以更快的速度运往孟买和加尔各答的港口并向外出口。铁路也把殖民政府的政策深植到了新近征服的西北地区。[68]

有人饶有兴趣地注视着这一切，卡尔·马克思（Karl Max）就是其中之一，他认为铁路是打破封建主义和社会分工的必要工具。铁路拉近了距离，整合了市场。1848年，马克思引用了几年前英国人的观察："在坎迪什（Khandesh），每夸特①小麦售价是6～8先令，而在普纳②却高达64～70先令，那里的居民正饿死在大街上"；其中唯一的原因是"泥路根本不能通行"。在马克思

①　即夸脱，英、美计量体积的单位。1英夸脱=1.137升。在美国，1液夸脱=0.946升；1干夸脱=1.101升。——编者注
②　即浦那。——编者注

看来，铁路的潜在好处之一是改造陆上水利：因为他认为，人们可以沿着铁路的路堤"修水库，给铁路沿线的地方供水"，"可以很容易地用来为农业服务"。① 几年后的1860年，铁路工程师埃德温·梅罗尔（Edwin Merrall）发表文章，反驳了亚瑟·科顿爵士对印度昂贵的铁路建设的谴责；科顿选择投资

横跨戈达瓦里河的铁路大桥。图片由作者本人提供。

印度的水路，但也为铁路价值辩护。梅罗尔也认为水是关键。他始终认为，铁路"一年四季"都能运营，可克服气候带来的不稳定性，而河流则在季风期间水满为患，在干旱季节水位下降，一年中只有几个月的时间能够安全通过。印度经常遭受饥荒之虐，"就是因为周期性降水不足"；但他认为"这种匮乏并非普遍现象，仅为局部现象而已"，且"可增加粮食较为富余的地区的粮食供应从而轻而易举地解决问题"。铁路最大的作用就是把印度最干旱的地区与那些"永不缺水"的地区连接起来。[69]

53

---

① 马克思著述的中文译文引自［德］卡尔·马克思、［德］弗里德里希·恩格斯著：《马克思恩格斯全集（第九卷）》，中共中央马克思恩格斯列宁斯大林著作编译局编译，人民出版社1961年版，第248页。——编者注

写到印度的铁路时，很难不列出一组组眼花缭乱、令人惊讶的数字。19世纪下半叶，印度铺设了长达3.86万千米的铁路轨道，拥有世界上第四大的铁路网。印度的铁路需要"消耗大量的矿物或由植物转换来的煤炭、焦炭或木材"，还需要大量的钢铁以及为发动机供水的复杂操作流程。由于许多原材料均需进口，因此印度铁路的扩张对英国工业起到了刺激作用。[70]

然而，对面临旱灾或水灾的村民来说，这会意味着什么呢？与主流观点相反，有人从一开始就担心交通运输并非解决社会和经济不平等现象的灵丹妙药。在1851年的一篇文章中，铁路专员勒欣顿（C. H. Lushington）表示，恒河流域的土地"被分租成很小的几块"；租给了穷人，他们"没有资本，只能勉强糊口"。他们没有足够的粮食储备来让他们"安心"去寻求远方的市场。他担心铁路线会进一步把这些小块土地切得更小；他忧虑的是天然洪泛区的铁路修建会干扰排水系统，从而造成"严重的实质性伤害"。他的很多忧虑属先见之明，25年后都得到验证。[71]

铁路深入内陆，承载着政府的力量和全球市场的吸引力，哪怕是再小的村庄也被深深吸引。20世纪中叶，一位印度经济学家的文章认为铁路引发了一场"国家经济模式的革命"，他写道："古老的地方经济壁垒正在崩溃。"近期有几位分析专家基于地区层面的数据模型均得出相似的结论。据戴夫·唐纳森（Dave Donaldson）[①]估计，"比较优势产生了之前未被开发的贸易收益"，因此只要铁路运行到任何一个特定地区，实际收入都会增

54

---

　　① 加拿大经济学家，麻省理工学院经济学教授。2017年约翰·贝茨·克拉克奖得主。2020年当选为美国艺术与科学院院士。——编者注

加16%。他回应了19世纪末人们普遍认同的一种观点："曾经一度封闭的经济体经由铁路的贯通而对外开放。"他的数据显示，随着铁路的建成，当地粮食价格甚至死亡率对当地降雨量的依赖也逐渐消失。[72] 但这些数字无法说明每个村庄、地区或家庭何以分享到这些资源。虽然市场更加一体化，但许多没有土地或资本的人并未处于有利位置并从此发展中获益。低等种姓、妇女和儿童、老弱病残群体不得不为了自己的安全与生存，在市场之外寻求实际利益或寻求传统习俗赋予他们的微弱的权利。那么这些转变对他们又有什么影响呢？

　　无论规模多么宏大、多么令人眼花缭乱，铁路网毕竟满足了殖民地出口经济的需要，使农产品走到了河口港口。铁路的目的是把印度的黄麻、棉花、茶叶和煤炭运往有商机的地方；把劳动力输送到种植园、矿山和工厂。这一时期，印度国内外流动性的大量增加与社会和地域固化的不断加剧并存并行。印度大片地区仍然远离铁路线的版图之外。从变革中受益的地区与落后地区间出现的不平等现象愈演愈烈。没有铁路的地方，公路路况一般都很差，水路也没有得到很好的维护。印度的全国抽样调查显示，即使在1870年以后的一个世纪内，在印度农村的许多地方，人们徒步旅行的比例也不少于72%。一直以来，最先进与最传统的技术都是相互依存的。如历史学家大卫·阿诺德（David Arnold）[①]所言："饥荒时，铁路依靠乡村马车将原棉和其他经济作物运送到铁路车站，或将谷物分发给贫困的村庄。"[73]

　　但在这个信奉福音派教义会对资本主义起到"文明化"效

应的时代，英国在印度的殖民统治仿佛是"天赐"载具，铁路似乎预示着某种"非同寻常的觉醒"：它在印度"以快得惊人的速度颠覆着以往的生活和思维习惯"。工程师麦克乔治得出的结论是："世界上最僵化、最排外的种姓制度"已被"蒸汽的力量渗透到了各个方面"。印度有很多人也深有同感。马达夫·拉奥（Madhav Rao）是特拉凡哥尔邦（Travancore）、印多尔（Indore）以及当时的巴罗达（Baroda）等地的首席部长。他曾写道："这条铁路带来了灿烂辉煌的变化"，"人们在以往数不清的岁月里长期与世隔绝，如今则轻而易举就可以做到文明的融合"——铁路为印度带来的前景不亚于使其成为一个"同质国家"。铁路不仅改变了人们的行为方式，也改变了自然的景观；火车穿越雨季和旱季，跨河过桥，翻山越岭，连接着旱湿两地区。铁路工程师们在西高止山脉开凿铁道，把"陡峭山坡上天然凹凸的地面变成了统一均匀的斜面"，使得"整个崎岖而荒凉的地区都得以抚平"。[74]

　　即便确有其事，工程师们的描述也属自我标榜的英雄主义，而在其背后则是被人遗忘的印度工人英雄主义，铁路、运河和桥梁都是他们亲手所建。他们中有无数人还为此付出了生命的代价。无论铁路工程师们多么热切地相信他们可以从英国引进技术，引进蒸汽机、煤炭、火车头、轨道、枕木，甚至预制桥梁，但实际情况是，基础设施建设所采用的方法都是混合法。[75]印度的生态是无法轻易被"抹平"的。无论是修建铁路线路还是修建灌溉运河，重塑印度的自然环境都将是一项艰巨的工程。

　　每一项修建计划都受到印度水文情况的挑战。在孟加拉修建从豪拉（Howrah）到布德万的铁路线时，工程师们发现了一个通往"内陆海"的水道。为了解决问题，需要修建"高架桥、桥梁、涵洞和泄洪口"，其规模在19世纪工程项目中从未有人尝试过。在喜马拉雅水系上建造桥梁和沟渠需要出众的才华和大量即兴创造，设计过程必须考虑到大江大河在"洪水季节"所"产生的周期性的巨大流量"，以及"河道的任意性和不稳定性"。河水"冲刷"着桥墩和桥台：激流可将桥基冲走。为此，工程师们只能向最熟悉这片土地的人求教。即使有了蒸汽挖泥船和沙泵，潜水员和手工挖掘者的艰苦劳动也至关重要；印度铁路桥的桥墩常常深达水面以下30.48米，[76] 还需其他技能才管用。工程还需在英国商船上担任过水手的人（即英国东印度公司水手）来监督。他们掌握的有关风、潮汐、洋流以及指令语言等技能都被用于重塑远离海洋空气的印度内陆水域。

很少有人会像鲁德亚德·吉卜林（Rudyard Kipling）①那样对英帝国的使命深信不疑。他的短篇故事《筑桥人》（"The Bridge Builders"）②素材来源于其目睹修建横跨萨特莱杰河（Sutlej River）的"印度的恺撒之桥"（Kaisar-i-Hind bridge）的经历。萨特莱杰河是位于印度西北部的印度河支流。吉卜林的书中强烈地表现了人类面对大自然时的脆弱以及英国工程师对当地知识的高度依赖。故事的推动依赖佩罗（Peroo）这个角色，他是来自卡奇（Kachch）的英国东印度公司水手，"他对罗克汉普顿（Rockhampton）和伦敦之间的每一个港口都了如指掌"。对帆船的掌控令他有了表现的机会：

---

① 英国文学家、新闻记者，曾于1907年获文学诺贝尔奖。
② 吉卜林短篇小说集《每日工作》（The Day's Work, 1898）第一篇。——编者注

用捆绑、支索固定、停驻来控制发动机；把倒下来的机车巧妙地从取土坑里拉出来；如果需要，脱光衣服潜入水中，去看看桥墩周围的混凝土块是否能够经受住恒河女神的冲刷；或在季风时节的夜晚冒险逆流而上，报告河堤的情况。完成这类活计，无人能与佩罗媲美。

一场风暴威胁着总工程师芬德利逊（Findlayson）设计的桥梁，而他则陷入了因吸食鸦片引起的幻觉之中，总是为桥梁能否经受住洪水冲击这个问题所困扰——他自问："有谁知道恒河女神的算法？"[77]

在这个故事中，桥梁得以幸存。但这种担忧并非没有依据。印度的水生态不仅威胁到桥梁的稳定性，也威胁到成千上万的铁路工人的生命安危。铁路工人的工作条件严酷；传染病的威胁也不断袭来。新的基础设施使水道分流，改变了排水渠道，也改变了水的循环；新的风险也即将来临，其中疟疾尤甚。无论蒸汽机的威力有多大，季风河流仍然能做到出其不意。1868年，恒河岸边的一座"粮食市场"锡布加因（Sibganj）被洪水淹没，"1868年向北流动的河水席卷了市场所处的河岸"。商贩们不断搬迁转移；他们在锡布加因东北方向9.66千米的卡罗克（Karik）安置下来。[78]

五

如果说英属印度的缔造者们需要提醒才能意识到自身的脆弱，这个提醒就来自凶猛的季风气候。

1864年10月，一股"狂暴得无以复加的气旋"袭击了加尔各答和孟加拉沿海地区。"河流汹涌澎湃，像大海一般翻腾"，把城市"变为一片废墟"。一位英国记者这样写道："目之所及，到处都是连绵不断的荒芜和阴暗。"[79] 10月2日，气旋起源于孟加拉湾，来到安达曼群岛（Andaman Islands）北部以西。那天早上，在"战斗"号（Conflict）甲板上，水手们看到空中的"星星仿佛生病了一般"。"血红的太阳从东方升起"，而此时气旋已经在西南部形成，已经在几天前对锡兰和布莱尔港（Port Blair）产生影响；接近安达曼群岛时气旋逐渐蓄积力量。从安达曼群岛开始，气旋横扫孟加拉湾，以每小时约16千米的速度向胡格利河河口方向移动。气旋接近孟加拉海岸时，"马达班"号（Martaban）蒸汽船正停靠在萨格尔罗兹（Saugor Roads）。到了10月5日早晨，这艘历经狂风鞭打的船"帆桁消失了，前桅和顶桅也一同消失了"。船长写道，直到下午狂风减弱，"船完全报废了"。这时，船员们才意识到，在退潮时他们"被拖离了17英里①"。[80]

另一艘沉没的船是"盟军"号（Ally）。该船于10月4日从加尔各答离港，载着335名移民前往毛里求斯（Mauritius），这些人都是契约劳工。成百上千名来自印度的契约劳工将前往甘蔗种植园工作，以满足大英帝国品尝甜味的需求。船被狂风恶浪掀翻，只有22位移民和7名船员幸存。[81]

无论加尔各答所受到的影响有多剧烈，孟加拉农村地区的风暴却有过之而无不及。风暴席卷了整个沿海地区并向东北内陆移动，最终于10月7日在阿萨姆邦（Assam）上空减弱。几乎没有人幸存。风暴潮引发了"巨大的海浪……海浪冲到浅水区，冲破

59

---

① 约27.36千米。——编者注

了胡格利河和戈达瓦里河河口的低洼地带，高度比最高的春潮还要高得多"。一位灯塔守望者绝望地给加尔各答写了封信："我无法准确地说出气旋风暴和洪水造成了多少生命损失，但是我担心致命的疾病带走了更多的生命。"相比最初的洪水，疾病夺去了更多的生命。他写道："每一个水槽，每一湾池塘，每一口水井，都充斥着腐烂物质的气味。"5万多人因疾病死亡，而洪水使数百万人流离失所。[82]

　　1867年，亨利·弗朗西斯·布兰福德记述了这场风暴。他1834年出生于伦敦，父亲威廉·布兰福德（William Blanford）拥有一家制造镀金模具的作坊，这种作坊只是推动英国工业化的无数小型制造商之一。1851年，亨利就读于伦敦的皇家矿业学院（Royal School of Mines），毕业后去德国弗赖贝格工业大学继续学习采矿。1855年，他与弟弟威廉·托马斯·布兰福德（William Thomas Blanford）一道入职印度地质调查局（Geological Survey of India）。他们的第一项任务是到印度东部奥里萨邦（Orissa）的煤场探矿。在那个日新月异的时代，铁路的发展刺激了印度对煤炭的渴求，因此探矿工作至关重要。布兰福德一家在奥里萨邦的调查为后来发现冈瓦纳古陆（Gondwana）奠定了一些关键基础，这块超级大陆曾经连接了南半球地块、印度次大陆和阿拉伯半岛。冈瓦纳后来分裂成东西两个地块，从而把非洲、南美洲和大洋洲分隔了，而在大约5000万年前，印度次大陆向北漂移并与欧亚大陆碰撞，形成了喜马拉雅山脉。

　　第二年，也就是1856年，亨利担任加尔各答新地质博物馆的馆长，负责管理在印度的官方地质调查局，研究印度地质情况，以开发矿产资源。他在印度南部度过19世纪50年代余下的时间，研究了蒂鲁奇拉帕利（Tiruchirapalli）和本地治里（Pondicherry）

60　　之间岩层的地层学和古生物学。亨利·布兰福德因"在印度地质勘测时受到暴晒"到欧洲养病逗留了一段时间。1862年，亨利·布兰福德回到加尔各答院长学院（Presidency College）任物理和化学教师。

　　大约在那个时候，亨利·布兰福德加入了英国皇家亚洲学会（Asiatic Society）。英国皇家亚洲学会由著名的东方学家和语言学家威廉·琼斯（William Jones）爵士于1784年创立，旨在"研究亚洲的历史、文明与自然史、文物、艺术、科学和文学"。加尔各答亚洲学会是英属殖民地学术团体中最具影响力的一个学会，所出版的期刊是文化、语言学和科学研究的宝库。把气象作为研究对象，在很大程度上是退休船长、加尔各答海事法庭庭长亨利·皮丁顿（Henry Piddington）的功劳。受美国气象学先驱、海军上校、《试论风暴定律》（*An Attempt to Develop the Law of Storms*）一书作者亨利·里德（Henry Reid）[①]的启发，皮丁顿对印度洋特有的风暴产生了浓厚的兴趣。他在1869年出版了《水手的号角——风暴法则手册》（*The Sailor's Horn-Book for the Law of Storms*）一书，其标题清楚地表明了他的目的，这本书是为"世界各地各个等级的水手"撰写的。在目录中，皮丁顿提出了一个新词，即"旋风"，用以描述由"环形或高度弯曲的风"所驱动的风暴。这一术语来源于希腊语"*kukloma*"（表示蛇的盘绕）。他写道，必须让水手们关注旋风这门新型学问，"因为这是个……攸关生死、损益的问题"。他描述了1864年袭击孟加拉的"风暴波"，"风暴来临之时或者来临之前涌动着的大量水流"撞击海湾与河口，形成了"浩荡的洪水"。皮丁顿在英国皇家亚

[①]　疑原文有误，应为威廉·里德（William Reid）。——编者注

洲学会的期刊上发表了一系列的航海日志，从中形成了自己对孟加拉湾旋风驱动力的研究成果。[83] 皮丁顿去世几年后，亨利·布兰福德开始在加尔各答院长学院讲课，他研究了皮丁顿的著作，并对风暴科学产生了兴趣。鉴于亨利·布兰福德在加尔各答科学界的杰出地位，以及对气象表现出的浓厚兴趣，他便成为该学会调查1864年风暴波的不二人选。与亨利·布兰福德合作编写这次大旋风报告的是当时英国皇家亚洲学会的财务主管詹姆斯·加斯特里尔（James Gastrell），他也是英属印度政府的副总测量师。起初他们只是为英国皇家亚洲学会撰写报告，最终却变成了官方的调查。

为了重构风暴的路径，加斯特里尔和亨利·布兰福德以风暴为线索仔细研究了散布于孟加拉湾的10艘船只的航海日志。风暴记录者汇总了船上的大气压读数与水手们对天空和海洋的描述；他们将这些数据与船只可能的位置进行对照，以追踪风暴的路径。"莫妮卡"号（Moneka）的日志记录读来简洁精确，却让人充满了不祥的预感：

> 从午夜至中午，风向西北偏西，风轻柔多变，天空多云；海面较为平静，但西南偏南方向与往常一样波涛汹涌。今天无雨，气压计读数29.74，温度计读数82。从中午至午夜，风向自西偏北，微风，多变，天空多云；天空看似十分阴沉，并向北边和东北偏北方向下沉，同一方向，海水不断起伏。海平面上升很快；在西北偏北方向观测到闪电。气压逐渐下降。午夜，西风渐起，东北偏北天空逐渐阴沉。在此海域，海浪巨大。船身颠簸，船头向下。

61

加斯特里尔和亨利·布兰福德通过比较"战斗"号和"金角"号（Golden Horn）的日志来追踪风的周期性运动。这两艘船在下午风暴来临时相距约161千米；到了午夜，由于旋风将其吹向彼此，两船相距顶多32～48千米。水手们对风暴威力最普遍的反应是敬畏。毕竟蒸汽的威力可比不上旋风。"亚历山德拉"号（Alexandra）是一艘蒸汽拖船，暴风雨来袭时正停泊在胡格利河河口；逆风行驶时，引擎"设定为7转，全速运转"，但却无法前进。"震耳欲聋的飓风咆哮着"，甚至淹没了蒸汽机的嘈杂声。风掀动着船只，传来了"呻吟声"，然后是"从西北方向突然传来的爆炸声"，突然间，船只向一侧倾覆。[84]

虽然船上的读数很关键，但其气压计读数不一定都很标准，而且读数与读数之间很难相互比较。这些记录必须与陆地观测站所测量的数据比对。加斯特里尔和亨利·布兰福德获取了16个陆地观测站的记录，即从恒河平原上的阿格拉和贝拿勒斯（Benares），再到锡兰山区的康提（Kandy）和安达曼群岛的布莱尔港；再到最南边的新加坡观测站。这些记录数量很少且分布广阔。这些记录还需辅以私人记录补充，如居住在康提的巴尔内斯（Barnes）先生的记录。他在1864年10月1日的记录中写道："低矮的雨云阴冷而潮湿，覆盖了大片天空（远处还有浓密的积雨云），从西南偏西方向缓缓移动，风向由西向南再转回来。"[85]

为跟踪暴风雨登陆后的情况，他们只能依靠目击者，如灯塔管理员、火车站站长、欧洲传教士和地区官员、河船船长、政府工程师等。加斯特里尔和亨利·布兰福德不知疲倦地把这场风暴记录在案。这场灾难的记述令人心碎。风暴观测人员搜寻这些报告以讲述细节；他们沉溺于记述旋风推进时天空色彩变化、光线的瞬间转变。这是他们获取到的有关云的形成和移动的最佳记录。观测员们看到了"铅黑色"和靛蓝色的云层；看到了"火球"照亮昏暗的天空，也看到夜色中闪烁着诡异的光芒。[86]

风暴调查是一种叙事形式，大自然才是主角。加斯特里尔和亨利·布兰福德描绘了一场力量的角逐。在风暴到达孟加拉海岸的前几天，"北边的气流遇到更强劲的对手时就撤退了，此时正向海湾东部逼近"。气流反过来受缅甸西海岸阿拉干邦的若开山脉（Yoma Mountains）"阻挡"，风在此屏障周围"绕行"。风暴调查的叙事形式类似于旅行日志：始于某个起点，沿着某条路线，抵达某个目的地，而所达之处，留下片片狼藉。观测员使用木刻版画在二维地图上描绘了风暴的"轨迹"。但他们对这场风暴的描述，包括气压、风速、纬度和经度，却完全是三维的。无论是对风暴的经度变化还是纬度变化，他们都兴致勃勃，诸如旋转风的跳跃、洋流的翻动、景观的轮廓等，不一而足。[87]

加斯特里尔和亨利·布兰福德只能以回溯重构记录。而他们希望得到的是即时信息。他们的目标是通过由电报连接而成的监测站站点网络，跟踪未来风暴的发展方向。他们强调印度"两个沿岸"气象电报站所具有的"重要性"；比较理想的是，他们能够建立群岛式的气象台，将锡兰和缅甸海岸包括在内，"如果可能的话，尽可能远到海湾东侧的布莱尔港"。从对1864年暴风雨的详细调查中，他们通过这些"来自远方观测站的蛛丝马迹"，不断探寻跨越时空的、在广泛意义上的关联及其后续效应。[88]在安达曼群岛或锡兰地区，有什么迹象预示着几天后孟加拉会经历此劫？如何及时发出某种形式的预警？他们看待这个世界的视角是

63

把陆地、海洋和大气联系在一起。就此视角而言，印度洋就好比一个气象工厂，也是印度气候变化的源头。

* * *

随着风暴科学的进步，人们对空间以及印度在世界上的地位便有了不同的想法。通过融合海洋和陆地的观测，人们对季风有了新的认识。就在这几十年里，英国探险家和科学家开始研究喜马拉雅山脉。在那里，植物学家约瑟夫·胡克从山的另一侧和山顶观测季风。在锡金（Sikkim），胡克目睹了一个下至海洋、上至大气的水域帝国，天空仿佛是大海的一面镜子。他写道："形似海洋的南方景色，从天空看比在陆地上看更加显眼，云朵以奇特海景的方式自行排列。"胡克大为惊叹："大自然的运作规模竟有如此之大。"他描述了某种气候系统，在该系统中，"水蒸气从海洋——相距最近的路线竟有600千米之远——升起，在运送过程中滴水不漏，维持着远方的这等丰饶繁茂。"他笔锋一转，说道："污水被河流送回大海，再由其呼出、输出、回收，又再返还。"[89]

无论在印度内外，长期以来，季风的威力给人们带来痛苦，也扰乱了政策的实施。这点在19世纪70年代得以充分显现。

第三章　这片干热大陆

65

　　1876—1879年间，印度南部的德干高原以及西北部的部分地区遭受到史无前例的严重饥荒。20年后的1896年和1897年，旱灾再次吞噬了几百万人的生命，灾情遍及印度的整个中部地区。未及从这次灾情恢复过来，1899年和1900年，又一次严重饥荒侵袭了同一地区。庄稼枯萎、牲畜死尽、储水池干枯、就业萎缩。受供给匮乏和谣言的影响，食物价格暴涨。社会上无权无势的群体——没有土地的人、老弱病残和妇孺首当其冲，他们挣不到钱来购买市场上的食物。人们涌向城市，有些人靠私人慈善机构幸存下来；成千上万的人则来到英国人办的赈灾营地，在那里获取微小的食物份额并通过非常艰辛的修路、挖沟、碎石劳动获取现金工资。从连篇累牍的新闻报道中人们很难读到因饥荒而真正死亡的人名。他们无法抑制饥饿；因饥饿而身体虚弱，染上霍乱、瘟疫以及各种所谓的"发热"等疾病——医疗官员将各种疾病统称为他们的"死因"。

66

　　"雨不如意"，这句话几乎出现在每处描述这几次灾难的文字里，而且都采用了不及物用法。其中的意思是，雨水并未如人们所愿地那样降下，并未如往常一样在同样的时间和地点降下同样的雨量。雨水没有按照人类社会组织自己物质生活的模式出现。那些年的灾难还扩散到中国、爪哇、埃及以及巴西东北部。在中国有5个北方省份，即山东、直隶、山西、河南、陕西，受到灾害的冲击，导致950万至1300万人死亡，其中大部分死于与饥饿密切相关的次生疾病。现在我们知道，19世纪的降水不足，是极端严重的厄尔尼诺-南方涛动（Southern Oscillation）现象①所致。厄尔尼诺现象指的是太平洋赤道带附近的海洋表面温度呈周期性地上升，从而影响了全球的大气环流。早在17世纪，秘鲁沿海当地的渔民就发现此现象；由于常常出现在圣诞节前后，故将其称为厄尔尼诺（El Niño，西班牙语中"圣婴"之意）。19世纪时，人们试图对其深入了解，发现干旱具有全球性的特点且相互之间有某种程度的关联。[1]

　　然而，细究之下，更多问题随之出现。虽然天不下雨，难道个人、社会和政府也无所作为了吗？正如很多人通过观察铁路和蒸汽机而乐观地预测技术可以打破时空，在这样一个时代，干旱为什么总是导致饥荒呢？英帝国声称其制度优越、具有仁慈爱心，在这样一个时代，殖民政府的行为有预见性和公平性吗？饥荒本能够避免吗？这些问题启发了殖民政策的拥护者和评论家、经济学家以及气象学家；这些问题也困扰着那些因发生饥荒而心怀内疚的地方管理者。干旱和饥荒引发了大量有关未来水源的讨论——正是因为缺水才招致灾害的。针对水的问题，新闻记者、人文主义者和工程师们对政府提出了新主张；政府也对其人民提出了新主张。思想界还保留着19世纪梦魇的遗产，那就是对未来争执不断的设想、对大自然的恐惧表述、对更美好未来的期待等；如今这些问题仍与我们息息相关。

---

　　①　即ENSO，是厄尔尼诺和南方涛动的首字母缩写。——编者注

一

1875年，印度西南部的第一个不祥之兆是那场席卷了整个
迈索尔的旱灾。第二年，西南季风在整个德干高原引起的降雨量
比往年要少得多。10月时，由于当地的供给耗尽，在整个马德拉
斯和孟买，人们开始对饥荒怨声载道。在孟买总统府的印度西部
地区，浦那全民大会（Poona Sarvajanik Sabha）①的工作人员早早
发出预警。浦那全民大会成立于1870年，按其章程里的表述，这
个协会的功能是在政府和"人民"之间起到"协调"作用。在代
议制政治中，这个全民大会是一场大胆的实验，其中的每个成员
都必须拿出一份至少有50人签名的授权书（mukhtiarnama）作为
发言资质凭证。浦那全民大会由地主和富人主导，成员均为男
性，在马哈德夫·戈文德·拉纳德（Mahadev Govind Ranade）的
领导下蓬勃发展。拉纳德1871年从孟买迁居浦那，他是法官和社
会改革家，也是一个很有声望的演说家。在印度，浦那全民大
会开辟了观察社会的新传统。英国人对此密切关注，用一个官员
的话来说，他们预感到浦那全民大会"若发展壮大成为国中之国
（imperium in imperio），会带来威胁"，也注意到"大众代议制
是一件锋利的武器，玩弄这件武器会非常危险"。[2]该地区饥荒
最严重时的景象仍历历在目，而浦那全民大会的发展壮大也正在
此时，因为从一开始，浦那全民大会就在吸引人们关注这场灾难
方面发挥了重要作用。

　　浦那全民大会在1876年的最后几个月给孟买政府写了好几封

68

①　英属印度的社会政治组织，印度国大党的前身。创立目标是在政府和印度
人民之间发挥调解作用，并维护农民的合法权利。第一届会议在印度马哈拉施特拉邦
（Maharashtra）召开。——编者注

信，其中描述了饥荒的蔓延，有一封信强调说，饥荒的"细节掌握在那些生活在人民中间或其本身就是人民一员的人手中，他们都是代理人或者受浦那全民大会委托的联络人，都是被这场灾难压垮的人"。浦那全民大会的工作人员还反映了英国官员在这几个地区的"巡视"，而这些工作人员的观察视角更接近真实的情况。他们轻装简从；逐村记录这场令人惊恐的灾难。其中一条记录写道：

> 10月11日，潘高姆（Pangaum）——几场阵雨后再无降雨。炎热季节，饮水缺乏。储水池可供水3个月。水井没有冒出新水……邻近几个村庄情况更糟。只有莫霍尔（Mohol）一地开展救济工作。体面人家和穷人均处于危难之中。应进口粮食并免费发放。[3]

那年冬天，东北季风不仅没有使灾情得以缓解，反而把旱情扩散到印度的东南地区。当时有人记录道，物价"飞涨"到了前所未有的程度。一个残酷又反转的事实是关于铁路的：新修的铁路在此时反而"助长"了物价的哄抬，因为粮食"通过铁路和水路迅速地从遥远的地方"运到城市市场，城市里的投机商们利用人们对食物短缺的恐慌，以高价出售这些粮食。1877年夏天，季风姗姗来迟且降雨又不足，随后又在夏末出现洪涝，本已有限的庄稼刚生根就被大量毁坏。整个马德拉斯管辖区（Madras Presidency）先是缺水，后又突发水涝，致使农民破产，因为前一年颗粒无收，粮食储备已经耗尽。那年夏天，旱情扩散到北方；印度中部和西北部的部分地区降雨量达到有记录以来的最低值。人们几乎没有粮食储备，无所依靠，因为受伦敦市场高粮价的吸引，大量粮食自印度向外出口。起初是迈索尔当地的一场局部旱情，发展成为灾难性的饥荒。1877年的冬雨使旱情有了一定的缓解，但只有1878年夏季的"正常"降雨才带来了好收成。150年中，干旱与极端厄尔尼诺现象相伴相随；厄尔尼诺现象的影响是全球性的。[4]

69

　　无论在什么地方，干旱引发食物价格飞速上涨时都会伴随着农业就业率的突然下降。最先感受到这一点的是处于灾情最重地区而又没有土地的劳动者。随后是最弱势的人口，他们的生计崩溃，收入匮乏。许多人长途跋涉去寻求救济。到1876年年末，饥饿之下，最弱势窘迫的那一部分人死亡。普遍的饥荒降低了人们的免疫力，疾病四处流行。霍乱、痢疾伴随着人口流动传播，而社会的失序助长了疾病的传播。1877年降雨回归，1878年雨量更加充沛，死亡人数再次猛增。其中最可能的原因是在长期连续干旱之后，水生态发生突变而疟疾变得猖獗。[5]

＊ ＊ ＊

　　印度灾难众多。1877年5月，理查德·斯特雷齐（Richard Strachey）以《印度饥荒的客观原因》（"Physical Causes of Indian Famines"）为题在伦敦做了一个报告。理查德·斯特雷齐出身于贵族家庭，与英帝国有着密切联系。自19世纪40年代起，他一直是孟加拉工兵团（Bengal Engineer Group）的成员，研究领域是灌溉，而气象是他最为关注的问题。1867—1871年，他担任水利局局长。他还领导了1880年的印度饥荒调查委员会（India's Famine Enquiry Commission）。他在报告开篇描述了生死力量之间的不断博弈："其中最活跃的力量是当地的气候，尤其是大气的热度与湿度。"许多当代观察者们都把气候视为世界上的某种积极力量。在19世纪末的英语用法中，"agency"这个词起源于中世纪拉丁语的*"agentia"*，用于表示大自然对人类行为所实施的力量。①如印度为"干旱*之力量*"所征服、受"*毁坏之力量*所害"。这些"暴风雨、干旱、水灾和疾病所产生的*破坏性力量*"，令生命脆弱不堪。[6]

70

　　干旱袭扰着德干地区，管理者、新闻记者和传教士也蜂拥而至。在他们的叙述中，干旱是不受欢迎的不速之客，在这片土地上留下了真相的蛛丝马迹。有一封信写道："整个地区光秃秃的、干枯枯的；本来每年这个季节时，储水池应该盛满水的，而如今却只有大片大片干掉的泥巴。"[7]干旱还影响到市场价格。理查德·坦普尔（Richard Temple）爵士受加尔各答英属印度政府的指派到灾区视察，是去过旱区最多次的人。他去灾区最首要的目标是尽可能在赈灾上少花钱。批评他的人说他几乎不会从自己的驾骑走下，他在这片土地上走马观花，所见所闻不过是去证实自己的偏见，但他的笔下对令人们失望的季风的描绘还是栩栩如生的。坦普尔所描写的干旱进程仿佛是季风在"旅游"。他在报告中写道："在栋格珀德拉河（Tungabhadra River）②右岸或南岸，干旱形成了最具破坏性的*力量*，在整个边境展示了其最强大的威力。"干旱"访问"了马德拉斯城，然后"在南阿尔果德（South Arcot）、坦焦尔（Tanjore，坦贾武尔的旧称）和特里奇诺波利（Trichinopoly，蒂鲁吉拉伯利的旧称）地区停留了一段时间，并肆虐了这些地区"。旱灾所具有的威力仿佛一支四处劫掠的军队，"将其浩劫扩散到整个南印度半岛，使马杜赖

---

　　①　以下表示"agency"此层意义的词用斜体标出。——编者注
　　②　南印度半岛的一条圣河，流经卡纳塔克邦和安得拉邦，是克里希奈河的主要支流。在史诗《罗摩衍那》中，栋格珀德拉河被称为"潘帕"。——编者注

（Madurai）和廷尼韦利（Tinnevelly，蒂鲁内尔维利的旧称）直至科摩林角（Comorin Cape）附近的海岸变成废墟"。还出现了更糟的情况。1877年中，马德拉斯地方政府向位于加尔各答的英属印度政府报告说："对西南季风的期待均成为泡影。"印度南部地方政府请求获得更多的资源。云层本身就有"挑逗"的残酷癖好，它的"挑逗"只是为了让人失望，"在小片局部地区上空，黑云密布，一场大雨倾盆而下，而周边天空始终'铁青着脸'"。[8]

旱情是饥荒的一个力量；其主要特点就是暴力和任性。在很多人眼里，基督教的上帝能够做到翻手云覆手雨，古德伯（Cuddapah）[①]地区行政长官普赖斯先生（Mr. Price）写道："我几乎看不到下雨的可能，除非得到上帝的宽免。"[9]有人援引印度教宇宙观的说法，雨水掌控在"因陀罗（Indra）和伐由（Vayu）"[②]的手中，他们"仍然是给印度民族分配幸福和忧伤的主神"。[10]有的人则用科学的语言来描述气候的物理驱动力。理查德·斯特雷齐宣称："大气运动的真正原因，也就是我们所称的风，完全是由于邻近地区的压力差而产生的完全的机械运动。"[11]无论是物理的力量还是神的力量，将气候视为活跃的因素也是旱情某种不可回避的特征。饥荒就像印度的陆地景观一样，是印度的自然属性之一。在最好的情况下，政府和社区能够适应季风周期性失能的必然发生。在这种逆来顺受的背后暗含着英国如今不愿意承认的事实，即如支持修建铁路的那些人主张的那样，极大减缓饥荒所带来影响的手段俯拾即是，尽管这在50年

71

---

① 印度安得拉邦中南部城市。

② 因陀罗是印度神话中印度教的雷电之神、天上的主神；伐由是印度神话中司风与大气之主神。"风"是印度教五大元素之一。

前还难以想象。但在如此规模的危机面前、在更多的金钱开销面前，他们更倾向于坚持这样的观点：饥荒曾经是、也将依然是印度气候所赋予的命定之事。

* * *

虽然干旱是大自然的力量所致，但是它也呈现出一种全人类危机的特点。旱情之严重程度体现出持久性和独特性，加剧了人类社会的分裂；使经济生活脆弱的基础架构一览无遗；对实体基础设施的局限性提出了挑战——基础设施（*infrastructure*）这一词语来自法语，直到19世纪初才在英语中被广泛使用——给许多观察印度地貌景观的人留下了深刻印象。19世纪末，人类对水——雨水和河流、水井和溪流——的依赖，开始呈现为道德和政治的挑战。

印度和世界上许多地方一样，天气反映了道德的忧虑所在。在整个基督教欧洲，诸如洪灾、干旱、火山爆发、地震等极端天气和地质事件被视为上帝审判的体现。据历史学家伊懋可的论述①，中国的"天人感应说"有着深厚的传统渊源，"雨量和光照合时与否，适量还是过多，均取决于人们是行善还是作恶"；其中"皇帝的行为影响最大"。1731年，雍正皇帝的上谕中写道"其遭值水旱饥馑者，皆由天下人之自取……""由于各地天气大都不同，上天对人们行为的赏罚也存在地区差异"，而根据此观点，受灾最重的地方就是公众行为规范和行政管理规范滑坡的地方。北美也有着自身版本的"天人感应说"。在19世纪70年代

---

① 此段内容参见［英］伊懋可著：《大象的退却：一部中国环境史》，第418、427页。——编者注

和80年代，基于关于降雨与美德的理念，产生了关于如何在美国的大平原地区进行土地分配的多种观念。比较流行的观点是"犁走雨随"，即勤劳的白人定居者改造土地，他们的辛勤劳动就会得到雨水的回报。历史学家理查德·怀特（Richard White）写道，定居者把自己视为"气候变迁的代理人"。干旱是文化和精神乏力的表现形式。[12]

在印度的传教士对大旱灾的书写之中也随处可见某种形式的"天人感应说"，但比较极端。他们认为干旱不是针对印度社会——而是针对英国政府的道德审判。1878年，南丁格尔（Florence Nightingale）在印度写道："印度这个国度尤不应受饥馑之虐；"她坚持认为，"耕植土地之人勤勤恳恳；当地人在自我照顾的能力方面，不弱于其他种族"。问题的实质很简单，那就是"我们"——也就是英国人——"并不关心印度人民"。[13]另外一个观察者写道："印度饥荒并非是不可战胜之敌，印度气候的一大威胁就是干旱，在这里，大自然教育人类预警之必要性，而我等鲁莽、自以为是以致深受其苦，只能得到此合理的惩罚。"[14]这与马尔萨斯（Malthus）[①]的论述相反：马尔萨斯认为，所谓"预警"指的是缺乏预警；所谓"鲁莽"指的是英国在印度的统治者而非印度人民。有位美国作家在《纽约时报》（New York Times）发表的观点甚至称"印度社会的现状在近期只有美国的奴隶制能相提并论"。[15]维利亚帕·皮莱（Villiyappa Pillai）是小王国斯瓦甘垓（Sivagangai）的宫廷诗人，他用泰米尔语诗句大胆描绘大饥荒，完全颠覆了传统观点。这首入木三分

73

---

① 指英国传教士、人口学家、经济学家托马斯·罗伯特·马尔萨斯（Thomas Robert Malthus）。马尔萨斯认为，只有自然原因（事故和衰老）、灾难（战争、瘟疫及各类饥荒）、道德限制和罪恶能够限制人口的过度增长。——编者注

的讽刺诗于19世纪末发表，描绘了湿婆对当地忍饥挨饿的民众作出忏悔，承认自己面对大众之苦无能为力，只能指示他们给当地的扎明达尔写信。[16] "毁灭的力量"并非来自气候，而是来自人类。

气候的转变席卷印度，使千百万人极易受到降雨失能的影响，那么谁是这一转变的化身，或者说，是什么体现了这种转变呢？在关于19世纪70年代饥荒的批判性记述中出现了一个明确的罪魁祸首，那就是"资本家这个新出现的阶级"。曾经在古吉拉特邦和孟买工作过的官员佩德（W. G. Pedder）将资本家描绘成"对公众毫无责任感、因种族和信仰成为胆小如鼠之辈、没有内疚之心、没有服务社会意识、只会自私积累之人"。佩德还认为："（对于他们而言）缺乏的是金钱和劳动力，而非食物；而农民失去了他们的耕地、没有产出，劳工得不到工作和工资。"据他的观察，印度农民脆弱性的根源就在于他们"与某一商业阶级的稳定关系"，这一商业阶级融合了"一般商店店主、农产品经销商、银行家和放债人"的职能，被称为"巴尼亚"（bania）①或"小商贩"（saukar）。农民本就欠了当地放债人的债，因而在收成不好的情况下就会受缺乏储备之困。佩德同时比较了这些诡计多端、"不择手段"的放债人与"愚昧和胆小的农民"。[17]

缺乏资本也是农民脆弱性的根源。早在19世纪50年代，铁路专员勒欣顿在提醒人们不应对铁路抱有不恰当的乐观时就看到了这点。马德拉斯哥印拜陀市（Coimbatore）的收税员安德鲁·韦

---

① 印度的一个种姓，指贸易商、银行家、贷款人。在孟加拉泛指商人。——编者注

德伯恩（Andrew Wedderburn）直斥饥荒期间官员们的无所作为，同时又指出民间不乏人情味："有的村民已经售卖了自家的铜制容器、首饰（甚至自己妻子的'护身符'）、农具、屋顶上的茅草、门窗的框架。"在孟买，造币厂厂长海因斯（G. L. Hynes）也看到了同样的情形，他写道，"银制首饰、熔化的银碟大量涌进"，相应金额达到每个月90万卢比之多。[18]

浦那全民大会的领导们也对放债人带来的恶劣影响有着实在的观察。1878年，在浦那全民大会主办的刊物的第一期中，他们发表了对饥荒产生原因的分析。他们认为，印度农民"贫穷、无望到难以保持自立的地步，身陷重重债务之中，难以收获农耕之利"。饥荒"让农民越来越深陷放债人债务之中，没有改善的希望"。[19]有些家庭足够幸运，拥有可以维持3个旱季的资源，现在却发现"多年的储蓄已经完全耗尽"。他们别无选择，只能求助于放债人，很快，他们便"从自由人沦落为奴隶"。[20]

* * *

人道主义者、社会改革家，甚至某些殖民地官员把印度面对饥荒的脆弱性归咎为经济与社会的不平等，还有人则把大自然的"毁灭力量"与人类行为直接联系起来。18世纪，一群主张"干燥论"（desiccationist）的欧洲博物学家大部分都有在热带地区工作的经历，认为砍伐树木导致干旱。按照他们的观点，沙漠不过是被毁坏的林区。[21]这个观点通过亚历山大·冯洪堡（Alexander von Humboldt）①的著作受到重视，亚历山大在1819年写道："若把覆盖于山顶和山坡的树木砍掉，那么无论处于何种气候，人类

---

① 德国博物学家、地理学家。

75　都为其后代埋下了两个祸根：燃料匮乏和水源缺失。"[22] 到19世纪中期，"干燥论"在英属印度已非常流行；经常被用来谴责当地畜牧业的做法，并限制印度游牧部落利用森林资源，而这些部落的人民如今则被称为"原住民"（adivasis）。英属印度政府打着保护的旗号，蚕食印度的森林，索取越来越多的林地和无人耕种"荒地"的权利；以苛刻的方式限制了当地人的使用权。

　　最强调"干燥论"的是一篇佚名撰写的通讯，登载于1877年的《麦克米伦》杂志（Macmillan's Magazine）。作者将自己称为"菲尔印度"（Philindus），可能是有意回应自由派《印度之友》（Friend of India）的出版。这份通讯有着广泛的读者群体，不仅引起英国读者的讨论，其影响也远至日本。[23] 菲尔印度文章一开头便回忆起某个情节，即"印度南部最神圣的圣殿毫无趣味：我指的是马德拉斯俱乐部的酒吧"；在那儿他听说有两个人，"公务员琼斯（Jones）和布朗（Brown）"在诋毁亚瑟·科顿的成就，说他不过是追名逐利且浪费资金。菲尔印度为亚瑟·科顿的才华作了有力的辩护，并回应了亚瑟·科顿认为水为印度安全与繁荣之关键的观点，紧接着，他提出了自己的主要观点："印度南部灾难性的旱情"，"在很大程度上"是"卡纳蒂克地区（Carnatic）①和整个印度半岛丛林在过去一个世纪被砍伐的结果"。他还援引了美国地理学家乔治·珀金斯·马什（George Perkins Marsh）的权威观点。马什在1865年出版了一部颇有影响的著作，首次论述了环境变化的人为因素。马什认为："由于森林被砍伐，森林中流出的泉水以及泉水流经的水道在数

――――――――

① 卡纳蒂克是欧洲人对科罗曼德尔海岸及其腹地的称呼，包括马德拉斯、本地治里、圣大卫堡等城市。――编者注

量、持续性和水量上趋于衰减。"菲尔印度确信印度南部遭受了
"最可怕的邪恶"的折磨，都是因为"不计后果地毁坏树木与森
林，使整个国家越来越干燥"。[24]浦那全民大会刊物的读者日益
增加，改革家们在其首次"饥荒叙事"中营造出类似的感觉——
干旱是人为干预造成的，他们指出："由于滥伐森林，在错估
财政收入的荒谬制度下兼并荒地，临时的降水也无法被土壤留
住。"[25]

76

　　在饥荒最严重的时期，英属印度当局颁布了《1878年印度森
林法》（Government of India's Forest Act of 1878，后文简称《森
林法》），将印度森林收归公有。这是引领全球生态保护的风潮
呢，还是从大部分边缘人群手中夺取土地呢？实际上，二者兼而
有之。[26]限制印度森林被砍伐的意图，源自一种对有利可图的资
源迅速枯竭的忧虑，这点对印度的铁路来说也是如此。到19世纪
70年代，出于对森林砍伐所带来的长期性气候危害的担忧，有关
生态的争论朝着同样的方向发展；《森林法》同样加剧了对印
度原住民权益的侵害。爱尔兰地质学家和人类学家瓦棱丁·波尔
（Valentine Ball）曾在印度中部工作多年，他写道："保留森林
地块，禁止居民从保护区域内采摘一棵草"，其结果是使人们
"与……遍及广大地区的食物来源相隔绝"。[27]森林是某种庇护
所，尤其是在贫困时期，是块茎、果实以及其他食物的来源，就
算不能抵御饥饿，至少也能避免饿死。政府对印度森林的侵占威
胁着原住民社区的生活方式和谋生方式。

二

　　饥荒还促使人们审视印度社会；最重要的是，人们的目光转

向了政府。英国殖民政府无所作为，对印度人民的生命似乎漠不关心，激化了来自内外的批评。

对英属印度殖民当局最直接的控诉是，英属印度殖民当局对开支过分吝啬，在旱灾来临之前没有对干旱做出最起码的预防措施。他们没有关注印度南部的那些储水池；到19世纪70年代，这些储水池大部分已经荒废。一位英国观察者哀叹道："印度的前任统治者，就算是没有那么伟大也没有那么强大，也有起码的善意，会使用一些简单的技术，如积蓄雨水，把水流引向急需的人民。"[28] 连这些简单易行的工作，英国殖民政府也未能做到。1877年夏末，雨水最终降临，他们的无能被暴露得淋漓尽致。那场降雨量很大，使得"作为饥荒之年的1877年在马德拉斯气象记录上看起来似乎达到了较长时期内的最大降雨量"。储水池的维护便成为政府冲动之下削减开支的牺牲品，但很多人都看得明白，"当经济发展需要采取节制措施的时候，储水池是最不该轻易变动的基础设施"。印度对水利基础设施的忽视使得"珍贵的液体流向大海，这样白白流逝的其实是人的生命"。[29] 南丁格尔看到1877年的雨水"流失了，因为到1876年秋季，储水池尚未完工；政府命令停止所有的公共工程"来削减开支，其结果是"数百万吨水白白流失"，而数百万人因缺水忍饥挨饿。[30] 从那一刻起，印度水流的"浪费"便成为人道主义者、工程师和殖民政策批评者们战斗呐喊的内容。

对殖民统治更大规模的控诉来自饥荒揭露出的印度生活状况，这场灾难仿佛揭开了覆盖在印度社会与经济日常运转之上的面纱。很多人认为，印度很多人之所以无法抵御降雨的影响，是因为英国人的统治使这些人一无所有、侵蚀了他们的抵抗能力。一位观察饥荒状况的美国人写道："因为食物匮乏而被击垮的民族首先肯定是穷困潦倒的民族。"[31] 英国的错误统治破坏了印度的经济独立,这种看法并不鲜见;亚当·斯密曾经在《国富论》中对此强烈谴责。到19世纪60年代,印度"财富外流"的概念为人熟知,这与达达拜·瑙罗吉(Dadabhai Naoroji)的著作密切相关。他是一位帕西(Parsi)商人和学者,后来被选为英国议会的首位印度议员。他在著作中断言,英国在印度的统治对印度经济产生了摧毁性的后果。19世纪70年代的饥荒使他的剖析更为尖锐。他写道,印度大部分人民"'手一停,口就停',勉强糊口,饥荒轻轻一碰就带走成千上万人的性命"。他认为,尽管如此,印度农民还背负着"碾压式"的土地税赋,印度人还要通过每年汇给英国"国内费用"(home charges)①来为侵入印度的殖民者买单。瑙罗吉控诉说:"每一盎司的大米……都是"从印度人民"所剩无几的口粮中抽取的,是他们遭受严重饥荒的原因"。英国统治者不顾印度人民的痛苦,违背自己制定的原则,"行走在错误的、违背天理的和自取灭亡的道路上"。[32]

瑙罗吉的分析因使用忠于英帝国的语言表达而显得愈发响亮,他的愤怒是有分寸的,每一句话背后都有殖民政府自己的统计数据作支撑。一如那个时代的政治经济学家,瑙罗吉喜欢使用流动的隐喻,他的文章论及印度财富"流失","流向"错误的方向等。印度濒临灾难的边缘,印度人民脆弱的生存状况,均源于印度对水源的严重依赖。19世纪70年代,在很多对英国政策持批评态度的人看来,减少对水的依赖、确保人民的生存免受"饥荒的影响",应该是政府压倒一切、首要关心的问题。

78

---

① 指英国殖民政府所征收的管理费用。——编者注

* * *

随着灾情的曝光，人们对英国政府最迫切的控诉是政府没有给忍饥挨饿的人民提供足够的救济：行动太迟缓、态度太冷漠、内部分裂太严重、太关心经济问题本身，或者只是太无能。政府刻意不提供救济，其思想根源是他们笃信自由市场理论，并以为虽然受灾，但印度其他地区尚有充足的粮食储备。这一直是历史学家后来试图为印度19世纪的饥荒进行道德清算的核心观点。[33]

79
威廉·迪格比（William Digby）对马德拉斯的饥荒状况的描述最为详细，其著作总共有两大卷，于1878年出版。迪格比是一位新闻记者，也是政治运动的领导人。他最初惨淡经营着一家地方报纸《伊利小岛与威斯贝奇广告》（*Isle of Ely and Wisbech Advertiser*），后来主编《锡兰观察》（*Ceylon Observer*），自1877年起，主编《马德拉斯时报》（*Madras Times*）。[34]迪格比的叙述犹如慢镜头一般记录了这场悲剧：一个起初的警告被忽视，然后预警被置之不理，最终脸面保不住的故事。在他对饥荒的记述中反复出现的一个主题是印度地方官员与英国殖民政府之间的冲突，很多地方官员具有人道情怀、观察敏锐，而殖民政府则观念迂腐、受意识形态束缚。1876年的最后几个月，第一份有关饥荒死亡的报告被层层递交到英国殖民政府手中，阿尔果德北区的每个村长都收到了印度地方行政长官的警告，要求他们"对有可能因饥饿导致的个人死亡负责"。然而所谓的责任恰恰是英国殖民政府希望回避的。1876年年末，看起来需要开展大规模的饥荒救济了，于是马德拉斯政府试图通过美塞斯阿伯特诺特公司（Messrs Arbuthnot & Co）代为秘密购买粮食来增加粮仓的储备。马德拉斯政府煞费苦心地匿名采购，是为了不干扰市场，但这个行为引起了英国殖民政府的恼怒，英国殖民政府下令立即停止这种做法。迪格比直截了当地说道："最高当局反对干预贸易。"

整个19世纪，饥荒在印度周期性地反复发生，而英国人的应对措施均为权宜之计：取决于当时负责官员的个人倾向；借鉴当地的先例和对早期饥荒的记忆；受到对灾区殖民控制的安全性或脆弱性的制约。距离1876—1878 年饥荒最近的一次危机是1873—1874年的比哈尔邦（Bihar）饥荒，这次饥荒很反常的情况是：英国人针对食物短缺进行的干预异常积极而有效。他们没有对粮食贸易实施控制，而是直接从缅甸进口了48万吨大米，当时缅甸逐渐成为印度大米来源的前沿新阵地。伊洛瓦底三角洲的降雨规律而充沛，似乎让缅甸农业能免受像印度那种气候波动所带来的长期影响。在一些地区，印度地方政府通过公司代理，匿名购买、储备粮食，没有引起市场恐慌，它们还以支付现金工资的方式雇佣本地人来开展救济工作。与英国人通常的做法相比，救灾人员的资质认定既不严格，也不苛刻，管理部门信任村长和当地官员的认知。即便按照20世纪晚期的标准来看，英国人对比哈尔邦饥荒的干预都是很成功的。负责救济的官员就是理查德·坦普尔。[35]

在英格兰，不仅没有公众为比哈尔救灾政策的成功庆贺，反而社会中出现了非常苛刻刺耳的批评。《经济学人》（The Economist）谴责这种对饥荒救济的大规模开支，担心这样做已经使印度人相信"让他们活下去是政府的职责"。[36] 更糟的是，1876年流传的、题为《加尔各答黑皮书》（The Black Pamphlet of Calcutta）的小册子把攻击的怒火发泄在坦普尔身上，将其政策描绘成"一场经济灾难，是不厉行节约、毫无理性的典型"。[37] 这本册子是匿名出版的，但很快有人爆出其作者就是查尔斯·奥唐奈（Charles O'Donnell），他是一位就职于英国殖民政府的爱尔兰人。在这些批评者的眼中，饥荒是虚构的，因为花了那么多钱，却几乎不见饿死人的记录——他们拒绝承认这恰恰证明了这项救济政策的智慧。

坦普尔被这些羞辱激怒了。他心怀抱负，决心从中汲取教训，更不会因此停下前进的脚步。1877年他被任命为总督特使去视察灾区，有传言他可能会过于慷慨。但他的所作所为证明这些人错了。正如迪格比指出的那样："理查德爵士受委派去灾区是为节约而去的，大家都知道……他会厉行节约。"坦普尔竭力争取削减马德拉斯政府给灾民的救济规模，把救济工作的工资压低到（甚至是低于）仅能勉强维持生存的水平，这就是臭名昭著的"坦普尔工资"（Temple Wage）。锡兰的一家报纸用黑色幽默的口吻写道，马德拉斯饥荒救济营地的难民口粮配额比监狱犯人胡安·阿普（Juan Appu）还要低得多——阿普"因为不久前把自己一个近亲的脑浆都打出来了而获罪"。[38] 在一封"来自灾区"的信函中，一位传教士通讯员把坦普尔的做法称为"管理灾情的额外节约理论"，也许这个指称具有双重含义，意思是坦普尔的政策过度吝啬，而之所以是"额外节约"（extra-economical），其含义是指该政策受意识形态而非经济所驱使。这封信得出结论："伟大政府的职责不仅是防止自己臣民死于饥饿，而且还要拯救生命。"[39]

世界各地则从印度的饥荒当中汲取了不同的教训。在上海，这座港口城市的精英获悉中国北方出现饥荒的可怕消息之后，中国第一份现代报纸《申报》就撰写特稿，赞扬英国人对印度饥荒的处置，借以强调该报对清政府没能及时救济灾民的指控。提及印度的说法大部分都具有强烈的修辞色彩，以此吸引读者关注清政府的不足。这篇特稿并非基于对印度饥荒的深刻理解来撰写的；《申报》对印度饥荒的叙述大部分援引自英国驻沪媒体，而这些媒体的报道反映了在支持坦普尔厉行节约政策这件事上的意识形态正统性。[40]

* * *

1878年夏季季风来临时，印度大片土地已经荒芜。经过仔细统计，有500万人死于饥饿或疾病。英国政府委派一个调查委员会赴印度来调查这次灾难，结果却是真相被掩盖。总督利顿勋爵（Lord Lytton）在面对印度国内外铺天盖地的批评时极尽辩白之能事；财政大臣约翰·斯特雷齐（John Strachey）则想方设法任命自己的弟弟理查德·斯特雷齐担任委员会主席。[41]虽然饥荒有自身的根源，虽然存在大量的自我辩护，饥荒调查委员会在1880年的报告，用一位研究20世纪末印度饥荒的专家的话来说，"富有智慧，是行政管理的杰作"。[42]在理查德·斯特雷齐的领导下，委员会成员包括（作为"英国"委员的）爱尔兰人詹姆斯·凯尔德（James Caird）、马德拉斯官员沙利文（H. E. Sullivan）、兰加查鲁（C. Rangacharlu）、马哈迪奥·瓦萨迪奥·巴夫（Mahadeo Wasadeo Barve），以及迈索尔和戈尔哈布尔（Kolhāpur）小土邦官员。他们周游全国，积累了几百小时的证词，报告中最重要的主题就是：水。

饥荒委员会对印度饥荒根源的判断一点也不含糊，他们在报告中写道："整个印度的饥荒是由干旱所致。"委员会认为印度的任务是想方设法去"保护印度人民免受季节不确定性的影响"。季风的季节性和不可预测性是这个问题的核心。报告一开

82

始概述了印度的地理现状，所采取的形式是通过空间叙事，把土地划分为湿地和旱地，这种描述如今已经为人所熟悉。长期以来，理查德·斯特雷齐对气象学甚感兴趣，因而委员会的报告不仅仅只是为英国的政策辩护：在这里，理查德·斯特雷齐看到了气象学在印度发展的前景，它在未来的印度将拥有更为显著的地位。令斯特雷齐失望的是，委员会内部争论非常激烈。报告的终稿还附上了凯尔德和沙利文的反对意见。大部分人认为印度政府不去干预粮食交易的做法是正确的，但凯尔德和沙利文对此并不赞同。凯尔德和沙利文痛斥通过严苛测试才能决定救济资格的做法；最主要的是，他们支持在私人交易无法抵达的偏远地区建立公共粮仓。他们认为印度所遭受的痛苦来自"应对灾害时缺乏及时的准备；虽然灾害的发生偶尔一反常态，但却具有周期性和不可回避性"。[43]

如果对政府应该在何种程度上介入市场尚有分歧的话，那么对于干旱的"不可回避性"，大家是有共识的。就是否能够更好地预测干旱这个问题，饥荒委员会驳斥了当时流行的观点——这一理论认为：太阳表面存在黑暗和低温的斑块，由磁通量引起，这些斑块被称为太阳黑子，以11年为一个周期，这一周期与地球大部分地区的干旱相关。该理论受到包括斯坦利·杰文斯（W. Stanley Jevons）、威廉·威尔逊·亨特（William Wilson Hunter）等人在内的支持。杰文斯是经济学家、逻辑学家、经济学"边际主义革命"的拥护者，亨特则编纂了《印度地名辞典》（*The Imperial Gazetteer of India*）。[44]然而委员会得出结论，太阳黑子的说法"尚未被充分证实，更不能说得到了广泛的认可"，太阳黑子"在不同层面上尚有争议，有的证据甚至直接反对这种说法"。[45]不过，委员会对气象观测耐心细致的工作加以赞扬。

他们下结论说："由于现有能力无法预见有效产生降雨的大气变化，也无法事先预知任一季节可能的降雨量，因此更有必要强化关注每个季节的日常进展，以便能够精准而迅速地确定全国各地的实际降雨量。"他们还发现，"最近几年，气象观测体系已经在整个英属印度建立起来，效果令人满意"。到1880年，印度全国已设有100多个降雨观测站，可追踪印度全境的季风进程和发展态势。饥荒委员会始终认为基础设施"最为重要，应对其加以修缮，以确保能完全发挥效用"。[46]

饥荒委员会最重要的制度创新在于出台了"饥荒标准"（Famine Codes），以图打破干旱与饥荒之间的联系。这套标准为地方官员面临资源匮乏时的行为开了"处方"，其杀手锏是在饥荒受灾地区开展大规模公共工程建设，以提供就业和收入，通过提升购买力把食品供应吸引到灾区。从概念上来看，"饥荒标准"是一项紧急措施，但也引发人们去思考如何减少印度对变幻莫测的季风的依赖。饥荒委员会的结论中还说道："在所有为印度提供直接保护、避免干旱引起饥荒而采取的手段中，最首要的工作毫无疑问是灌溉工程。"[47]饥荒委员会最重要的结论是：有必要对印度的水资源进行更为有效的管理。

三

84

19世纪70年代的灾难过去20年后，印度又经历了两次大饥荒，标志着历史学家艾拉·克莱因（Ira Klein）恰如其分地所称的"冷酷的死亡高潮"。[48]

1896年的干旱首先在印度中部的本德尔肯德邦（Bundelkhand）所谓的"黑土"地区爆发。19世纪，该地区是出口棉花的生产基地。截至那一年的年末，当地夏季的雨量不足；灾情扩散到整个印度中部地区，上至旁遮普，下至马德拉斯，东至上缅甸地区。1897年降雨恢复，致命的疟疾疫情又暴发了。饥荒与1896年孟买发生的黑死病几乎同时暴发。这场黑死病持续了整整10年，随着受饥荒影响的大量流民而传播开来，蚕食着那些因为饥饿而身体脆弱的人口，并沿铁路线扩散到农村地区。在东部地区焦达纳格普尔（Chota Nagpur），当地原住民甚至不能享受殖民政府所能提供的最低救济标准，长期以来的森林砍伐现象和殖民森林法也已经威胁到原住民社群的生存，当地的生存资源所剩无几。大规模的饥荒随之而来。仅仅过了3年，印度中部的同一地区又出现夏季季风失能的局面。1899年的降雨量是印度有记录以来最少的。旱情波及100万平方千米的土地，数千万民众深受其害，印度中部再次成为重灾区。在孟买，1899年和1900年的饥荒是19世纪最严重的一次。[49]

到19世纪90年代，摄影技术比起20年前成本更为低廉，照相机携带更为轻便。饥饿民众的影像触目惊心、令人难以忘怀，在世界各地传教士和人道主义者当中流传。筹款活动获得了几百万英镑的募捐。传教士、作家和摄影师纷纷来到印度。其中就有代表国内外救济委员会（Home and Foreign Relief Commission）的美国人乔治·兰伯特（George Lambert），他还带动了来自俄亥俄、宾夕法尼亚、印第安纳、密歇根、伊利诺伊、内布拉斯加和堪萨斯的成员。19世纪90年代的饥荒萌生了一种新的、全球性的人道主义意识，一种英国、美国和欧洲中产阶级大众对遥远陌生人的痛苦遭遇的代入感。但是这种能够吸引捐款的画面也常常强化了印度受制于人的无助形象，人们从而忽视了，致使数量如此庞大的印度人民遭受季风之苦的其实是印度从属于英国政治经济利益的现实。19世纪70年代就出现的问题依旧存在，那就是：饥荒到底是"自然"灾害，还是政治灾难？[50]

欧美传教士和新闻记者拍摄了大量照片，撰写了大量有关饥荒的游记，其背景都是土地干旱。1899年，驻古吉拉特邦卡提阿瓦半岛（Kathiawar）的《印度时报》（*Times of India*）记者说，照片可能也不足以传达水源缺失的情况：

> 如果我是印象派的艺术家且希望表现这个场景，我会用黄灰色的颜料，画出一条长长的、渐渐消失的条纹，它象征着一条路，把远方发出闪烁光芒、模糊不清的热量抛向天空；路的两侧泼洒着微红的褐色，象征着本应种上庄稼的土地；而最重要的是，从地平线到画布上方涂上大量蓝色，象征天空。我想我过去从未讨厌蓝色；而如今我确实憎恨蓝色。[51]

沃恩·纳什（Vaughan Nash）是一位英国新闻记者，为《曼彻斯特卫报》（*Manchester Guardian*）担任通讯员。他这样描述道："一块块的土地仿佛被太阳烤裂的沙漠，令人深感悲戚"，而"褐色的荒野向左右两边展开"，"水井无水，河里也无水"，他在饥荒赈灾营地所遇到的人，"嘴唇和喉咙都干得说不出话来"，以至于有种"沉默难以被打破"。饥荒赈灾营地所能提供的仅仅是最低限度的救济。站在浦那的饥荒赈灾营地外，他都怀疑"人们是否能够靠这刑罚一样的定量配给生存下来，且不说还要防止霍乱及其他由饥荒引发的疾病了"。他得出的结论是："看到这些令人崩溃的场面，印度政府肯定存在问题。"[52]

这种"崩溃场面"并不如19世纪70年代那么严重。"饥荒

86

标准"早在1883年生效实施，各邦都按照1880年饥荒委员会所建议的蓝本出台了自己的"饥荒标准"。一旦某个地区正式宣布情况已经从"资源匮乏"升级到"饥荒"程度，标准的机制就会启动：公共工程开工以提供就业，提高当地收入，同时对无法工作的人进行救济等。然而，地方政府在厉行节约的同时却要长期承受节约的压力，这种压力有时令人难以忍受；很显然，地区官员宁可不宣布处于饥荒状态，1897年和1899年，他们中的很多人一直等待观望，最终局势已不可挽回。纳什指出，印度的"饥荒标准"不过是"纸上谈兵"而已，在现实中，地方政府面临着"管理人员缺乏、医生缺乏、医疗助理缺乏、物资缺乏"的实际问题。救济基础设施虽然破旧不堪，但比较普及。1896—1897年，饥荒最严重时，有650万人接受公共救济。19世纪90年代的季风失能比70年代还要严重，1899年的降雨量最少，但死亡率相对较低。即便如此，也至少有100万人死亡。

19世纪90年代，对饥荒所作出的反应算是比较尽心尽力的，但这不能归功于帝国的仁慈——尽管许多地方官员的善意是毋庸置疑的。英国殖民政府反而是刚刚感受到来自印度公民社会的压力，包括新闻记者、律师、实业家、社会活动家，他们通过诸如行业协会、种姓协会、宗教协会、社会改革家协会等越来越多的社会团体走到一起。他们在读书俱乐部、图书馆、大学教室、公园聚会；他们通过大量的印刷品、不同的印度方言和英语来表达观点。如果英国人能够敏锐地看到对其统治的批评背后都有这些"煽动者"的负面影响，他们就无法回避公众对他们的作为或者不作为的监督。浦那全民大会在记录1876年饥荒的过程中起到了相当积极的作用。巴尔·甘格达尔·提拉克（Bal Gangadhar Tilak）于1890年接管大会工作，在他的领导下，他们采取了更加对抗性的方式。以往大会都是向政府请愿，如今则召开大型公众集会，直接向农民们讲清楚他们所拥有的救济权益。大会的当地线人提交的报告与官方的数据相矛盾，由此引发了批评。由于不相信政府会干预，印度公民领袖们通常自行开展救济工作，经常与海外慈善机构合作。富有家族的私人慈善组织为饥饿者提供食物，一直以来，这些组织所起到的作用非常关键。可以说，从印度历史来看，在很多时候，这种做法比政府政策发挥了更重要的作用；这么做也往往出于宗教动机。但在19世纪90年代，本土慈善组织规模更加壮大，这既反映了政府的基层工作成果，也是对政府基层工作的挑战。那个时代印度最有名的两场改革运动是印度教雅利安社（Arya Samaj）和罗摩克里希那传教会（Ramakrishna Mission）在19世纪90年代饥荒时期首次开展的大规模的慈善活动。[53] 19世纪末的饥荒激发了泛印度的政治不满，刺激了政治运动的活跃。

四

这些大饥荒发生的一个多世纪后，有关责任的问题依然困扰着人们。迈克·戴维斯是一部开创性的全球饥荒史作者，甚至在其著作《维多利亚晚期的大屠杀》的标题中就已经回答了这个问题。戴维斯写道："帝国对待自己挨饿臣民的政策在道德上产生的冲击，可以说完全相当于从近5500米的高空扔下炸弹；维多利亚晚期，几百万人民死于饥荒，他们是被亚当·斯密、杰里米·边沁、约翰·斯图尔特·密尔那些被奉为圣旨的神圣原则谋杀的。"的确如此，虽然降雨量骤减，但让干旱变成饥荒的是英国的政策，即从长期来看，将印度引入现代资本主义道路的过程破坏了印度农村地区的复原力；从短期来看，是因为英国殖民政府坚定不移地拒绝干预"自由"市场并拒绝救济挨饿人民。铁路非但没有帮助缓解饥荒，反而刺激了投机，方便了最需要粮食的地区的粮食外流，还加速了流行病的传播。[54]

其他作家并未为殖民地高官的冷漠无情开脱，但他们所描绘的画面很是矛盾。他们指出印度农村的生活与生存长期以来都严重依赖降雨；印度的基础设施一日不完善，这种局面就不会改变。地理学家桑贾伊·查克拉瓦蒂（Sanjoy Chakravorty）写道："（在殖民时期印度）饥荒经常发生，破坏性极强，但在印度被殖民统治之前，这些饥荒发生的频率难道更高、破坏性更强吗？这点很值得怀疑。"[55] 经济学家们依然认为"铁路缩小了印度饥荒的范围"，使印度人民的生活"不那么危险"，但他们也指出，这种效果直到20世纪早期人们才广泛地感受到。[56]

于尔根·奥斯特哈默（Jürgen Osterhammel）撰写的19世纪全球史中，他对比了19世纪70年代印度和中国的饥荒。奥斯特哈默把印度的饥荒称为"现代化危机（的一种征兆）"，也就是说，这场危机是全球市场对印度农村内部影响不均衡的产物。相比之下，他认为中国的饥荒是"一场生产危机而非分配危机"。中国北方的灾区早已处于窘境；饥荒发生在"一个经济发展极度滞后的夹缝地带，数百年来，发生在这里的天灾每每因政府的干预而得到抑制，未曾转化为大规模的灾害"。19世纪50年代，中国的几场大规模战乱冲击了政府的统治，而在19世纪60年代的太平天国运动，加之欧洲列强蚕食中国的压力之下，"（清）政府的干预力与以往相比已变得力不从心"。奥斯特哈默在评价19世纪70年代大饥荒所产生的历史影响时态度比较谨慎。他认为大饥荒并未带来实质性的变化。在中国，

"清朝政权并没有因此受到致命的冲击";而在印度,英国的统治"同样也没有因饥荒而动摇"。[57]①

除了饥荒所造成的巨大灾难以外,还有一种观点认为饥荒在某种意义上对未来有着深远的影响。19世纪末的灾难令诸如印度经济学家、英国官员、水利工程师和人道主义改革家等很多人对气候和水源感到忧虑重重。戴维斯早期曾撰写一部有关加利福尼亚的著作,借用其中的一句话来说,那就是:气候在新型的"生态忧虑"中,处于中心地位。[58]

89

90

---

① 本段中译本译文参见〔德〕于尔根·奥斯特哈默著:《世界的演变:19世纪史 I》,强朝晖、刘风译,社会科学文献出版社2016年版,第395—401页。——编者注

91　　**第四章　含水大气层**

　　1876年10月，马德拉斯地区就降水不足发出干旱警报，也正在此时，印度东部沿海地区遭受了有记录以来最严重的气旋风暴袭击。两次气旋风暴接踵而至：第一次气旋风暴袭击了奥里萨邦海岸的维沙卡帕特南港（Vishakapatnam）；第二次气旋风暴来袭时，洪水淹没了孟加拉邦东部的梅克纳河（Meghna）三角洲。两次气旋风暴造成的生命损失无法估量，其中，袭击孟加拉东部的气旋风暴所带来的风暴潮造成了最严重的损失。达卡地区的专员在调查灾情时描述某地时说："房屋全部倒塌、立杆也几乎被吹倒""现在还远远无法准确计算已经造成的生命损失"。估计每个地区都有4成或半数居民死亡。在对另一个村庄的调查中，该专员记录受害者名单时用的不是姓名而是职务："穆锡夫92　（Moonsif）：农村登记员、当地医生，政局局长、法院分庭监察员、税务局局长、2名税务局保安、7位警官、一名穆锡夫法庭的验尸官和一名邮局日工。"[1]

　　孟加拉气象学家约翰·埃利奥特准备给这次风暴记录归档。他结合平常的航海日志和亲历者的描述，辅以过去10年间许多陆基天文台的记录。埃利奥特记录了风暴在孟加拉湾上空形成后的凶猛之势，蓄积起的水流以每小时32千米的速度"在气旋风暴的推动下涌向入海口"。他估计，这场风暴蕴含着孟加拉湾上空因水蒸发而产生的潜在热能，"相当于80万台1000马力的蒸汽发动机不断工作所产生的动力"。[2]埃利奥特还描述了一场史诗级别的力量之战，喜马拉雅水系的河流——恒河与布拉马普特拉河汇聚起来，争相冲向出海口，而风暴卷起的浪潮又从海洋涌上来。他写道，"在河口浅滩处，这两股巨大而不断积聚的水流激烈对抗"，它们"相互拉扯，争夺着主宰权"，给数百万人带来死亡与毁灭。最终，"形成风暴潮的洪水力量更为强大"，打败了河水一方。风暴潮淹没了梅克纳河河口处的众多沙洲，梅克纳河是恒河三角洲的3条河流之一；而这些沙洲本身"主要由从喜马拉雅山上被水流带至下游的碎石残渣构成，在潮水和河水不断冲击的地方堆积成岛"。[3]

这就是当时印度气候从各个维度受水影响的情况：河水从喜马拉雅山脉流下，又在孟加拉湾变成蒸汽上升，风搅动着洋面，把云吹到岸上。应当在何种层面上解读印度的气候呢？埃利奥特指出，问题在于"人们对水蒸气在大气中的作用和独自运动，以及其与干燥空气之间的关系知之甚少"。[4] 本章将追溯灾难性饥荒的历史，试图描绘在19世纪最后25年开展的对理解季风的探索。饥荒促进了印度气象学的进步。随着对季风的认识逐渐加深，人们也意识到影响印度气候的因素来自远方。随着印度边界的确立，认识跨域过境河流就显得愈加重要。对水的新认识引发了有关印度在亚洲地位的新问题，以及科学在多大程度上可以征服自然这一令人不安的问题。

93

一

直到19世纪70年代，气象学已是一门跨国科学：电报使得人们能够以前所未有的速度即时跟踪世界的天气。1873年，美国和欧洲许多国家达成协议，成立了国际气象组织。和当时许多国际协会一样，国际气象组织是基于自愿基础，本着各国气象机构之间能够在信息共享方面加强合作的愿望成立的。和当时的许多国际协会一样，国际气象组织的关注点也主要由发达的帝国主义强国所主导。英国在国际气象学中占主导地位，因为当时的英帝国疆域广阔，表现出气候的多样性。[5]

新国际气象学的首要任务之一是设计一门标准通用语，用以规范地描述世界各地的天气。确定有关云的用语尤其令人望而却步，因为云千姿百态、变化多样、转瞬即逝，且有着显著的局部特征。林奈氏分类系统（Linnaean）难以捕捉这些云的特质。人们目前仍沿用描述云朵基本类型的词语，如绒团状的白色积云（cumulus）；灰色似雾的层云（stratus）；细丝或窄条状的卷云（cirrus）；暗灰色的雨层云（nimbus）等命名均可追溯到19世纪初，是同一时期的英国气象学家何华特爵士（Luke Howard）、法国博物学家和生物学家拉马克（Jean-Baptiste Lamarck）各自的研究成果。19世纪中叶，摄影技术的出现给观云之人带来了好消息，人们能够快速捕捉转瞬即逝的云朵影像。在乌普萨拉（Uppsala）观测站主任、瑞典气象学家雨果·希尔德布拉松（Hugo Hildebrandsson）的带领下，国际气象组织于1892年出版了第一部国际云图集。该云图集旨在将专业和业余气象学家以及观云者们在世界各地所收集到的云图进行标准化整理。希尔德布拉松和同事们主要通过照片来展示，每幅照片显示一类特定形状云朵的典型实例，即便每朵云都可能在稍后马上改变形状。正如科学史学家洛林·达斯顿（Lorraine Daston）所说，即使人们竭尽可能使云朵观测标准化，但之后的很长一段时间内，对于云和天气的观测和认识在很大程度上仍将是一项地方性事务。[6]

对云朵的正式分类并不总能捕捉到不同气候下云的细微差

19世纪的气象学家针对印度洋风暴系统的起源开展研究。图片来自玛蒂尔德·格里马尔迪（Matilde Grimaldi）。

别。在农耕社会里（亚洲大部分地区均属此类），云的瞬息多变对人们的命运有着直接的影响，而天空既是一系列需要解读的迹象，也是需要注意的警示性征兆。印度每个地区的语言都有丰富的词汇来描述云，捕捉云与季节、大地景观之间的联系。在泰米尔语中，"*mazhaichaaral*"指的是云聚集在山顶并落下细雨的情景；"*aadi karu*"指的是在泰米尔历四月（*aadi*）[①]聚集起来的黑云，预示这是一个丰年。尽管有了气象学方面的进步，但在印度的英国官员想要了解天气如何影响收成时，往往向当地人请教，

95

①　Aadi是泰米尔历法中的第四个月，对应公历的7月中旬至8月中旬，标志着季雨的开始。在这个月，泰米尔人开始向水神等大自然的力量祈祷。Karu则指的是胚胎或萌芽阶段。

或转向所谓的"民间"知识。在印度北方邦（Uttar Pradesh）①戈勒克布尔（Gorakhpur）的本地档案中，历史学家沙希德·阿敏（Shahid Amin）发现了一份由英国地区官员在1870年手书的文件，里面记录了当地与季节相关的格言。格言将梵文日历中各季节名称拟人化，用"他们"的口吻向农民发布指示。其中，夏季的印度历三月"杰斯"（Jeth，公历五六月份）"说"道："勿为此季之炎热所惧。为稻禾之丰收做好准备，勤奋劳作，在雨季之前将作物收仓。"在冬日的印度历十一月"马格"（Magh）则"警告"农民："远离甘蔗坊，放水浇灌田地。上苍慈悲，赐予雨水，实乃恩施也。"对于云和雨，印度每个地区都有各自的传统智慧。用泰米尔语的谚语说就是："若云不施礼，天不下雨，苍茫大海，便福水难求。"地方智慧体现了人们对大范围地区间天气存在联系的认识。农民试图看破天象。于是就产生了那么一句谚语："七月（Arpisi）间，首轮新月现时，手持秧苗离田间。"到20世纪30年代，在气象学的发展之外，英属印度的地方政府还收集并公布了关于气候、天气与耕种的谚语。[7]

但是，19世纪70年代季风失能所带来的影响如此彻底，破坏力极大，毁灭性极强，人们不得不从新的气象科学中寻求新答案。

二

1876年和1877年两年无雨，印度的气象学家试图就此作出解释。这项研究的牵头人是亨利·布兰福德，他曾经是地质学家，

96

———————

① 1902年称阿格拉与奥德（Oudh）联合省，1935年改名"联合省"（United Provinces），1950年后"联合省"正式改名为"北方邦"。

后转而研究气象学。他对1864年加尔各答气旋风暴的研究使他在气象学领域名声大振，19世纪70年代时他正担任印度气象局局长。他在1876年有关印度气候与降雨的常规报告中保持客观的态度，将干旱归因于"持续不断、明显反常的西北风"，关于这种季风，他曾在几年前研究过。[8]亨利·布兰福德发现有两股力量在起作用：一是在整个印度北部和西部出现了异常高的气压；二是印度西北部和东部之间的温差比正常情况下还要大。他得出的结论是，"可能在旁遮普和北部山区一带，某种降温作用比平时更显著"。[9]第二年，亨利·布兰福德再次报告说："纬度较高的省份以及恒河以南的高原上，陆风持续强劲，致使该地区夏季几乎无雨。"[10]不过要了解背后的成因，亨利·布兰福德所需要的首先是数据。

饥荒委员会于1880年发表报告时，印度已设有100多个气象观察中心。举个例子，在随后的10年里，在伊丽莎白·伊西斯·波格森（Elizabeth Isis Pogson）的带领下，马德拉斯保有18个天文台。伊丽莎白·波格森是天文学家诺曼·波格森（Norman Pogson）的女儿，诺曼曾担任马德拉斯天文台主任长达几十年。伊丽莎白于1873年接班，一开始是以"统计员"的身份，薪水与"厨师或车夫"不相上下。由于家境贫苦，伊丽莎白不得不出来工作，在母亲去世后还要照顾家中兄弟姐妹。到19世纪80年代，气象学发展为一门独立于天文学的科学分支，伊丽莎白被安排负责马德拉斯各气象监测站的工作。

伊丽莎白对工作很有热情，竭尽所能定期巡查雨水监测站。她的报告揭露了当时印度天气数据监测环境并不可靠的问题。那时的气象监测站往往建在医院的场地上，由医务官员负责管理；比起本职工作，有的人对这一额外职责更有热情。在科钦（Cochin），伊丽莎白认为气象监测站要加强围栏的防护，以"防止误入歧途的牛群"。于是，她亲自安排奥克斯集团（Oakes）和马德拉斯公司（Company of Madras）提供物资。她要防范的并不只牛群，还有人为破坏公物。在古德伯，"最低草温表仅使用了6天……就被毁坏了，被扔在医院建筑群之外。这明显是有人故意恶作剧"。在卡努尔（Kurnool），她不得不撰写报告说明由于仪器的位置问题，当地的数据"完全无效"。当地的邮递员还得兼任气象助理，对邮递员来说，这份工作有些为难。伊丽莎白写道："他虽然肯干好学，但却难以担当记录数据之责。他既负责邮政，又主管电报，负担太重。"[11]

伊丽莎白在档案中记录了气象学专业术语，还有官方表格的栏目和数据。据我所知，她没有留下任何个人论文。我们只能想象，在英属印度科学机构中，伊丽莎白作为其中罕见的女性，其经历如何。作为一门正在争取合法地位的新型学科，气象学可能更加开放，比起已有根深蒂固的等级制度的学科领域，气象学更具自由氛围。如历史学家卡皮尔·拉杰（Kapil Raj）所言，与实验室内的科学研究相比，气象学属"实地科学"，对当地知识的态度更为开放。但伊丽莎白作为全球气象学先驱，在获得其应有的认可时，却面临明显的障碍。1886年，有人提名她为英国皇家天文学会会员，然而理事会拒绝了该提名；因为他们决定，学会章程使用男性代词，这意味着女性无法被接纳为会员。伊丽莎白最终于1920年入选英国皇家天文学会会员，此时她早已离开印度返回英国，也不再从事气象学研究。[12]

尽管气象部门的印度职员深深地意识到，他们不可能一下子改变自己身处的从属地位，但他们也感受到了在其他英属印度官僚体系中所难以享受到的某种程度的开放。他们任职的大多是新近成立的、人手和资金不足的机构。亨利·布兰福德手下最资深的一名印度气象学家拉拉·鲁奇·拉姆·萨尼（Lala Ruchi Ram Sahni）在20世纪30年代写了一本回忆录，当时他已经成为旁遮普邦的一位有名的爱国人士和社会改革家；他的回忆录令我们得以一窥当时季风研究界的日常生活。鲁奇·拉姆回忆道，即便在那么早的时期，印度的气象学也具备了全球影响力；亨利·布兰福德还会定期邀请他到家里讨论"俄国、美国或其他地方"的最新的研究成果。亨利·布兰福德一贯强调"世界各地天气相互联系"，这"给我留下的印象很深刻，影响很深远"。

但是鲁奇·拉姆对气象部门的见解充满了更多的个人色彩。他表示，"如果所有的英国人都像布兰福德先生一样，那么两个种族（英国人和印度人）之间的社会和政治关系会与当下的情况大不相同"。在他的叙述中，亨利·布兰福德并无种族优越感。鲁奇·拉姆最有影响力的回忆虽"微不足道"，但却发人深省。他说，当时多数英国官员都会对下属呼来喝去，让他们等着、站着，但亨利·布兰福德从不这样。鲁奇·拉姆写道："布兰福德从未坐在椅子上对我喊大叫过，甚至从未指使手下职员来通知我见他。"相反，"老先生会从座位上站起来，打开将我们的房间分隔开来的房门，礼貌地称呼：'拉拉·鲁奇·拉姆'"。[13]

再稍微往后看，到20世纪初，在气象部门工作的印度知识分子人数多到令人惊讶。其中包括富有影响力的民族主义期刊《现代评论》（*The Modern Review*）创办人钦塔马尼·高希（Chintamani Ghosh）和统计学大家普拉桑塔·钱德拉·马哈拉诺比斯（Prasanta Chandra Mahalanobis），后者在印度独立后引领经济政策的制定方面，起到了重要作用。某种程度上说，这可能是因为气象学在统计分析方面要求极高，于是吸引了印度的许多顶

尖人才；另一部分原因是人们意识到提高对季风的认识对印度的
未来发展至关重要。也许气象部门也让他们感到限制较少，压力
不大。就此而言，鲁奇·拉姆从亨利·布兰福德那里所学到的重
要一点是："他让我不要事事亲力亲为，而是交由办事员来做，
以便留有时间专注自己的研究。"[14] 但那是后话了。

* * *

随着季风记录的不断积累，气象学家们试图捕捉到其"普
遍"特点。在19世纪70年代末，亨利·布兰福德将季风视为自成
一体的独立系统；塑造和划分印度次大陆的一股气候力量："印
度连同周边海域，基本上属于一个与其他地方隔绝的独立的大
气活动区域。"[15] 在布兰福特看来，季风是一股积极的力量，他
认为"季风的目的地，即季风路线所指向的低气压地在不断变
化"。[16] 他认为季风的驱动力主要来自"水陆差异"。他证实，
促成季风的力量是由印度陆地表面在每年的不同时期所吸收的太
阳热能差异，以及它与印度洋相应的冷热对比所产生的，这是当
时的普遍观点。但此时亨利·布兰福德已经发现了季风科学新的
复杂性。他指出，季风并非如许多人认为的那样，"是一股交替
流入、流出中亚的气流"，而是由"几股气流交汇而成，且每股
气流都有各自的陆上中心点"。他描述道，印度次大陆对更广泛
的大气力量交替开放与关闭。在过渡期，即3—5月间和10—11月
间，风向逆转，亨利·布兰福德发现："陆地和海洋间的气流交
换在很大程度上仅限于印度及与其相邻的两片海域。"不过西南
部和东北部季风一旦形成，就会把亨利·布兰福德所称的印度
"风系统"与"巽他群岛（Sunda Islands）和澳大利亚的信风，
以及某个季节所形成的南印度洋信风"连起来。[17]

99

100

在如此清晰的气流活动轨迹下，亨利·布兰福德认为季风在很大程度上可以预测。他写道："这里大气现象的突出特征是秩序与规律，和欧洲气象明显多变和不确定同理。"[18] 然而，尽管季风具有广泛的可预测性，它还有分布并不均衡的特点。亨利·布兰福德观察到，在任何一个特定的季风季节，降雨并非"持续且不变"；降雨既会"长时间暂停"，也会"有规律地'中场休息'"。尤为明显的是季雨在空间分布上的不均衡性：气象学家发现在印度的不同地区"降雨类型多样"。亨利·布兰福德认为："世界上除了印度外再也没有一个国家存在如此大的降雨差异。"尽管季风所遵循的大致路径看起来可预测，但不确定性却是印度多地明显的气候特征，"雨量最低的地区同时也是不确定性最大的地区"。[19]

印度降雨不平衡气象所产生的焦虑影响了人们对土地的看法。亨利·布兰福德在其印度天气指南中最为抒情的一段文字中对比了热带与温带景观：

大量水流并未维系春泉的持久，也没有滋养绿油油的草甸，而那些偶尔的激流只不过是流经土地表面，流入干涸的河床与水道。未开垦的土地上，丛林大火摧毁了枯萎的草丛和茂密的灌木，使土壤裸露，土表变硬，更强化了水流的此种行为模式……水源不仅未能物尽其用，白白流失，而且还致使洪水泛滥，成为破坏的元凶。在任何条件下，节约、存储雨水，对其进行资金投入，在很大程度上均难以适应降雨的这种特点；因而，与温带地区相比，我等更有责任维护大自然为实现此目的所作出的未雨绸缪的安排。[20]

101　　降雨量分布的节奏永远是个谜。印度气象学家对本国不同地区季风失能的相关性进行了认真研究。亨利·布兰福德观察到某种"奇特的关系：某些地区的季节性降雨，其变化有所趋同"，既遭受干旱也遭受水涝，"而其他地区却反其道而行之"。[21] 1880年，饥荒委员会发现，在100年间，印度半岛发生过5次严重旱灾，每次灾后第二年，印度北部平原就会出现干旱。其中的因果机制，即使对于20世纪的气象学而言都是难题。此中还依然存在大量的不确定性。

　　随着线索的增多，亨利·布兰福德回顾了自己1876年和1877年的年度报告，并理解了当时所做两个初步观察的意义所在。第一个观察是：在严重干旱的那几年，喜马拉雅山的降雪大得异常，而且降雪来得比通常的冬季降雪还要晚。亨利·布兰福德在随后的几年里对这一疑惑展开了研究。到1884年，他确信"喜马拉雅山积雪的范围和厚度对印度西北部平原的气候条件和天气产生了巨大而持久的影响"。他认为密切关注喜马拉雅山的降雪可能是预测接踵而至的夏季季风强度的关键。但他也很快就意识到，实际发挥作用的力量可能比这大得多。他在1876—1878年间写道，尽管喜马拉雅山峦辽阔，但"巨大的气压所影响的地区如此广泛，把季风归因于喜马拉雅山脉这样特定而有限的地区是不合理的"。亨利·布兰福德的预测显示，在"亚洲温带地区……以及澳大利亚"，高压普遍存在。[22]

　　整个英帝国的气象科学家都试图应用自己的专业知识结合信息开展研究。在由伊丽莎白·波格森整理并保存在马德拉斯的气象监测档案中，我们可以依稀见到此类全球性的关联。其中包102　括在维也纳举行的第一届国际气象大会会议记录，以及来自巴达维亚、新加坡和马尼拉等地天文台的报告。[23] 季风科学的发展可能更多地得益于亚洲和大洋洲各个国家和地区间的交流网络，而非更为广泛的国际社会。亨利·布兰福德根据自己对大旱背后成因的直觉，他的研究主要依靠的是与喜马拉雅山脉地区官员以及与英帝国范围内气象学家的"私人通信"。[24] 他给印度洋和太平洋其他气象监测站的同行写信，请他们提供1876—1878年的大气压力数据。澳大利亚南部的首席气象学家查尔斯·托德（Charles Todd）很快作出了回应，提供了澳大利亚南部和北部领地的记录。托德和亨利·布兰福德都认为他们的数据具有相关性。1888年，托德得出结论说，印度和澳大利亚"同时出现严重干旱，其中有很强规律性，这点是可以肯定甚至毫无疑问的"。亨利·布兰福德也收到了来自毛里求斯、留尼汪、塞舌尔（Seychelles）和锡兰等岛屿观测站所提供的信息，长期以来，这些岛屿观测站对英国和法国生态学研究起到了至关重要的作用。[25] 显然，在19世纪80年代，季风对印度气候的影响范围已经远远超出了印度的海岸线。

　　1880年，饥荒委员会曾表示希望气象学的进展能为季风失能提供一些预警。1881年，委员会要求亨利·布兰福德就落实饥荒委员会有关发展印度气象基础设施的倡议提出具体建议。亨利·布兰福德的首要任务是建立更多的气象观测站。与此同时，亨利·布兰福德也期待从来往船只收集到更为系统的数据，这是再次强调了孕育气象学的海洋基础。船舶提供的信息不仅是追踪风暴的"迫切需要"，而且有利于揭示"西南季风降雨量变化的原因"。自1881年起，进入加尔各答港的每艘船只的数据都被系统地收集起来。[26]

　　1882年，亨利·布兰福德首次尝试预测季风。对季风进行远程预报与印度气象学家主要关注的风暴警报有根本的不同。尤

103

其是在电报技术的帮助下，人们此时可以立刻发现风暴的来临。气旋风暴威力巨大，破坏性立竿见影。相比之下，预测一年的季风，需要对气候和气候变化有根本的了解，需要认真分析基于较长时段、大范围的参数。虽然亨利·布兰福德本人认识到印度的气候受海洋甚至行星的影响，即如今人们所谓的"遥相关"，但他还是把自己的预测基于一个基础性指标之上，那就是喜马拉雅山的降雪量。自1885年起，印度气象局开始把年度季风预报刊登于《印度公报》（*Gazette of India*）上。在最初几年，预报是准确的，至少可以粗略地了解到季风的降雨量是否正常，是过量还是匮乏。

三

海洋和行星对印度气候的影响是亨利·布兰福德的继任者、印度气象局局长约翰·埃利奥特长期关注的问题。埃利奥特的父亲是中学校长，他本人毕业于剑桥大学，他的职业生涯始于印度，先在位于鲁尔基（Roorkee）的工程学院任教，这是普罗比·考特利在恒河运河源头创办的学院；后来去了安拉阿巴德的缪尔学院（Muir College），并兼任当地气象台的台长。1874年，他在加尔各答院长学院担任物理科学教授，亨利·布兰福德也曾在那里任教，埃利奥特还接替亨利·布兰福德担任孟加拉政府的气象报告人。1886年，埃利奥特再次接替亨利·布兰福德，担任印度政府的气象发言人，实际上就是印度气象部门的负责人，他一直任职到1903年。埃利奥特身材高大、体型笨拙，经常生病，还是一位在钢琴和风琴方面"小有成就的音乐家"。[27]与对亨利·布兰福德的印象不同，孟加拉的同事们把埃利奥特视为"对本地人怀恨在心之人"。亨利·布兰福德属下资历最高的印度官员拉拉·鲁奇·拉姆·萨尼宁愿辞去工作，转到旁遮普邦教育部门任职，也不愿与脾气暴躁、充满偏见的埃利奥特共事。[28]

埃利奥特与亨利·布兰福德一样，起初在孟加拉工作；他也与亨利·布兰福德一样，早期研究的就是对印度海岸造成威胁的气旋风暴。正如埃利奥特在1876年对气旋风暴所观察到的那样，即便干旱长期肆虐这片大地，热带风暴仍会忽然而至、反复来袭。埃利奥特同时继续研究着印度气象学的两个方面，即极端天气事件以及每年对季风的预测，这是亨利·布兰福德交给他的研究方向。其中，第一项比第二项更容易实现。

埃利奥特在气象领域的影响力来自他对气旋风暴的认识。在接任英属印度首席气象学家几年后，他出版了《孟加拉湾风暴手册》（*Handbook of Cyclonic Storms in the Bay of Bengal*）。[29] 很明显，季风研究应从海洋入手，埃利奥特的书首先是提供给水手的一本实用指南，深受亚洲读者欢迎。读者们认为埃利奥特的书"既有专业性又有指导性"，其中一位读者是何塞·阿尔盖神父，这位西班牙耶稣会气象学家曾领导马尼拉天文台，1898年美国占领菲律宾后转任气象局局长。[30] 通过遍布西太平洋的气象监测站网络，当地的气象观测员顽强抗争热带风暴的巨大威力及其不可预测性，汉语圈将这种热带风暴称为"台风"，其性质与印度洋的气旋风暴和大西洋的飓风一致。1868年，日本政府为适应现代化进程，在明治维新后投资建立了一个中央气象观测系统。在其他地区，私人机构，尤其是耶稣会，也主动在西班牙帝国领地内外建立了一系列气象监测站，如1857年在哈瓦那设立贝伦皇家学院（Real Colegio de Belém）气象监测站、1865年在马尼拉设立市政（Ateneo Municipal）气象监测站以及1872年在上海郊区设立徐家汇气象监测站等。从1869年起，被英国人控制的中国

105　海关建立了气象监测网络。与印度情况一样，风暴预测最初用于给航海人提供实用指导。时任中国海关总税务司的罗伯特·赫德（Robert Hart）曾写道，他希望"揭示自然之规律……使科学家认识占全球四分之一人口的地区之事实与数字，此地气候现象丰富，却迄今为止未能被系统归纳，所获数据甚少"。[31] 这些监测站实现了信息的交换，形成了一个亚洲太平洋沿岸的监测网；即便这些数据已逐渐揭示，亚洲各地气候存在关联，但依旧没有把印度洋包含在内。在这点上，阿尔盖技高一筹，他发现埃利奥特对孟加拉湾的研究在许多方面与自己对菲律宾群岛的研究能够遥相呼应。[32]

　　阿尔盖于1904年发表了英文修订版论著《远东的飓风》（*The Cyclones of the Far East*），这本书依据1897年创作的西班牙语版本（写于"加农炮轰鸣与战争谣言"下，喧嚣"剥夺心灵之宁静，而心灵之宁静却是此类研究所急需"）修订。阿尔盖认为："在中国海域和沿海地区，既没有形成也监测不到热带风暴，未对本群岛产生影响。"马尼拉气象台在菲律宾各地建立了气象监测站点，工作人员由菲律宾志愿者和越来越多训练有素的当地技术人员组成。阿尔盖的目的是让公众了解热带风暴——它对人们的生命和生计威胁不断。但阿尔盖与远在印度的亨利·布兰福德和埃利奥特一样，所设想的是一个更加广阔的气候区域。电报技术得以即时传送天气信息。如此，马尼拉气象台可在风暴逼近时向中国海岸发出预警；气象学家可以"目睹"风暴在太平洋的形成过程。一位法国记者赞叹道："由于日本和菲律宾所提供的气象服务，从圣詹姆斯角（Cape St. James）到黑龙江河口，亚洲大陆避免了（风暴）多次突袭。"[33] 阿尔盖称"由于远东地区近几年的开放"，他修订了关于菲律宾的著述，描绘了"一个更大的罗盘"，[34] 这个"罗盘"使用范围可达中国南海甚至更远——指向孟加拉湾。

阿尔盖书中部分内容论述了"两个大型气旋风暴"——这是埃利奥特所描述的。在气象探测方面，埃利奥特对1891年11月袭击安达曼群岛的布莱尔港旋风和1897年10月吉大港（Chittagong）旋风所做的记述，与阿尔盖本人在马尼拉的记述，是相匹配的。对1891年的风暴，埃利奥特论及气旋在中国南海的成因时仅以"信息匮乏"而一笔带过。阿尔盖从马尼拉气象台1891年10月的公告中找到一则很小的记录，可以稍微弥补缺失的信息。马尼拉的气象学家写道："很有可能是30日和31日在信哥拉（Singora，宋卡的旧称）和其他城市观测到的台风途经暹罗湾（Gulf of Siam），穿过马六甲半岛，在孟加拉湾获得新力量。"航船的日志使菲律宾观测员可沿中国南海追踪风暴路径，直至其消匿于暹罗湾上，而埃利奥特正好由此开始记述。1891年11月1日，风暴潮淹没了泰国猜亚城（Chaiya），致使"387座宗教建筑和4238座其他建筑几乎遭到毁灭性的破坏"。风暴经安达曼海域上空，在布莱尔港造成破坏，并在印度东海岸平息下来。

同样，阿尔盖也很准确地再现了1897年吉大港气旋风暴。埃利奥特也由此开始记述马来半岛风暴，但是阿尔盖则沿菲律宾群岛周边海域追溯这场风暴——他梳理了菲律宾耶稣会观测员的记录；通过由新加坡驶往香港的德国"萨克森"号（Sachsen）蒸汽船航海日志，以及从曼谷驶往香港的英国"发财"号（Faichiow）航海日志来追踪风暴路径。[35]

阿尔盖的叙述反映了当时中国南海气象监测站和印度洋气象监测站之间几乎没有交流。每一海域几乎各自封闭，每个海域的风暴有着各自的特征，分为台风海域和气旋风暴海域。电报通信

范围的扩大使人们在理念上登上了一个新台阶，产生了借由时空
展望天气的新方法。阿尔盖为两次"大型气旋风暴"所绘制的地
图给人们呈现了一个不同的亚洲，即风暴轨迹横穿海洋和陆地，
跨越帝国边界；东起菲律宾，西至印度，这片地区所共同面临的
风险是前所未有的。

107

埃利奥特在揭示气旋风暴性质及其破坏力方面是很成功的，
但对南亚季风的长期预报却并不那么成功。印度的气象监测站从
1887年的135个增加到1901年的230个。19、20世纪之交，气象局
每天发布5份天气报告，分别面向全印度及印度各主要地区（包
括孟加拉湾地区）。埃利奥特最重大的创新是他引入了所谓的
"外印度"维度的概念。他把南印度洋的数据纳入预测；他尤其
坚信毛里求斯的气压与印度的季风降雨之间存在关联。在19世纪
90年代，埃利奥特的预测内容越来越详细，"篇幅扩展到30多页
大页纸"。[36]

108

然而，埃利奥特未能就1896—1897年和1899—1900年印度发
生的气候灾害作出预警。后来的研究表明，这两段时间都是厄尔
尼诺现象非常强劲的年份；其干旱的范围都波及印度以外的中
国、东南亚和澳大利亚等地区。1899年，埃利奥特预测"整个地
区季风降雨的平均值……将略高于正常值"，而那一年的实际情
况却是降雨量低于"正常值"，甚至比往年还糟。但就算埃利奥
特能准确地预测旱情，英国殖民政府也不太可能愿意或主动开展
大规模的干预来避免饥荒的发生，尽管那是必要的。

四

那么，视亚洲为一个综合气候系统意味着什么呢？随着对风

暴和季风认识的加深，亚洲似乎是一个由空气环流驱动的广阔空间；是由大自然而非帝国所定义的陆地和海洋景观；其边界由风和山脉划定。但当这幅气候图被转化为二维地图后，政治边界的重要性就会变得非常突出。约翰·埃利奥特从印度退休后所编撰的第一本《印度气候地图集》（Climatological Atlas of India）就是以一幅风与气压地图为开篇，其中风和气压横贯着相互关联的海洋与大陆而自成一体。这幅图展示了热量和能量在欧亚大陆与辽阔的印度洋之间传递，从而塑造了印度气候的过程。这与埃利奥特本人对印度季风不断深入的理解一脉相承。但地图集中的图，诸如每月的温度图、湿度图和降雨量图、云层图、风速和风向图等，均局限于英属印度的范围内。每一张地图上，英属印度领地均被涂抹上不同于周边地区的色彩，以突出显示；即便是显示风速的箭头也只出现在次大陆，仿佛这些风是自成一体的。只有风暴路径图延伸至孟加拉湾，似乎海洋不过是影响陆地的一个外部天气因素。[37]

　　气象科学被迫与地缘政治学相交织。有关印度气候的观点与围绕印度全球地位的广泛辩论相互呼应，相互印证。从印度到中国沿海的新月形地带的风暴警报网络反映了亚洲的海洋地理现状。广播电报站的名称都是以各大港口的名称命名的；所监测的热带气旋轨迹也与繁忙的航线重合。针对印度气候在较长时期内规律性的研究，与针对偶发性天气的研究在研究方向上有所不同。印度的气象学有自身独有的特征，甚至是惟一的特征。如亨利·布兰福德所说，季风体系使印度成为"一个相对隔绝、自我独立的大气活动区域"。这些气象学观点与地质学和地缘政治学所提出的新见解异曲同工。亨利·布兰福德最初是一名地质学家，19世纪末，该领域的同僚对印度的自然历史开展了更为深

109

入的研究。他们认为印度是由已消失的冈瓦纳古大陆分离出来的
碎片，而冈瓦纳古大陆与欧亚大陆碰撞，以地质时间衡量，这次
碰撞发生在"近期"。与此同时，在地缘政治领域，英国战略家
越来越担心英国的统治地位受到威胁。这些威胁并非来自海洋，
而是来自陆地，越过中亚山脉而来，其中首要的威胁来自俄国。
有关印度的这些争论都是通过直观的地图加以描述，从而形成了
"次大陆"的观点，这与基于海洋视角看印度的观点相对。"印
度次大陆"一词的使用可以追溯到20世纪初。喜马拉雅山脉在这
种观察印度的视角中至关重要。19世纪的最后20年里，喜马拉雅
山脉对印度次大陆的重要性，即喜马拉雅山脉在印度气候中的作
用、作为印度河流源头的地位，以及对印度安全的战略意义等，
更加清晰地进入了人们的视野。

威廉·威尔逊·亨特是一名敏锐的气象学家和民族志学家。
110　他汇编了官方的《印度地名辞典》，在1881年出版了8卷。书
中，他表达了自己坚持的观点："我们现在所称的印度，不仅指
从喜马拉雅山脉向南延伸到科摩林角的广阔大陆，还包含广阔的
山地高原和高耸的山脉。"亨特认为："不能再把印度与那片广
阔高原的内陆腹地分割来看了。"这既是政治上的需要，也是地
理学研究的需要。除英国人外，每支入侵印度的军队都是经陆
路，从西北方向穿过山口抵达印度。印度的帝国统治者时刻担忧
欧亚大陆帝国的竞争对手卷土重来。但亨特忧虑的是未来，而不
是重蹈覆辙的历史。"随着未来铁路的发展"，以及"汽车交通
的发展"，"通过陆地进入印度"将与"从海上进入印度不相上
下"，"届时，其中的一些道路将成为东方世界的高速公路"。
到那时，"我们可以在伦敦买票去阿富汗的赫拉特（Herat），在
坎大哈（Kandahar）换车去喀布尔或卡拉奇（Karachi）"。[38]

亨特得出了两个结论。一是"印度的物质财富很大程度上取决于"能够"使其广阔平原物产丰富的蓄水能力"。二是英属印度的安全有赖于"对山区通道和门户的保卫",防止以往曾经多次改变印度历史的"陆上突袭"。这些主张经久不衰;直到亨特及其同代人最想保留的英帝国殖民统治结束后仍被讨论。这些人内心充满了矛盾:一方面幻想着印度促使人们经由河流与遥远之地开展广泛的联系,以建立一个"世界通道"(或可称为潜在的"通道"),从而将印度与中国以及中亚广大地区间往来的人力、资金和水源联系起来。另一方面,他们又把喜马拉雅山脉视为一道天然屏障,认为印度总是有被破坏的威胁,因而主张将印度视为与亚洲其他地区相区隔的"圆形剧场"。自然边界就成了"国土安全"的同义词。水源对印度农业所具有的经济价值,令亨特甚为关注,这更加强化了这种区隔的观念。水源是可被储存、被占有、被利用、并使之发挥效用的资源,是印度"物质财富"之本源。

111

亨特的观点倾向于向山脉靠拢,远离海洋。人们对喜马拉雅山脉的探索始于18世纪,在19世纪末又有所推进。特里劳尼·桑德斯(Trelawney Saunders)在1870年绘制印度山区和河水流域地图时,注意到对他来说仍是未知之地(terra incognita)的西藏地区;当亚瑟·科顿设想在印度与中国之间开建运河时,也有同样的印象。在19世纪欧洲探险家所开展的一系列探险活动中,确定亚洲大江大河的源头是其最终目标。1905—1908年瑞典人斯文·赫定(Sven Hedin)的探险才最终发现,印度河流与雅鲁藏布江的源头在青藏高原。赫定描述说,他首次见到雅鲁藏布江时,十分欣喜。"暗灰色的山脊之上,世界屋脊高高耸立,仿佛属于天堂而非凡俗世界。"描述喜马拉雅北部的群山时,他写道："群山与暗灰色的山脊之间，离我们较近的这边是一个张着大口的深渊，是地壳上一个巨大的裂缝，这就是雅鲁藏布江河谷。"他还描写了水："水呈蓝绿色，几乎完全透明，缓缓地、静静地在一条河床上向东流动，鱼儿不时地跃出水面，一会在这儿，一会在那儿。"[39]

此前10年，弗雷德里克·杰克逊·特纳（Frederick Jackson Turner）在美国历史协会就美国边疆的"关闭"问题发表了一场著名的演说，而英国皇家地理学家和战略家麦金德（Halford Mackinder）则在更大范围基础上论述了这个观点。1904年，在赫定开展探险活动的前一年，麦金德就指出"地理探索几近尾声"。世界地图上再无剩余的"空白"。他说，在亚洲，"这场游戏中第一个迈出剩余几步的是耶马克（Yermak）领导下的哥萨克骑兵和达伽马手下的水手"。麦金德预见到欧亚大陆的"心脏地带"将再次成为全球列强争夺的中心。他宣称，"这代人之前，相对陆权而言，蒸汽技术和苏伊士运河似乎增加了海权的流动性"，但此时横贯大陆的铁路正在使"陆权的条件发生改变"。[40]照此看来，喜马拉雅山脉的山地边界仍然遥不可及，令人望而生畏。但此时显而易见的是，该地区蕴藏大量水资源，水资源的获取可维持平原地区的发展和安全。

在此，我们遇到一个在近年愈发凸显的悖论：水源与气候没有边界，且随着测量技术的进步，其无限性愈加凸显。然而，正如下一章内容所论述的那样，水源与气候受到的领土控制越来越严格，涉及更复杂的多极形势。下一章即将讨论的是20世纪初的几十年里，人们是如何狂热地探索掐住印度和亚洲大部分地区命脉的水源。

第五章 为水而战

113

意大利小说家伊塔洛·卡尔维诺（Italo Calvino）在《看不见的城市》（*Invisible City*）这本书中描述了意大利旅行家马可·波罗与蒙古大汗忽必烈在想象中的邂逅，并对虚构的伊萨乌拉城（Isaura）进行了如下描述：

> 伊萨乌拉，千井之城，据说建在一个很深的地下湖上。只要在城市范围之内，居民随便在哪里挖一个垂直的地洞就能提出水来：城市的绿色周边正是看不见的地下湖的湖岸线，看不见的风景决定着可视的风景，阳光之下活动着的一切，都是受地下封闭着的白垩纪岩石下的水波拍击推动的。[1]①

卡尔维诺对伊萨乌拉的精妙描绘提炼了本章的主题，那就是在印度寻找新的水源。20世纪之交，印度仍饱受19世纪70年代和90年代的饥荒之苦。气象学的进步已经揭示季风气候的可怕力量，并勾勒出其在陆地上的跨度。印度的经济学家和英国的官员、水利工程师和工业家都加入了寻找水源的行列，以确保印度免受气候脆弱性的影响。他们从地下寻找水源；建造水坝来

114

---

① 中文译文引自［意］伊塔洛·卡尔维诺著：《看不见的城市》，张密译，译林出版社2012年版，第19页。——编者注

利用河流的能量；探索储存雨水的新方法。在整个印度，水形成了"无形的景观"并由此塑造了"有形的景观"。在试图更深入地开发水资源的过程中，管理者和工程师们逐渐将水视为一种有限的资源。掌控水资源是他们的目标，但事实证明这一目标难以实现。因为在同样的几十年里，气象学指向了相反的方向：它展示了大自然运行的巨大规模。对季风的研究变得越来越具有全球性。亚洲任何特定地区的气候都会受到遥远的海洋和大气的影响，而这些影响过于复杂，人们仍无法完全理解。许多人自信人类可以征服自然，气象学却对这种自信提出了质疑。

一

几乎在任何有关现代印度历史的叙述中，19世纪的最后20年似乎都是政治觉醒的时刻。在大多数教科书中，1885年印度国民大会党（Indian National Congress，后文简称国大党）的成立标志着有组织的民族主义出现，尽管这种民族主义是暂时的，仍由城市和专业精英主导，表面上仍忠于英国。19世纪最后25年的饥荒催生了人们对殖民统治的批评。饥荒残酷地证明了，多数印度人民依然生活在不安全中；人们对殖民政府的效率提出了质疑；最重要的是，揭露了英国人统治印度时只看重自己的利益的事实。印度经济民族主义的早期倡导者达达拜·瑙罗吉说："英国侵占了印度数以亿计的财富，用于建立和维持其庞大的英属印度……使大部分印度人口沦为极度贫困、赤贫以至堕落的境地。"这是1900年他在伦敦普拉姆斯特德激进俱乐部（Plumstead Radical Club）一次演讲中的话。瑙罗吉是第一位当选为英国议会议员的印度人。他认为，英国"出于共同的正义和人道主义，有义务从自己的国库中支付由这种贫困造成的所有饥荒和疾病的费用"。[2]
干旱和饥荒引发了人们对于国家和经济、自然和气候的新思考。
这些思考方式的实质后果继续影响着我们的世界。

到19世纪90年代，许多印度的经济学家将季风视为印度未来发展的一个限制条件。马哈德夫·戈文德·拉纳德是社会改革家、高等法院法官、改革派浦那全民大会的早期领导人，他于1890年宣布，印度的许多地区"已经陷入绝境，只要再出现一次因季风导致的降雨不足，就会有数百万人死亡或挨饿"。拉纳德认为，只有彻底改造土地和水资源，才能保护印度免遭未来的灾难。他哀叹印度的"乡村化"是因为英国兰开夏郡（Lancashire）的纺织品侵占了市场，摧毁了当地工业。拉纳德认为，只有工业化的未来，加上一些保护本地工业免受外国竞争摧残的措施，才能使印度摆脱其脆弱性，而这种脆弱性源于印度对农业的严重依赖。他赞赏荷属东印度群岛的"耕种制"，这是一项强制性的荷兰殖民政策，迫使耕种者留出一部分土地用于生产出口作物。无论拉纳德是否意识到这一制度的严酷性——它在爪哇引起了抗议和抵抗，他都认为，就英国人对自由贸易的崇尚而言，这是一个可取的替代选择；对爪哇工业发展来说，甚至是一种促进。[3]

孟加拉经济学家、诗人、公务员、印度教史诗翻译家罗梅什·钱德·杜特（Romesh Chander Dutt）比拉纳德更进一步地指出了英国对于印度饥荒的责任。1901年，杜特在给英属印度总督寇松勋爵（Lord Curzon）的公开信中首先"忧郁地"指出，仅在自己有生之年，印度已有1500万人死于饥荒，这让他"满腹忧思"。英国观察员将掠夺成性的放贷者视为造成印度农民在旱灾时期遭受不幸的主要群体，杜特对此予以驳斥。"放贷者的存在是农民贫穷的结果，而不是原因"，杜特写道，印度农民之所以依赖借贷，仅仅是因为他们的收入不足以支付沉重的税收负担。谈到马尔萨斯理论支持者对印度人口增长的担忧，杜特指出，19世纪印度的人口增长速度比英国要慢。他说，"几乎每一次饥荒的直接原因都是降雨不足"，饥荒将一直威胁人们，"直到建立更为全面的灌溉系统"。但杜特区分了导致饥荒的"直接"原因与根本原因——为什么降雨的失败会把这么多人带到饥饿边缘。这个根本原因是"农民长期贫困，这是对土地的过度估价而造成的"。杜特进一步发展了瑙罗吉早先提出的论点，他认为，沉重的土地赋税都用来给"世界上最昂贵的外国政府"提供经费，并且这项费用因为英国在印度海岸以外的探险而不断增加，这就是造成印度贫困的主要原因。1903年，杜特出版了自己关于印度经济史的两卷本代表作。杜特妙笔生花，书中观点有大量统计数据作支撑，他认为英国"榨干"了印度的财富，并且是摧毁印度工业的罪魁祸首。然而，在罗列错误的殖民政策时，杜特表达他对亚瑟·科顿极大的仰慕之情，他认为亚瑟·科顿"享有比在印度工作过的任何其他工程师都要高的声誉"。杜特同意科顿的观点，即拯救印度的关键在于灌溉。杜特意识到，问题在于殖民统治者忽视了科顿的观点；他们"基于所建工程的短期经济回报，一次又一次地重新回到狭隘的观点"。英国殖民政府非常注意避免不必要的开支，以致被困在印度经济发展的短视观点中，不愿意投资昂贵的基础设施，而这种短视迟早会带来报应。[4]

117

* * *

20世纪初，印度灌溉委员会对印度的水资源进行了一次全面考察。饥荒的景象仍让人印象深刻。殖民地官员和印度评论家都认为，灌溉对防止印度再次遭受饥荒恐慌至关重要。总督寇松勋爵任命苏格兰人科林·斯科特-蒙克里夫（Colin Scott-Moncrieff）领导调查工作。斯科特-蒙克里夫因在19世纪80年代修复尼罗河拦河坝、指导了尼罗河的水利改造而闻名，但他的职业生涯是从在孟加拉担任工程师开始的，并曾在19世纪70年代担任英属缅甸总工程师。20年后，他回到了印度。他的任务既简单又艰巨——确定灌溉能在多大程度上保护印度不受气候变化的影响。[5]

　　英国殖民当局被描述为具有"民族志倾向"，即热衷于收集其领地内人民生活方方面面的信息；按照种姓和信仰对印度人民进行分类；并发表了关于"精神和物质进步"（moral and material progress）的报告。[6] 在20世纪的头30年里，关于灌溉、农业、金融和劳工的4个调查委员会的工作巩固了英国对印度领土和人口的认识。这种庞大的信息收集工作促成了权威巨著的问世，这些书以省为单位划分，并附有附录。现在读这些书，好似在一村一村地纵览印度经济生活的细枝末节。委员会发表了大量的口头和书面证词，这些证词有的平淡而抒情，有的昂扬而沉闷。这些书的内容非常详尽，令人很容易忽略委员会的规模是多么小，又是多么依赖别人提供的知识。斯科特-蒙克里夫与印度灌溉总督察托马斯·海厄姆（Thomas Higham）、中部各邦首席长官登齐尔·伊贝松（Denzil Ibbetson）、孟买政府首席秘书约翰·缪尔-麦肯齐（John Muir-Mackenzie）以及唯一的印度人、马德拉斯立法委员会（Madras Legislative Council）成员拉贾拉特纳·马达利尔（Rajaratna Mudaliar）同行，五人在拉合尔会合并于1901年和1902年两次穿越印度，每次为期6个月。他们的行迹里程达8000多千米；在91次调研中采访了425名证人。斯科特-蒙克里夫在给一位在英国的亲戚的信中写道："相信我，这是一份相当辛苦的工作，连续6个小时聆听当事人的陈述、询问问题简直让人筋疲力尽。"但他也承认，"我们的旅行非常奢侈，通常乘坐专列"，而且每到一站，"我们都受到慷慨的、传统印度式的热情款待"。[7]

最后，他们在恒河岸边的勒克瑙（Lucknow）安顿下来，结合气象图表、当事人的陈述、请愿书以及收获满满的两年的印象来撰写报告。

这次，他们还是从雨水入手："雨水不仅是决定灌溉价值的一个主要因素"，而且是"所有灌溉手段的主要来源"。灌溉专员们回顾了亨利·布兰福德的著作，这是他们关于印度与季风"斗争"的主要资料来源。他们提醒人们注意降水量"在各个季节的不均衡分布，在印度各地的分布更不规则，而且还有严重不足的可能性"。[8] 然后，他们转向了印度的地质学，这是亨利·布兰福德最初关心的问题。印度每一个主要地质区域，即广阔的冲积和结晶土壤，都给灌溉提供了可能性又带来了挑战。该委员会的数据显示，到20世纪初，从恒河平原的大运河到马德拉斯管辖区的62.6万口水井的供水情况来看，英属印度20%的可耕地都处于灌溉区域之内。

他们的结论是，印度为雄心勃勃的工程师提供了"广阔但并非无限的空间"。他们列出了许多障碍，从地形地貌到灌溉工程的费用。英国政府仍然固守节俭政策，正是这种吝啬导致了19世纪70年代的饥荒。在向灌溉委员会提交的数百页的陈述记录中，当事人被一遍又一遍地询问，灌溉投资是否能收回成本。委员们幻想有一天，农民们会为"水真正的价值"买单；他们想方设法地向英国证明灌溉支出是合理的，他们总是担心被控诉铺张浪费。他们还认为，水源范围之广与整个印度的管辖界限之间的关系也是一个问题。委员们写道，"各邦和各领地混杂在一起，盘根错节"，也是他们设想中的一个"障碍"。他们对在旅途中接待他们的小土邦统治者表达了衷心的感谢，但也认为英国直接控制的地区与小土邦领地穿插在一起的状况令人忧虑。他们发现这个问题长期存在，"蓄水工程唯一的合适地点可能是在某一片领地之内，但那里的人民不仅得不到任何好处，甚至可能遭受相当大的损失"。他们已经作出判断，水利不平等的矛盾根源会在未来一个世纪里变得更加尖锐。[9]

灌溉专员们关注的资源还包括印度的地下水资源。19世纪后期，对地下水的探索达到了新的热潮。一项技术上的突破带来了尚未发掘的可能性：自巴布尔时代开始，手动探测的方式几乎毫无变化，而此时，发动机驱动的水泵有望到达地下更深的地方。19世纪70年代饥荒后，最干旱地区的农业官员鼓励土地所有者修建水井。西北边境省的农业部主管贝内特（W. C. Bennett）写道："建井的主要困难……不是发现水，各省都知道当地的水位。"考虑到地表下黏土的"极端反复无常和不确定性"，关键是确定哪里的土壤条件可以支撑深井的开凿。[10]

从一开始，与政府修建的运河形成鲜明对比的是，水井由私人掌握；"政策"就是鼓励土地所有者挖井。政府的作用（如果有的话）仅限于提供信贷和信息。早在19世纪80年代，贝内特就估计，在他管理的省份里，几乎58%的灌溉区是井灌；由投入更多资金和关注的运河灌溉的土地只占24%。在他看来，水井的重要性再怎么强调也不过分。井里通常都有足够的水"让人们熬过一个无雨的季节"——尽管他警告说，如果像1876年和1877年那样连续两年不下雨，那么水井就会干涸。[11]水资源勘探者开始想象印度地图中的一个新维度——地下。一位来自孟买德干的工程师写道，除了铁路和道路之外，如果地图能够显示"水位和地下

120

水水位深度"的话，将会有所帮助。[12]

到了20世纪初，马德拉斯走在水资源开采热潮的最前沿。曾在马德拉斯政府任职的英国工程师阿尔弗雷德·查特顿（Alfred Chatterton）是这场经济革命的敏锐观察者。他担任工业教育主管，并坚持在该省发展工业部门，以鼓励当地制造业发展。对于支持本土生产商和抵制进口，他默默支持这些倡议。为此，他在库鲁库贝德（Kurukkupet）开了一家公办铅笔厂，承诺振兴当地工业发展。[13]

作为一名工程师，灌溉是查特顿的主要兴趣之一。他撰写了一本有关提水灌溉（从井里取水）的书。在考察马德拉斯乡村时，他似乎看到了无限的可能性。考察特里奇诺波利时，他指出，有"非常多的人申请"政府贷款来购买发动机和水泵。他列出了马德拉斯所有供应石油发动机的公司名单，总共有125家；最大的经销商是梅西公司（Massey & Co.），它在1904年提供了91台、总共869马力的发动机。查特顿对此印象深刻，并写道："很明显，石油引擎在马德拉斯管辖区内已经站稳脚跟，并且适合这个国家的国情。我乐观地认为，这只是开始，未来一两年，石油发动机在灌溉工作中的使用率将会迅速提高。"

121 那一年，东北季风仅带来少量降雨；这项新技术便立即得到了验证。据梅尔罗斯伯德讷姆（Melrosepatnam）一个农业站报告，"发动机启动了568次，运行了2074个小时"。多数发动机使用的是液体燃料，即石油，石油的价格只有煤油的一半甚至四分之一。石油供应的主要来源是婆罗洲（Borneo）的油田，由贝斯特公司（Best and Company）进口，储存在马德拉斯的一个4000吨容量的储油罐中。和缅甸石油公司（Burmah Oil Company）的油田一样，在婆罗洲，一个新时代已经开始。[14]

印度跌跌撞撞地"投入"化石燃料的怀抱。早在20世纪初期，石油用来采水，表现出某种富足的愿景，这种愿景持续地塑造着当代的印度。查特顿发现，"石油发动机和水泵确实起到了作用，灌溉用水量前所未有"。土壤下有着充沛的泉水，蕴藏在"一连串的泉水沟渠中，一层又一层"。地下水的开采之前依赖大量志愿劳动或徭役，但此时"可以利用发动机和水泵从河床中抽取更多的水"。已有75万口井散布在马德拉斯各处。大部分都在小地主手上。进一步发展的潜力似乎是巨大的。查特顿提到了某处地形有"许多深深的、布满沙子的古老沟壑，显示着古老河床的走向"，这些河床"充满了水"。在水利工程师们的想象中，整个印度的地下有一个看不见的河流网络，水仍在流淌，等待着被浮出地面。根据这一观点，"地下水问题"是广义上能源问题的一部分，而对其进行开发取决于"用电缆、压缩空气或电来廉价地分配动力"。[15]

二

在印度，没有什么地方比旁遮普邦对水源的追求更具变革性了。在很短的时间内，旁遮普就可以与恒河平原和南部半岛的河谷媲美，成为印度农业的心脏地带。这一变化的动力源于英国人试图将水引到所谓的旁遮普邦西部的"荒地"——一块处于季风边缘的土地，该邦一位经验丰富的地方官员詹姆斯·杜伊（James Douie）将其描述为"实际上是从西撒哈拉延伸到满洲里的大沙漠的一部分"。在这里，"灌溉的目的不是帮助农业发展、减少季节性变化造成的损失，而是在没有农业的地方缔造（农业）"。[16]

1885—1940年，殖民当局在比亚斯河（Beas）、萨特莱杰河

122

和杰赫勒姆河（Jhelum）之间的旁遮普西部地区修建了9个运河定居点，每个城镇都围绕一条灌溉运河修建，共占地约52609平方千米。其中最大的是始建于1892年的杰纳布（Chenab）定居点；对工程师们来说，最具挑战性的是穿过险峻地势完成的大型三运河工程，这项工程完工于1915年。100多万人自愿从旁遮普东部人口稠密的地区搬到这些新的定居点；他们在生产小麦、棉花和糖等方面掀起了一场革新运动。运河定居点试图创造新的景观，构建新的社会。作为第一批移民，他们建构了即将在20世纪流行于全世界的模式：在政府资助和指导下重新安置人民，为农业"发展"服务。19世纪80年代构想这一计划的英国官员雄心勃勃。他们尝试创建某种新型的印度村庄，里面居住着被精心挑选出来的农民，他们充满活力、又有能力，为农业资本主义提供新的动力。

　　1914年，詹姆斯·杜伊，这位在旁遮普邦工作了35年的职业公务员、政府首席秘书和移民专员，在伦敦皇家艺术学会（Royal Society of Arts）发表演讲时，称赞了旁遮普邦工程师们的成就。在他看来，旁遮普邦那片"不毛之地"的"殖民化"是全球进程的一部分。他承认："一说到殖民，人们的脑海中会立刻联想到新的国家，比如美国的大草原，或者阿根廷的南美大草原。"这些大规模的人口流动中也有许多是为了寻找新的水源，赋予干旱的土地生产力。旁遮普邦也概莫能外，类似的运动也在进行。杜伊的叙述清楚地表明，运河定居点完全是工程师愿景在国家权力支持下的产物，国家权力的干预甚至到了"将土地分割成完美的方块"的地步。他承认，人们"喜欢家乡那些形状不规则的田地，田地周围有着黑白荆棘或野蔷薇的篱笆，他们可能会认为这些没有封闭的长方形田地枯燥乏味"，但这种设计却很实用。当

123

地社会的继承规则是将土地平均分配给每个儿子，"分割25块规模相同的长方形田地可以做到准确、便捷且便宜"。[17]

国家不仅拥有权力来决定每一块土地的形状，还能决定其人口的组成。科学的语言令政府对体能和遗传的观念有了一定了解——许多英国官员痴迷于根据头骨大小来对印度人进行分类。在旁遮普邦，把外表和内在性格相联系的动机尤其强烈。在1857年叛乱余波之后，旁遮普邦成为英国军队招募新兵的主要地点。为了使这一战略转变显得自然，军队招募人员、高级官员以及他们的一些当地盟友为此共同编织了一个持久的神话，即锡克人（Sikhs）——连同尼泊尔的廓尔喀人（Gurkhas）都属于"军事种族"，与"娘娘腔的"孟加拉人形成鲜明对比。[18]杜伊在谈到如何从任何一个村庄的大量申请者中选择合适的人选时，直截了当地说："我看了看他们的胸部。"他接着向伦敦的观众展示了一系列裸体的旁遮普人人体的幻灯片。他的一位同事把注意力集中在申请人的手上。[19]

英国人的措施成效显著。1915年，旁遮普邦财政专员在描述杰纳布地区时写道："这片土地的税收超过了印度其他地区。"[20]旁遮普邦成了印度农业增长的领头羊。到1931年，英属印度46%的运河灌溉土地都在旁遮普邦；马德拉斯位居第二，差距明显。随着轧棉厂的兴起，种植业的繁荣刺激了当地的工业化。英国人向服过兵役的家庭授予土地，巩固了殖民政府在该地区的支持度。许多当地人认为自己是所谓的"人类征服自然"的主角。[21]但社会转型从来没有摆脱过紧张的局面。1907年，运河定居点爆发了抗议活动，民众反对立法赋予殖民政府管理定居点和土地使用等压倒性的新权力。居民抱怨土地灌溉用水供应不足；他们痛恨滥用权力的低级官僚机构；反对殖民政府以科学管

124

理之名侵犯自己的习俗。[22]

＊　＊　＊

　　像杜伊这样的英国官员是从世界范围内殖民前沿进程的角度看待旁遮普邦的运河定居点的。他反复提到萨斯喀彻温（Saskatchewan）和马尼托巴（Manitoba）[①]、澳大利亚和美国的大草原。他本可以将目光投向中国。在遥远的中国，移民进程正在进行，其规模使旁遮普邦相形见绌。1850年之后，有2800万至3300万中国移民移居东北地区；1890年，在旁遮普运河定居点发展的同时，中国东北有许多人到矿山和铁路线工作，但多数到东北的中国移民之前都是农民。到20世纪20年代，大豆占该地区出口的80%。只有一小部分的移民以永久持有的方式拥有土地；更多的人则是租赁土地或充当佃农。东北的大片土地归中国政府所有，或由私营和半私营组织所有。大地主积累了大量财富。即便中国政府没有积极鼓励移民，但也远非无所作为。

　　与旁遮普邦一样，家庭是中国移民向东北移居的"引擎"。山东和河北的家庭把年轻人送到东北，这是一种维持家庭生存的多样化战略的一部分。但在东北，几乎人人都盼望归家，这与旁遮普邦的情况不同，在旁遮普邦，家庭搬到新的定居点永久生活下来，而且跨越的距离比前往东北的中国人也要短。与旁遮普邦类似的是，多数中国移民到东北，都是以亲戚或同乡的小团体形式迁移的。他们去的地方都是叔叔、堂兄弟姐妹或村里其他人已经踏足的地方。铁路和蒸汽船使他们的旅行更加便宜，能把他们带到以前无法到达的地方。这种情况发展到足够大的规模时，

125

---

　　① 这两个地方均为加拿大的省份，有萨斯喀彻温河和马尼托巴湖。

"隔海相望的村庄"出现了，每一个村庄都像是一个被移植到中国东北的北方村庄。[23] 从历史的角度来看，这些运动标志着全球边界的最终关闭，即始于几个世纪前的移民、定居和殖民进程此时已进入高潮阶段。[24] 从旁遮普邦到美国西部，移民都需要靠水而生；在中国东北，灌溉对定居点和生产的扩张也至关重要。[25] 不管是在哪里，这种定居方式都使早已居住在那里的人民（通常是牧民）流离失所。他们的生活方式和文化习惯被忽视，因为人们假农业和文明之名，在这些所谓"空旷"的土地上定居了下来。

把旁遮普邦西部视为"荒地"的说法，其实剥夺了当地牧民对其土地的所有权，如此描述土地并非出于客观，而是为管理者和工程师所希望创造的东西提供正当理由。旁遮普邦西部的牧民很快便发现自己的生计受到了威胁。牧民们曾对那里的景观了如指掌，而此时英国工程师和新移民却将水源据为己有。用一位当地官员的话来说，许多当地居民"是在村庄逐渐贫困的驱使下迁移的"。诸如亚历山大·冯洪堡所谓的"子孙后代的灾难"等其他众多的灾难山雨欲来。其中之一就是疟疾——本地水文变化为疟疾的传播创造了条件。一位当地的请愿者抱怨说，运河定居点"破坏性地改变了气候"，使得"此地疟疾频发"。其二，由旁遮普邦移民计划引起并持续长期存在的问题是内涝，已经严重到了部分土地无法耕种的程度。[26]

三

印度水域的变化远不只旁遮普邦。孟买、马德拉斯和联合省都是因受19世纪70年代饥荒的刺激才进行干预和实验的地方。

水利工程师们在19世纪的工程基础上开始建造水利设施，比如亚瑟·科顿在印度南部的克里希奈河、戈达瓦里河和高韦里河沿岸设计的大坝。在旁遮普邦，分配给运河定居点人民的土地已经掌握在殖民政府手中。在其他地方，一场旷日持久的土地征用正在进行中，1894年的立法使殖民政府更容易以"公共"目的接管私人土地。尽管1894年的《土地征用法案》（Land Acquisition Act）旨在缓解铁路建设的压力，但就在印度各地水利工程项目数量激增之际，该法案也开始生效。到20世纪初，一场漫长的痛苦仍在持续，为了修建水利基础设施项目，许多家庭和整个社区被迫搬迁，这种情况直至今日还在持续。

我坐在孟买的马哈拉施特拉邦档案馆（Maharashtra Archives）里，档案馆坐落在埃尔芬斯通学院（Elphinstone College）那座破败的哥特式建筑中，里面堆满了厚厚的档案，全是关于土地、水和赔偿纠纷的请愿书和文件等。1889年的一份官方通知写道："曾试图通过友好的方式取得这块土地，但土地主拒绝接受合理的条件。"如此一来，土地将被强制征收："自本通知公布之日起15天届满之时，可获准占有土地。"这仅仅是一个开始，究竟有多少土地是这样一块一块地被夺走的呢？几年后，也就是1903年，一位即将失去土地的农民萨卡拉姆·巴腊吉（Sakharam Balaji）痛苦地写信给当地政府。他曾支持过当地一座大坝的建设，为其提供了一些材料，在这个过程中"绷紧了我的每一根神经"。然后他惊愕地发现，大坝将淹没他的0.81平方千米的土地。他表示，"就赔偿来说，政府给我的钱是不够的"。因为他还能去哪里呢？他说："土地如果能够好好地被耕种和保养，就能长久使用。"他在自己的土地上投入了大笔资金。由于萨卡拉姆（也可能是记录员）在寻找合适的词语，这个档案文件中有许多被划掉的内容和手写的补充内容。他表示，"我就是做农业的而已，我的生活完全依赖于这种农业"。他的担心不是没有道理。流离失所不仅仅意味着失去土地，还意味着失去生计，意味着生活被连根拔起。萨卡拉姆是幸运的，当地政府作出了有利于他的裁决，并重新调整了大坝的位置。但仍有许多人遭受了无法弥补的损失。[27]

　　成群的地主聚集在一起，抗议自己的土地被剥夺。孟买管辖区的贝尔高姆区（Belgaum）的居民是"最忠诚、最尽职，但同时也是最贫穷的国王臣民"，他们担心一座连接着多条运河的大坝会"淹没我们山谷中几乎所有的土地，导致居民为了生活而转移到其他未知而又遥远的地区"。他们以正义为名疾呼；以自己的方式向政府提出挑战："上述村庄的居民，与将受益于这条运河的村庄一样，拥有平等享有英国政府仁政之益处的权利。"请愿书最后有100多个用马拉地语签下的名字。[28]

＊＊＊

　　贝尔高姆区的居民被迫流离失所，部分原因是印度不断发展的城市对水提出了新的需求。从19世纪40年代到80年代，印度已经沦为一个"殖民"经济体，以出口原材料、进口制成品为主，但到了19世纪90年代，这种趋势开始转变。虽然印度的工厂集中在孟买、艾哈迈达巴德（Ahmedabad）、坎普尔（Kanpur）、哥印拜陀等少数几个城市，但由于第一次世界大战期间暂停进口和军事上对工业制成品的巨大需求，印度工业资本主义在20世纪初迅速发展。法国地理学家朱尔斯·西翁（Jules Sion）在战后观察到："在孟买，几乎所有工厂都有印度老板、董事、工程师。印度的资本家与外国人争夺采矿特许权。大片的茶叶和咖啡种植园

128

完全由当地人管理。这种经济民族主义需面对印度民众根深蒂固的习惯和无知因而遭遇重重阻力"，"但它却证明了自身的生命力"。[29]

城市化发展对水提出了新的需求。孟买是英属印度第一个拥有市政供水的城市，其供水系统于1860年开始运行。但城市的发展很快就超过了计划的承受能力。1885年，唐萨（Tansa）项目本是为了增加城市供水量；但于1892年投入使用时，每天可为该市所供应的7700万升水却仍然只能满足一小部分居民的需求。这个项目还带来了有害的后果。由于没有足够的排水系统，该市的许多街区出现了内涝，为1896年黑死病的传播创造了条件。随着孟买城市的发展，1920年其人口达到了120万，而为了能够让城市居民获得水源，城市的"触角"越来越远地延伸至马哈拉施特拉邦的乡村。[30]

实业家在殖民政府和民族主义运动中的地位越来越突出，发出的声音也越来越大。他们最迫切的需求是水电。1918年，印度工业委员会（Indian Industrial Commission）报告说，"众所周知"，水是用来灌溉的，但此时却有了"双重目标"——灌溉和发电。[31]水力发电在欧洲和美国被广泛应用的"白金"时代，此时来到了印度。

129　　　1903年，印度第一座水力发电厂在迈索尔建立。高韦里河沿岸的锡瓦瑟穆德勒姆（Sivasamudram）大坝是为向附近的印度最大的金矿科拉尔（Kolar）金矿供电而修建的。印度最大的工业公司塔塔集团（Tata and Sons）仅稍稍次之。塔塔家族在19世纪上半叶靠向中国出口鸦片发了财，是最早从事棉花产业的家族之一。由于常年要为孟买的工厂供电，塔塔家族希望能够利用西高止山脉的强季风降雨。塔塔集团已经是具有自我意识的跨国企业。塔塔集团与美国的密切关系意味着，他们决定在西高止山脉的霍波利（Khopoli）建造一座自己的水电站时，他们首先想到的是采用美国的模式和专业知识。电站于1915年完工，在3年中每天运作12小时，为孟买的棉纺厂提供4.2万马力的电力。[32]

在印度治水方面不朽的英雄之一是一位名叫莫克沙贡德姆·韦斯瓦拉亚（Mokshagundam Visvesvaraya）①的工程师。韦斯瓦拉亚于1860年出生在迈索尔一个贫穷的婆罗门家庭。他在浦那工程学院（College of Engineering, Pune）学习工科，并在孟买政府公共工程部担任了25年工程师。韦斯瓦拉亚的生活如苦行僧一般，他坚信勤劳和自助。他最大的成就是在纳西克镇（Nasik）修建了一条新的输水管道。浦那城市扩张，在重新设计供水系统的过程中，韦斯瓦拉亚取得了新自动水闸系统的专利，而且该系统在之后的几十年里一直在使用；秉持着对公共服务的奉献精神，他放弃了专利费。从一开始，韦斯瓦拉亚就对水的"浪费问题"十分关注。他努力研究"如何控制农作物用水的不规则分配……以及农民浪费水的行为"。他发现，"农民并不习惯于被工程师和博学的管理者控制"。韦斯瓦拉亚称，他将终身为"控制"水而奋斗。[33]

20世纪的头10年，韦斯瓦拉亚开始周游世界，视野得到拓展。他第一次出国旅行去了日本，那里给他留下最深刻的印象。1898年，韦斯瓦拉亚在日本待了3个月。他基于自己的见闻写了一本书，但他"认为还不是出版的好时机"。他是一名公务员，不喜欢公开的政治对抗。然而去了日本后，他得出结论，相比之下，英国人为印度的发展所做的事情是多么微不足道。他写道：

130

---

① 印度著名的工程师。在印度，他的生日被定为"工程日"。——编者注

"由于日本的所有工业进步都是在最近几年取得的，这为印度提供了物质进步和重建方面最直接和最宝贵的经验。"他认为，最大的启示是日本政府在促进经济发展方面发挥了直接的干预作用。[34]

由于职业的原因，韦斯瓦拉亚还去了西方和东亚其他地区。1906年，孟买政府派他到亚丁保护区调查该地区的供水情况。他仔细查看了这座城市的卫生记录，发现死亡率高得惊人；他很快得出结论："唯一能让人满意的方法是建立下水道污水系统。"殖民当局接受了他的建议，开挖一系列水井，从拉海克斯河（Lahex）向城市供水。从政府部门退休后，韦斯瓦拉亚开始周游世界。也许是由于殖民统治限制印度人晋升到高级职位，他感到挫败，这意味着他永远无法成为孟买的首席工程师。他走访了意大利西部、俄国和北美，研究水坝和灌溉技术。到达纽约后，他发现那里有一个印度贸易商和生意人组成的协会，这些人精力充沛，充满活力，雄心勃勃。[35]

在一年的周游咨询之后，有人说服韦斯瓦拉亚在1909年到迈索尔邦担任总工程师。在各土邦中，迈索尔邦有意识地追求进步；在王公的鼓励下，一届又一届的总理推行了教育和基础设施改革。在被任命为总工程师几年后，韦斯瓦拉亚担任了总理：他规定小学教育为义务教育；投资基础设施和卫生设施建设。获得了行动、决策上的无限自由和慷慨的预算后，韦斯瓦拉亚有了更大的理想。他梦寐以求的杰作是在高韦里河上修建克里希奈拉贾水库大坝（Krishnaraja Sagar Dam）。按照韦斯瓦拉亚的计划，这将是一个"多用途"项目，它将能灌溉0.4平方千米土地，并为科拉尔金矿区提供电力，同时为班加罗尔（Bangalore）供电。而问题是——我们接下来即将看到，英国人对这条河也有自己的打算。

＊＊＊

疏导河流和降雨，从地下抽水，除此以外，在20世纪之交，人们还想到第三个领域，那就是海洋。1869年，23岁的弗雷德里克·尼科尔森（Frederick Nicholson）从牛津大学毕业，成为马德拉斯的公务员。在接下来的30年里，他担任了蒂纳维利［当时称廷尼韦利，即蒂鲁内尔维利（Tirunelveli）］、马德拉斯和哥印拜陀的税收员。他目睹了19世纪70年代的大饥荒，这塑造了他的世界观；他爱上了尼尔吉里（Nilgiri）的山，退休后一直生活在那里，直到1936年逝世。[36] 20世纪之交，尼科尔森将注意力转向了马德拉斯的渔业。他在1899年曾写道："在为急剧增长的人口保障不受气候影响的粮食收成、为非农人民的工业发展、为退化的土壤增肥感到绝望时，我们应感谢上帝，还有渔业可以发展。""不受气候影响的粮食收成"正是印度通过获得水源所要实现的目标，这一点尼科尔森比大多数人都更清楚。尼科尔森写道："海洋的产出巨大，完全不受干旱和季节性灾难的影响，而海洋食物富含氮，价值极高。"应对变幻莫测的季风，渔业相对保险，生产环境优于其他农业生产部门。他在1909年拉合尔工业会议（Lahore Industrial Conference）上说，他刚到印度的时候，"（当时）针对遥远的海洋的产出设计方案离成形还为时尚早，特别是在还没为脚下土地的丰收而深思熟虑的时候"。但此时，时机成熟了，可以"把海洋的收获与土地上的产量相加"。尼科尔森指出土地和海洋收成的关键差别：殖民政府对渔业的兴趣纯粹只是将其视为食物来源，而不是当作收入来源，这也是英国人从英国东印度公司统治初期就开始的、对待印度土地的方式。[37]

尼科尔森前往日本和丹麦，为马德拉斯渔业的发展寻找灵

132

感。和韦斯瓦拉亚一样，尼科尔森认为日本的案例最适合马德拉斯。日本政府富有活力，慷慨投资，使得"古老的"渔业因"科学的远见"而被改变；尼科尔森认为，1907年的印度渔业相当于1867年明治维新前日本的渔业。[38] 尼科尔森于1907年创建了马德拉斯渔业部，并担任名誉主任。他对贫困渔民社区有着真诚的同情，但也表现出一种人们广为认同的观点，认为"贫穷"、"无知"、受种姓限制的世袭渔民在文化上次于土地耕种者，其结果就是采取渐进主义的政策。尼科尔森质疑印度渔业实现技术快速发展的可能性；他更倾向于利用现有的社会结构，在现有做法的基础上逐步发展；他热衷于建立合作社，以此在渔民中培养更强的集体行动意识。

尼科尔森之后，詹姆斯·霍内尔（James Hornell）毕生致力于了解印度东海岸的渔业。20世纪初，在泽西岛（Jersey）上工作了10年之后，霍内尔前往锡兰调查那里的海洋渔业。1908—1924年，他在管理马德拉斯渔业部方面发挥了领导作用。他仔细研究了沿海渔业、渔业经济和不断变化的渔业产品组成；对印度洋和太平洋沿岸的土著渔船产生了浓厚的兴趣，并基于此在有生之年发表了100多篇文章。与尼科尔森相比，霍内尔对印度渔业大规模技术改造的谨慎态度更多是基于对渔民传统和生活方式的尊重。杜蒂戈林（Tuticorin）一直是印度珍珠养殖业中心，1917年，霍内尔描述了这片海岸的日常景象。他在报告中写道："除在海滩外，没有鱼类批发市场，也没有公司或大老板管理每条船，当然也有些卖鱼的人和商贩，但这些人很少或从不记账。""捕获的渔业产品通常被成堆扔在海滩上，以其所占的小块土地面积为单位拍卖，买家凭肉眼估价，并据此出价。"[39] 但是变化就要发生；海上也与陆地上一样，新技术和新的商业野心与英国的政策和利益对其的限制已经产生冲突。

四

对水源的探索改变了印度的经济平衡。几个世纪以来，人们普遍认为印度的财富蕴藏在河谷中，因为那里是人口最密集、耕种最密集、最繁荣的地区。河流流域一直是政治权力的核心区域。人们常常认为，贫富是地理因素影响的结果，但事实上，印度的气象区划反映了人们的生活水平。农业水文学家爱德华·巴克（Edward Buck）在1907年写道："人口最密集、也因此最肥沃的地区是淤泥沉积的地区，而其中要数河流三角洲处的人口最为稠密。"[40]这似乎是一个不可改变的自然事实，但即使在巴克对此论述的时候，人口密度和农业生产力之间的联系还不那么清晰。到20世纪第二个10年，旁遮普邦最大的运河定居点给殖民政府带来的收入比印度其他地区都多。

在人工灌溉的触发下，印度西部和南部干旱地区的农业繁荣起来，而这种繁荣集中于生产高价值的出口作物方面。灌溉方面的公共投资涌向了最有可能给国家带来收入、给农民带来利润的地区和作物上。西北部的旁遮普邦和信德（Sind）、西部的古吉拉特邦和孟买管辖区的部分地区，以及马德拉斯的部分地区——西部地区、哥印拜陀周围，尤其是沿海的安得拉，都在蓬勃发展。这些地区仍然是印度最繁荣的地区。20世纪下半叶，这些优势地区与印度其他地区之间的生产力差距更加明显，但印度经济地理格局发生根本性逆转的根源在于19世纪末、20世纪初的水利繁荣。

"古老"地区从新市场和新技术中得到的好处远远少于灌溉

134

地区。孟加拉河沿岸地区被虚构的财富曾在17世纪吸引了英国东印度公司，如今其在印度的相对经济地位持续下降。泰米尔纳德山谷的农业生产力也急剧下降。"负债浪潮"吞噬了这两个地区以及恒河流域一带的小农户。不管是在繁荣地区还是落后地区，对水和信贷的控制都使土地集中在少数人手中。没有从灌溉中获益的干旱地区情况最糟糕。20世纪20年代，印度的大部分农田仍然没有得到灌溉，而是靠雨水滋养。20世纪初，灌溉土地的产量已经是依赖降雨滋养的土地产量的4倍。经济史学家的一项调查也强调了这一点：对于印度的大部分地区，降雨在大部分时候都是决定农业产量的最重要因素，且印度的农业产量可能是世界上最低的。[41]

　　20世纪20年代的两个大型调查委员会，即印度皇家农业委员会和银行调查委员会都沿用了1901年灌溉委员会的模式，但规模更大，这两个大型调查的结果表明，印度农民仍然容易受到气候波动的影响。灌溉工作进展迅速，但多数印度农民并未从中受益。农业报告称："除了西北地区外，整个印度都依赖季风，所有主要的农业活动都是由季风现象按其节律而定。"[42]

135　　对于这种在气候面前的脆弱性，印度农民主要的应对措施是借钱。对印度银行系统的调查统计出了印度农村债务的规模，这项调查工作逐省进行，是一项巨大的信息收集工作；1930年，调查结果结集成了厚厚的几十卷报告。印度北部联合省的数百名证人之一作证说："从播种到销售，正是土著放债人和银行家才使村里的农产品得以进入市场。"季风决定了货币市场的节奏。农民的信贷需求在这个季节的某些关键时刻集中爆发：一是10月和11月，这是雨季之后购买种子和肥料的时间；二是收获季节，这时候需要为雇佣农业劳动力支付工资。在印度许多农村地区，存在着工作过度与失业交替出现的夸张现象。来自印度农村的一份又一份报告也提出了同样的观点。一位来自联合省密拉特地区（Meerut）的地方官员写道："年降雨量稀少且不稳定，灌溉也只是名义上的。农民一旦被放债人（mahajan）诱骗，就永远无法翻身。"[43]许多借款人面临24%的复利。马图拉区（Mathura）的一位行政长官写道："由于这个区的农作物连续歉收，95%的农民阶层负债累累。"[44]只有少数调查对象不同意这个说法。孟买管辖区盖拉地区（Kaira）的征收员告诉农业调查委员会，季风没有来临不是造成负债的主要原因之一。他指出："遇上荒年，农民完全无力偿还债务，但这种情况的发生概率其实并不高。"[45]

多数印度人仍然依赖雨水为生，对此，在迈索尔邦工作多年的查克拉瓦蒂（J. S. Chakravarti）采取的应对措施最有创意。他是伟大的工程师韦斯瓦拉亚的同事，也是这个印度南部土邦本地出身，迈索尔邦在解决水资源问题上的措施比英属印度的任何地方都要大胆。查克拉瓦蒂在迈索尔邦保险委员会工作多年，并在20世纪第二个10年升任迈索尔邦保险委员会主席和财政秘书。他主张建立干旱保险制度，而不是一般的作物保险，因为虽然某种作物的歉收可能是由个别农民的不当做法或疏忽造成的，但雨季的歉收却会影响到每个人。在降雨量低于平均水平一定比例的地方，比如低于平均降雨量的35%，农民就会得到一笔赔款。查克拉瓦蒂认为降雨保险"与3门科学密切相关，即经济学、气象学和农学"。他的出发点是"印度农业几乎完全依赖降雨，一年中的降雨量及其在时间上的分布几乎是决定农民收入的唯一基本因素"。在生长季的某些关键阶段，没有（或过量）降雨可能带来毁灭性的结果。而查克拉瓦蒂所说的"降雨因素"是"人类无

136

法控制的"。只有殖民政府才能按照他所设想的规模实施保险计划，尽管他希望私人供应商最终能够进入这一保险市场。保险的理由很明显，查克拉瓦蒂认为"农业保险也是饥荒保险，就目前的情况，印度的饥荒一般并不意味着粮食饥荒，而是指由农民被迫失业而造成的货币饥荒"。查克拉瓦蒂的计划最终被长期搁置了。一位印度评论员在20世纪末观察到，查克拉瓦蒂的计划远远领先于世界银行在20世纪90年代初提出的计划。查克拉瓦蒂的计划之所以被忽视，主要原因是20世纪中期的印度出现了一种非常不同的降低气候风险的办法，而这种方法强调从技术上解决水源问题。[46]

　　回顾印度的发展状况时，印度工业委员会在1918年自信地写道："不再需要担心因全国各地人口不时减少而发生的可怕灾难。"在季风气候下，"降雨不足总是意味着贫困和艰难"，但不再会导致大规模的饥饿和生命财产损失。[47]这传达了一种明显的信息，即在20世纪的头20年里，印度发生了一些根本性的变化。气候带来的风险已经通过政策（饥荒标准的早期预警系统）和技术（铁路和灌溉）得到了缓解。只要农业在印度仍然是占主导地位，风险就会在一定程度上存在，但专家们设想，随着印度人口从农村向城市迁移，工业化将给人们提供新的就业机会，人们的生活也会更加有保障。19世纪70年代，英国官员们普遍认为印度的饥荒不可避免。到了20世纪20年代，大多数观察家相信，印度已经战胜了饥荒，但对水的忧虑并未消失。

五

　　印度的工程师们为维护他们的主权与季风斗争；同样是在

那些年里，气象学证明，季风按照行星的节奏运动，其节奏远超人类的控制范围。20世纪初印度季风气象学的先驱是一位杰出的数学家，也是一个谦逊的人，"他和蔼可亲，心胸开阔，兴趣广泛，是一位非常完美的绅士"。[48]

吉尔伯特·托马斯·沃克于1868年出生于兰开夏郡的罗奇代尔（Rochdale），是一个八口之家的第四个孩子。他在伦敦郊外的克罗伊登（Croydon）长大，父亲是那里的总工程师。1881年，吉尔伯特获得了名校圣保罗学校（St. Paul's School）的奖学金，并在剑桥大学三一学院（Trinity College）的数学专业开始了他杰出的本科生涯。他有独特的天赋，在三一学院留下了"在剑桥大学后花园（Cambridge Backs）投掷回旋镖的英勇传说"——他对大气物理学的沉迷始于对空气动力学的研究；他获得了"回旋镖沃克"的绰号。1890年，沃克的健康出现了问题；他在瑞士休养了3个夏天，在那里他对滑冰产生了热情。随着时间的推移，这两种爱好都培养了他对世界范围内天气的洞察力。回到三一学院担任数学专业的研究员后，沃克的研究重点是电磁学。他撰写了一篇关于运动和游戏空气动力学的文章，正式表达了对回旋镖的痴迷。在其背景或经历中，几乎很难看出几年后他会当上印度气象局局长。[49]

与此同时，约翰·埃利奥特即将退休。在他负责印度气象工作的几年中，他的季风预报模型变得更加复杂，而准确性却又不稳定，没有预测出1899年和1900年的干旱。尽管如此，埃利奥特仍然确信自己的想法是正确的，他挑选了一位能干的统计学家做自己的继任者，这位继任者能看懂发送自印度洋和太平洋观测站的大量气压、温度和风力数据。[50]也许是通过共同的剑桥校友网络，沃克的名声引起了埃利奥特的注意。而在一片陌生的土地上有机会发展一个新的探索领域，对这个年轻人很有吸引力。在前往印度之前，沃克参观了欧洲和美国的气象监测站，初步了解了气象科学方面的相关知识。在参观中西部的野外监测站时，沃克对美国气象局所采用的先进技术印象尤为深刻。

　　沃克到达印度时，刚好是印度大饥荒过后3年。埃利奥特成就平平，削弱了公众和官方对气象学的信心。1904年，沃克接任印度气象局局长一职。在后续4年里，他保持低调行事的风格，调集资源，招募员工，来完善气象部门的人事结构。西姆拉（Simla）是英属印度英国官员在喜马拉雅山下的消夏之都，英国官员都会去那儿逃避季风来临前的炎热。一开始在西姆拉的那几年，沃克找到时间来满足自己所沉溺的两个爱好。人们经常发现他在西姆拉唯一的平地安嫩代尔（Annandale）上扔回旋镖。他设计了一个低矮的帆布屏风，以保持西姆拉滑冰场的冰面温度，这个帆布屏风非常有效，以至于即便到了1月份，"冰面仍然太硬，无法尽兴地滑行"，于是滑冰场主人要求将屏风移走。沃克的思维十分跳跃，善于在事物之间建立新的联系。他多年后透露，那次冰场的经历使他理解了在北印度上空"非常干燥的冬季里，空气能够大量吸收地面辐射出的热量"。[51]

　　气象科学之所以取得关键的突破，便始于此。

＊　＊　＊

　　在对季风的理解和预测方法上，沃克是坚定的经验主义者。他依靠庞大的"人类计算机"——也就是依靠在海姆·拉杰（Hem Raj）领导下的印度劳工来加工处理这些数字。"整个地球的气象关系非常复杂，"沃克认为，"试图从理论上推导出这些关系好像作用不大，"季风太复杂了；[52]相反，沃克尝试的是从世界各地收集和分析尽可能多的天气数据。这一直是布兰福德面临的挑战，即确定"印度及其海域"在多大程度上导致了季风的生成及其影响。亨利·布兰福德最初的预测是依赖喜马拉雅山脉的降雪；虽然他越来越意识到存在许多对印度气候产生影响的遥远因素，他还是假定了一个封闭的系统。埃利奥特把来自印度洋的影响纳入他的模型中，但他误解了其中的关系。而沃克则拥有更多的统计工具（和更多的工作人员），从而扩大了他的参数范围。他的团队处理了大量数据，这对上一代人而言是难以想象的。这些数字讲述了一个清晰的新故事，那就是"季风系统涉及整个海洋"，甚至是以行星的规模来活动的。[53]

沃克首先把矛头对准了支持干旱论的人。他指出，人类活动，特别是毁林活动，改变了19世纪的印度气候，这类观点几乎没有证据支持。无论砍伐森林对特定地区的气候和土壤湿度有多大影响，季风系统的规模都远超出此类局部影响。[54]沃克在思考季风预测问题时，便把目光投向了印度以西的地区。尼罗河长期以来一直萦绕在印度水利工程师的脑海中，无论是将其拿来对比，还是由此触发灵感或是与其开展竞争；而沃克是出于不同的原因将注意力转向每年一度的尼罗河洪水。他写道："由于尼罗河洪水由阿比西尼亚（Abyssinia）的季风降雨所决定，形成这些降雨的湿气在其运动的早期与最终到达阿拉伯海北部的风同行。"因此，尼罗河洪水波及的范围和印度季风的强度之间存在"相当密切的对应关系"。这就是"季节性预示"（seasonal foreshadowing）在起作用。沃克更喜欢"季节性预示"这个术语，而非更自信的"预测"一词。[55]

沃克的统计能力为他最惊人的发现铺平了道路。[56]通过挖掘世界各地的数据，沃克注意到"太平洋和印度洋之间的气压在大

140

范围内来回摇摆；而亚速尔群岛（Azores）和冰岛之间、北太平洋高压和低压地区之间，气压在小得多的范围内摇摆"。沃克所称的"南方涛动"这种气象对世界天气的影响比另外两个大得多。[57] 他把这些高气压和低气压的关键区域称为"大气活动中心"。沃克通过达尔文岛（Darwin）监测站和塔希提岛（Tahiti）监测站测得的数据发现了太平洋海平面气压的反比关系。通常的模式是，塔希提岛为高气压，达尔文岛为低气压，从而推动着风从东向西吹。横跨太平洋的气压差推动了众所周知的向西"信风"；但这些风向可能仅持续一两个季节，很容易发生周期性逆转。这就是沃克发现的核心奥秘。"大气活动中心"的位置和强度的变化塑造着世界气候，然而，又是什么促成了这些变化呢？

作为印度气象局的负责人，沃克面临的直接挑战是确定这些"大气活动中心"如何影响了印度。20世纪20年代初，情况的大致轮廓已经很清楚了。他写道：

> 印度丰富的降雨量……往往与印度、爪哇、澳大利亚和南非的低气压有关；与太平洋中部萨摩亚（Samoa）和火奴鲁鲁（Honolulu）以及南美洲智利和阿根廷的高气压有关；与以往降雨稀少的爪哇、桑给巴尔（Zanzibar）、塞舌尔和南罗得西亚（Southern Rhodesia）有关；与阿留申群岛（Aleutian）的低温有关。

沃克寻求空间上相关性的同时也寻找着时间上的相关性；桑给巴尔或阿留申群岛"预示"着印度是贫乏，还是富足；沃克通过他发现的相互关系探究了一两个季节的"滞后"问题。[58] 但事实证明这些起作用的力量难以捉摸，"我相信人们将逐渐发现维

持这些（涛动）的物理机制"，沃克在1918年如是说。几年后，
他在英国皇家气象学会（Royal Meteorological Society）的主席致辞
中告诉听众："大洋环流的活动性变化"，其影响很可能"深远
且重要"。[59] 40年后，人们才弄清楚海洋这一影响维度到底有多
"深远且重要"。

　　政府气象学家的角色使沃克几乎没有时间做基础研究；但他
抓住了一切可能的机会。第一次世界大战为他带来了新的挑战。
气象部门内部之间一直在争夺资源；战争期间，沃克的副手被调
离。1916年，辛普森（G. C. Simpson）和查尔斯·诺曼德被派往
美索不达米亚（Mesopotamia），在那里，诺曼德负责军事气象
学。他们带着自己的专业知识，作为广大英属印度人员的一部分
进入伊拉克，与大部队会合，大部队中包括水利工程师和昆虫
学家在内的工作人员，以及大量在印度造船厂建造的船只。[60] 他
们不在印度的期间，监测印度气象工作的任务落在了海姆·拉
杰身上。海姆·拉杰是该部门经验丰富的印度官员，对天气图表
有"过目不忘的能力"，他负责监督部门的日常运作。沃克后来
还向海姆·拉杰表示了崇高的敬意，说"他为了盟军的事业，隐
瞒自己的重病，牺牲了生命，在人手不足的办公室里尽己所能继
续提供重要的协助"。[61] 尽管沃克在印度的研究已经停滞不前，
但战争显著加深了人们对全球气象学的理解，这主要归功于卑
尔根（Bergen）的威廉·皮叶克尼斯（Vilhelm Bjerknes）与他的
儿子雅各布·皮叶克尼斯（Jacob Bjerknes）和索尔伯格（Halvor
Solberg）关于中纬度气旋的研究。威廉·皮叶克尼斯和他的团队
用战场上的一个比喻来解释他们对天气"锋面"的理解并解释了
暖湿气流与极地气流的动态相互作用。50年后，雅各布终于确定
了厄尔尼诺现象，并进一步扩展了吉尔伯特·沃克的认识。

142

不管他的统计网撒得有多么广阔，沃克对周围环境的观察依然敏锐。他对秃鹫和风筝的飞行产生了兴趣，在西姆拉用望远镜观察其飞行。他发现，鸟儿知道在哪里寻找上升气流，使自己能够在不扇动翅膀的情况下上升到约609米。这一见解使沃克对云朵形成的物理机制产生兴趣；他甚至想一回到英国就开始滑翔运动，但很遗憾地发现"65岁的他反应速度太慢，无法成为一名成功的滑翔机飞行员"。[62] 接管气象部门20年后，沃克于1924年离开印度。他成为帝国理工学院（Imperial College London）的气象学教授。沃克从印度气象工作的实际责任中解脱出来后，于20世纪20年代将注意力转移到研究他所谓的"全球气象"，其中他认为南方涛动现象至关重要。不管在兴趣方面，还是在方法论上，沃克都兼收并蓄。1927年，他对过度专业化的风险提出了警告："如今，有一种风险，那就是两门学科专家所使用的语言充斥着不经学习就无法理解的词汇，此类风险不仅助长对彼此的不了解，而且会导致忽略了那些需要相互之间协助的问题。"[63] 这就是在提醒人们要把气象学视为一门科学来捍卫，反对认为其仅止于观察的观点。无论沃克的视角变得多么全球化，他从未把季风抛在脑后。[64] 他的继任者之一、印度气象局局长查尔斯·诺曼德多年后解释了其中的原因。诺曼德在描述沃克的工作时写道："印度季风在全球天气中凸显了主动而非被动的特征。"照此看来，印度是全球气候变化的一支驱动力。具有讽刺意味的是，"沃克的全球调查却以承诺对印度以外地区的气象事件进行预测而结束"，因为印度的经验似乎被"用作某种广播工具比当作某种事件预测更为有效"。[65]

一战后不久的20世纪20年代，欧洲和亚洲之间实现了长途飞行，使人们对大气动力学有了新的认识，同时为了服务飞行员，对预测有了更全面的要求。印度气象局此时可以从阿格拉监测台把气球送到约6096米的高空，并传回高空大气状况的测量结果。穿越云层的飞行让科学家得以"洞察云的形成"；航空摄影在垂直维度上为监测天气提供了一个新的视角，从而使"人们发现从上空看到的云层景观与从地面看到的云层景观是多么的不同"。[66]

* * *

甚至在战争结束之前，印度政治变革的曙光就已出现。在印度爆发大规模政治抗议的压力下（详见下一章），1919年《印度政府组织法》（Government of India Act of 1919）所颁布的改革将许多责任下放到省级政府，这就是被称为"双头政治"的制度。选民人数仍然很少，但这个制度却扩大了代议制政府的权力。与此同时，整个殖民政府的人事开始变化，这就是所谓的官僚机构"印度化"过程。1920年以后，较低级别的法官、移民官员、卫生督查员和政府科学家更有可能是印度人而不是英国人，虽然其中大多仍是男性。印度人所能晋升的职级仍受到限制，但这反而助长了中产阶级对民族主义运动的支持。

气象学也朝着同样的方向发展。在20世纪20年代早期，一些印度官员被新聘为气象部门高级官员：加尔各答院长学院的查特吉（G. Chatterjee）接管了阿格拉高空天文台；著名数学家班纳吉（S. K. Banerjee）进入了西姆拉的气象部门，担任印度自治后的首任气象局局长。在孟加拉，一位名叫马哈拉诺比斯的年轻统计学家刚从剑桥大学毕业，就被聘到加尔各答的天文台工作；他对印度经济发展影响巨大。1921年，吉尔伯特·沃克写信给德里政府，坚持认为"政府当然要坚持认真努力寻找和培养能够胜

144

任该部门工作的印度人"，并指出英国员工和印度员工的能力几乎没有什么区别。他指出："从政治角度看，显然必须忠实地接受这种'印度化'的政策。"在这点上，沃克的继任者菲尔德（J. H. Field）则更进一步。1925年，菲尔德请求获得更多的资源，他想增加6个新职位，以及一个更有活力的研究项目。他提出要求的理由是，这样可以发挥印度气象学家的才能，并且欧洲和亚洲之间的航空运输会产生新的需求。他宣称："印度如今有机会首次展示一个'印度化'的部门能做到什么。此时机伟大而独特：如果政府的主控部门能站在这种高度，满足我的要求，那么可以预见的是，我的印度员工们将证明他们的要求是合理的，他们会提高处理问题的效率，并成为杰出典范。"在一个经济紧缩的时代，菲尔德并没有获得他所要求的资源，但气象部门的"印度化"却在进行之中。20世纪末印度气象局局长西卡（D. R. Sikka）写道，20世纪20年代加入该部门的印度官员都是"彻头彻尾的民族主义者"——但这并不妨碍这些印度官员对部门的"忠诚"，他们认为民族主义高于政党政治。但在20世纪二三十年代，印度的降雨问题变得更具政治性。[67]

＊ ＊ ＊

145   在对伊萨乌拉的描述中，伊塔洛·卡尔维诺写道：

> 一些人相信，城市的神灵栖息在给地下溪流供水的黑色湖泊深处。另一些居民则认为，神灵就住在系在绳索上升出井口的水桶里，在转动着的辘轳上，在水车的绞盘上，在压水泵的手柄上，在把水井里的水提上来的风车支架上，在打井钻机的塔架上，在屋顶的高脚水池里，在高架渠的拱架

上，在所有的水柱、水管、提水器、蓄水池，乃至伊萨乌拉空中高架上的风向标上。这是个一切都向上运动着的城市。[68]①

虚构的伊萨乌拉永恒，虚构的水域不变。20世纪初的印度，技术改变了水的方方面面。电泵从地下深处抽水，气球测量上层大气的湿度；大坝利用河流的落差来灌溉、防洪和发电。与一个"都向上运动着的"印度愿景并存的是更为古老（也更加扁平）的印度海洋观念——印度处于英帝国海上航线网络的中心。下一章将讨论20世纪30年代亚洲民族主义如何加剧了争夺水源的斗争。

---

① 中文引文引自［意］伊塔诺·卡尔维诺著：《看不见的城市》，第45页。——编者注

147 # 第六章　水与自由

　　古人云："得水为上"。在民族主义时代，此言被赋予新意义并具有另一层面的紧迫性。20世纪二三十年代，无论是印度还是中国，水源都在政治复兴和国家发展计划中处于中心地位。亚洲新一代领导人由工程师、建筑学家、物理学家、律师和教师组成。其中很多人认为，20世纪初对自然的征服力度不够，速度也不足。他们从新崛起的世界大国汲取灵感，研究了美国的新政。美国的技术现代化集中体现在田纳西河流域管理局，它把以往的各种技术路径集于一体，其中就包括防洪发电、河道航运、土壤保持、水利灌溉、公共卫生等。亚洲的民族主义者们还从苏联

148 的极速工业化和庞大的工程规划中获取经验，这不仅仅是由于苏联在亚洲有庞大的土地，试图重塑陆地景观，类似中国和印度西北地区那样，而且还因为苏联的发展速度在世界历史上是前所未有的。

　　在印度，抑或在中国，乃至整个东南亚，民族主义运动大都由各个不同的社会派别结盟而成，均处于不稳定状态。其领导人想方设法树立团结和目标意识，同时也深感社会经济不公所带来的分裂并致力于解决地区差异。大部分分歧都表现在对资源的控制和分享方面，水源就是其中的关键议题。20世纪二三十年代民族主义运动的特点是在反殖民以及革命运动中加强整个亚洲乃至全世界的交流和团结。但涉及诸如水资源等实际物质利益时，亚洲国家和地区就会在各自领地范围内开始划

清界限。在两次世界大战之间的那几十年，由争夺水源引起冲突的种子已经被播下，到20世纪下半叶，亚洲各国摆脱殖民统治获得自由后，这类冲突便加剧了。

* * *

正如本书上一章所讨论的那样，20世纪的前20年，印度的陆地景观为获取水源而被重塑。在工程师们的眼中，运河、水坝的建设以及地下水的抽取完全是技术问题，与政治无关。这些人当中，无论是英国人还是印度人，都很少有人反对这种观点，即英国殖民政府应负首要责任。但民族主义的兴起却提出如下新问题：谁是印度陆地和水源变化的受益者？

20世纪前10年，印度的民族主义运动展示出了非常强大的动员能力。1905年，英国计划分裂孟加拉邦，表面上看是出于经济原因，但同时也是为了分化被殖民政府视为威胁源头的政治组织，于是在抗议该计划的浪潮中，抵制外货运动（Swadeshi）应运而生。"Swadeshi"原意是"国内制造"，始于抵制英国产品、支持本地生产的产品，但迅速发展成一项多元运动，参与者包括支持暴力推翻殖民政府的那些人——他们也被英国殖民政府视为"恐怖分子"。抗议群众很快就实现了自己最紧迫的目标：英国撤销了分裂该邦的计划。然而抵制外货运动的动员昙花一现，脆弱不堪；甚至分裂成相互敌对的派别。抵制外货运动很大程度上只局限于孟加拉邦，而且即使在孟加拉邦，该运动也只由印度教精英把持，穆斯林群体被排斥在外。在其他地方，也出现了类似抵制外货运动的暴动起义。整个亚洲，20世纪早期都出现了抵制外货、游行罢工的浪潮。在抵制外货运动开始的当年，上海也发生了广泛抵制美货的运动，以回应20世纪早期美国针对中国移民所制定的一系列粗暴且具有歧视性的法律法规。到了20世纪第二个10年，这些群情激昂的动荡火苗已汇聚成为大规模的群众运动。

在印度，成效最明显的政治领导人是一位名为莫罕达斯·卡拉姆昌德·甘地（Mohandas Karamchand Gandhi）的律师。甘地出生于印度西海岸古吉拉特邦港口城市博尔本德尔（Porbandar）的商人家庭，在国外生活了几十年，并于1888—1891年在伦敦学习法律。他在那里受神智学运动的影响，对素食主义有了深入了解，所经历的政治和精神觉醒使其深入研究印度哲学和宗教。1893年，甘地在南非担任律师工作。由于南非印度人社区受到种族排斥和各种限制，他很快成为抗议行动的领导人。抗议人群由各式人等组成，包括集中于德班（Durban）和约翰内斯堡（Johannesburg）的古吉拉特商人与小贩，以及来自泰米尔纳德邦和比哈尔邦、在纳塔尔（Natal）甘蔗种植园打工的契约劳工。甘地与大部分在南非的印度人一样，支持英国在南非的战争，这是一场英国人与阿非利卡人（Afrikaner）①之间的残暴战争。印度人曾希望南非的战争结束后，他们的支持能够换来英国人的厚待，但期待落空了。英国人与阿非利卡人达成和解，他们在战后作出安排，对印度人社区实施更为严格的限制，其中包括要求印度人携带身份证（即通行证），当然，殖民统治下，大多数非洲人平时所面临的歧视始终比此恶劣得多。沉溺于托尔斯泰和梭罗作品的甘地在一个名为凤凰城（Phoenix）的定居点开展了一次社区生活（communal living）实验。他开始印制报刊，着手宣传自

150

① 旧称"布尔人"，南非和纳米比亚的白人种族之一，欧洲在非洲移民形成的非洲白人族裔。——编者注

己的理念。他打造了自己的政治策略，即采取公民非暴力不服从的模式，并将其称为"非暴力不合作"（satyagraha）①。

在南非的岁月使甘地形成了对英国在印度的殖民统治的批评态度。他于1909年出版了《印度自治》（Hind Swaraj），以和某位想象中的读者对话的形式写就。甘地批判的目标不仅仅是针对英国在印度统治所依仗的暴力和暴政，而且更为激进，针对其物质影响。他写道："拯救印度需要印度人民放弃过去50余年已经学到的东西。铁路、电报、医院、律师、医生等均应被废止，所谓的上层阶级必须学会自觉地、虔诚地、从容不迫地过着农民般的简朴生活。"[1]甘地得出结论说："机器是现代文明的主要象征，代表的是一种罪大恶极。"甘地排斥"电报、医院、律师（和）医生"的言论极富煽动性；他的目的是震撼读者，以此引发读者提出问题：印度拥护工业现代化的最终目的是什么。

甘地的分析立场与拯救印度、使印度不受自然环境影响的主流观点背离——这个过程我们已经看到，有众多印度人以及英国的水利工程师和官员参与其中。随着时间的推移，甘地进一步发展自己的理念，认为印度的自由取决于印度人的生活如何遵从大自然的节奏。甘地十分厌恶印度的城市，尽管甘地将整个印度视为"乡村共和国"的集合——这个图景很大程度上是虚构的，基于诸如英国东方学者亨利·梅因（Henry Maine）②的书写描绘而成。甘地作为一个标志性的人物和谋略家，在民族主义运动中的地位是不可动摇的。虽然他的经济理念仍然未受到关注，但与追求更为先进的技术、强化控制、取得更大进展的主旋律潜移默化

151

---

① 在古吉拉特语中，此词意为"坚持真理"。
② 英国法律史学家，历史学派在英国的代表人物，晚期历史法学派的集大成者。代表作为《古代法》。

地形成对比。大部分甘地的同路人和追随者对"印度究竟需要什么"的话题各持己见，而诸如"过着农民般的简朴生活"这种说法完全是他们对历史的贬抑。

1915年，甘地回到印度，全身心投入政治活动。此时他已经被人们尊称为"圣雄"（Mahatma，伟大灵魂）；随他一同回到印度的还有甘地在南非作为出色的活动组织者和雄辩的演说家的声誉。他从小范围做起，为比哈尔邦坎巴兰（Champaran）生产靛蓝染料的工人协调，当时这些工人正因恶劣的工作条件而发起抗议活动。1917年，甘地已经成为印度卓越的政治家。他振兴印度国大党，扩充了该党成员，打造了拥有城乡支持者的联盟。甘地拒绝左派提出的以阶级为基础的动员，而支持和解的动员方式；他的支持者中包括印度最大的实业家，如贝拉家族（Birla family）。1919年，甘地开展了大规模的不合作运动，以抗议英属印度政府缓慢的政治改革进程，尤其反对政府延长了战时紧急状态时期所拥有的权力。1922年，在一座小城乔里乔拉（Chauri Chaura）发生了暴力事件，国会的支持者袭击了警察局，甘地于是宣布停止活动，这场抗议、抵制、绝食和（为抗议而进行的）守夜运动才没有持续下去。随后的20年里，镇压与妥协反复出现。英属印度政府几次把甘地及其助手关进监狱，其间也有几次谈判协商。

民族主义运动的高涨势头席卷了整个亚洲。在印度的非暴力不合作运动轰轰烈烈地进行的同时，中国也出现了大规模的社会和政治抗议活动，反对领土割让，即日本在一战同盟国获胜后窃取中国领土。青年、学生与社会活动家团结起来发动了广泛而又松散的抗议运动，被称为"五四运动"。在20世纪20年代的越南、印度尼西亚，新的政治和社会运动也在崛起，两国的运动分别反对法国与荷兰的殖民统治。在上述3个国家中，共产主义成为政治运动中最强大、最瞩目的存在，这点与印度有所不同。

亚洲民族主义运动中所使用的话语是自由与主权，而历史学家所关注的正是这些概念里丰富的含义和多样性。但亚洲民族主义者的勃勃野心总是离不开强大的物质基础。正是在此，民族主义的历史与控制奔腾之水的斗争交织在一起。民族主义领袖们之所以需要水源、矿产资源以及化石燃料，是为了实现其工业化的目标，实现其终止饥饿与贫困的承诺。于是，一种新型的自信心悄悄地"走进"亚洲未来的愿景。请看如下对比：1909年，印度财政部长说每一项预算都是对"雨水的赌注"，其中传递了一种宿命论理念，那就是大自然的力量掌控着经济和社会。20年后，贾瓦哈拉尔·尼赫鲁（Jawaharlal Nehru）宣称"现代科学会在很大程度上抑制大自然的暴政和变幻莫测"。[2]尼赫鲁是一位律师，在剑桥大学受过教育，来自安拉阿巴德的一个精英家族，父亲是民族主义先锋莫逊拉尔·尼赫鲁（Motilal Nehru）。20世纪20年代，贾瓦哈拉尔·尼赫鲁就已经成为甘地最信任的年青一代，已是最有影响和最具人格魅力的政治家了。尼赫鲁非常清楚，无论何种自由，背后都急需物质支撑。尼赫鲁说，"我们对自由的渴望更多来自心灵，而非来自躯体"，但大部分印度人还在忍受"饥饿和极端贫困，肚子空空，身无分文"。于大众而言，"自由更是一种躯体的需求"。[3]

中国同印度一样，水是自由的关键构成。随着清朝在1911年的覆灭，即使尚处于四分五裂的军阀混战中，中国民主革命领导者孙中山依然亲力亲为，致力于解决中国的发展问题。在《实业计划》中，孙中山陈述了中国的远大前景，称此为贡献给世界的"经济海洋"。他在书里画满了拟改道的河流图、拟修建的铁路路线图、拟被疏浚的港口图以及发电的规划图等。[4]在他的愿景中，水是核心问题。1924年，他在广东的一次会议上说："如

153

果能够利用扬子江和黄河的水力发生一万万匹马力，有了一万万匹马力，就是有二十四万万个人力，拿这么大的电力来替我们做工，那便有很大的生产，中国一定是可以变贫为富的。所以对于农业生产，要能够改良人工，利用机器，更用电力来制造肥料，农业生产自然是可以增加。"[5]①

相比而言，印度的重心长期放在灌溉上，而20世纪早期中国的河流工程则重在防洪。虽然在19世纪70年代和90年代中国也曾遭受严重旱灾，但也经历了因河流泛滥导致的洪灾，其规模是印度闻所未闻的。20世纪20年代，因泥沙淤积而闻名的黄河所带来的威胁特别严重，受到一个国际工程兵团的重视。有两个美国人费礼门（John Freeman）和托德（O. J. Todd）起到了至关重要的作用；他们的中国门生中还有李仪祉②，李仪祉在中国的声望可与韦斯瓦拉亚在印度的地位媲美。李仪祉曾在柏林学习，参观了欧洲各地的水利工程；他的研究得到了来自麻省理工学院（MIT）等美国一流科研机构的新中国毕业生的协助。托德写道："把棉花制成纱线、把谷物磨成粉面，把城市点亮，及以其他方式使山西的这个地方实现现代化"，"如此等等都只是黄河水所能够给予附近地区的部分利益而已。"[6]托德的理想在整个中国、印度以及其他殖民地都得到了回应，然而在这个理想之下却存在持续不断的脆弱感。

---

① 这次会议是指1924年1月中国国民党第一次全国代表大会，会上孙中山对三民主义作了新的解释。孙中山原话引自广东省社会科学院历史研究所、中国社会科学院近代史研究所中华民国史研究室、中山大学历史系孙中山研究室合编：《孙中山全集第九卷》，中华书局1986年版，第403页。——编者注

② 中国近代著名水利科学家，曾任导淮委员会委员和总工程师，兼任过扬子江水利委员会顾问等职。

*　*　*

　　获得水源就是纠正大自然的不公，就是让不守规则的季风能够服从，就是确保特别难以预测的雨水能够送到最需要的地方去。但水也是人与人之间、不同阶层与种姓之间、城乡之间、地区之间不公平的始作俑者。能够控制水源就可以积累土地。对水源的控制就是权力的来源；没有水源则意味着长期的驱逐。在20世纪前30年，水源是许多争取自由的斗争中关键的物质。但问题是，为了谁的自由？

154

　　1927年3月，这个问题在印度西部距浦那不远的马哈德（Mahad）显得非常突出。当地达利特人（Dalit）群体，也就是那些被排斥在印度种姓制度之外的人，也被称之为"不可接触者"（贱民），他们的日常生活深受居住与就业歧视之害，也深受暴力和物质匮乏之苦，印度上层种姓不许他们接触当地水箱里的饮用水。虽然印度有个法庭裁定此类行为非法，但这种现象依然在整个印度无数城乡存续至今。达利特人的领袖阿姆倍伽尔（Bhimrao Ambedkar）①出身于印度西部一个贫困家庭，是一位卓越的律师。他曾经获得奖学金并在伦敦政治经济学院（The London School of Ecenomics and Political Science）和哥伦比亚大学（Columbia University）学习。阿姆倍伽尔领导了一场游行，他们走到水箱旁，阿姆倍伽尔从水箱里象征性地舀了一杯水喝。当地上层种姓阶层感到自己的社会统治地位受到威胁，立即实行了野蛮的报复。达利特人受到攻击，许多人因此失去了工作。阿姆倍

---

　　①　阿姆倍伽尔是尼赫鲁内阁中唯一一名贱民出身的部长，主持印度独立后第一部宪法的制定，被誉为"宪法之父"或"印度共和之父"，他一直致力于改善贱民的社会地位。

伽尔与4000名志愿者发起萨提亚哥拉哈（Satyagraha）[①]运动，他宣称："我们接近水箱，只是为了证明，和其他人一样，我们也是人。"但在最后一刻，他叫停了这场运动，相信法庭会为他们主持公道。但是这个公道阿姆倍伽尔足足等了10年，法庭裁定水箱应对全体人民开放，驳斥了印度上层种姓阶级的所谓主张：后者认为水箱为私有财产，因此他们有权决定谁不能从水箱取水。[7]

从最广义的角度而言，在印度民族主义运动的核心深处依然存在着某种张力。如某政治理论家所描述的那样，这种张力，一方面是"摆脱种姓制度限制的社会自由"，另一方面是压倒性地强调"摆脱殖民统治的政治自由"之紧迫性，其他斗争不是被延缓就是被融入其中。[8]阿姆倍伽尔与甘地的观念即对立，在20世纪30年代，两人就达利特人是否应在英属印度立法会拥有单独代表权问题上产生分歧，印度穆斯林早已拥有单独代表权。两位领导人都利用水源的象征性和实质性意义，也就并非偶然。就甘地而言，其最有效、最具代表性的运动就是1930年朝着丹地（Dandi）海边的"食盐进军"。甘地选择英国的盐税作为其非暴力不合作运动的象征性突破口，他发现，"除了水与空气，盐几乎是最重要的生活必需品"。[9]盐的重要特征把沿海生态体系与内陆数百万人的生活联系起来。甘地的行动涉及气候与社会议题——最贫穷的人民在户外炎炎夏日之下劳作，最需要食盐。阿姆倍伽尔关于水箱游行的举动是想让人们关注水源这个社会严重不公的标志，而甘地则把水源作为

---

① 意为"坚持真理"，一个用来描述通过甘地思想来解决争端的新词，其理念是同对手一道，追求真理，相互尊重。见［美］芭芭拉·D. 梅特卡夫（Barbara D.Metcalf）、托马斯·R.梅特卡夫（Thomas R.Metcalf）著：《剑桥现代印度史》，李兰亚、周袁、任筱可译，新星出版社2019年版，第298页。——编者注

团结的象征。在20世纪30年代的印度国内外，对水源及其他资源的争夺在步步升级。

二

亚洲的环境遗产在多大程度上能够被改变呢？在改变亚洲、利用水资源并惠及所有人方面，技术到底有什么潜力？两次世界大战间的几十年里，此类问题的答案层出不穷并引起争议。工程师、科学家和民族主义者对征服大自然充满了钢铁般的信心，与之交替出现的，是人类在大自然的巨大力量及其不可预测性面前的脆弱感。随着对季风新的认识更为大众所知，气候本身也提供了一种重新认识亚洲、亚洲的边界以及亚洲的未来的新途径。

日本哲学家和辻哲郎曾经在20世纪20年代写道："我希望把季风当作某种生活方式，"因为这是"湿度表难以完成的工作"。季风构成了印度的本质，这一完美的表达却来自日本的观察家，而非出自欧洲人之口。和辻哲郎是日本伦理学家和美学家，曾经翻译过克尔凯郭尔（Søren Kierkegaard）①的著作；1927年曾游学德国，同马丁·海德格尔（Martin Heidegger）学习。[10]他沿途游历东南亚、印度和中东，在旅行期间和结束后，撰写了《风土》一书——"风土"在日语中大致就是"气候"的意思——作为对海德格尔《存在与时间》（Sein und Zeit）的回应。《风土》一书直到1961年才被译成英文，所以在印度很可能知道的人并不多。然而，印度正是该书气候塑造文化、社会和历史这

156

---

　①　19世纪上半叶丹麦心理学家、诗人，现代存在主义哲学的创始人，后现代主义先驱。著有《非此即彼：一个生命的残片》《恐惧与颤栗》等。——编者注

一论点的核心。《风土》的不同之处在于，它将印度的气候与日本和中国——而非欧洲，进行了对比。在欧洲主导世界、日本企图成为地区霸主的背景下，日本掀起了一场大规模反思亚洲社会的思想和政治运动，比较亚洲各个社会的异同，而和辻的著作就是这场运动的一部分。

和辻认为，季风气候的湿度"并未让人们在头脑中树立起与大自然斗争的意识"，这点与沙漠地区不同。他始终认为："季风地带的人性中……很鲜明的特征是逆来顺受、唯命是从。"其中部分原因是季风气候所具有的二重性：季风"很典型的特点是"通过巨大风暴"显示大自然的暴力，其威力之大，使得人们不得不放弃所有抵抗的意愿"，但这种"充满威力的威胁却又能够赋予人们生存的希望"。[11] 在和辻眼中，印度体现了季风气候最极端的状态。他指出："最能形成印度人唯命是从性格的正是季风带来的雨季。"他还发现，"在印度3.2亿人口（世界人口的五分之一）中，三分之二以上为农民，依赖季风种植庄稼"，因此"季风是否按时到来、比预期持续更长时间"都是"问题的关键所在"。和辻认为，印度大众"没有抵抗大自然的手段"。"面对生活中如此的不安全感，印度人民无处可逃。"这种不安导致他们"历史意识缺失、感情充沛而意志力松懈"。[12]

157

这个熟悉的论证模式，即把印度人视为懒惰而又情绪化的刻板印象这一熟悉的套路。19世纪英国自由主义者声称印度人缺乏自治的理性；他们太过于接近大自然。和辻也借鉴了这种传统思路；但在其书写中也可看到日本人抱有非常鲜明的历史使命——他们试图把亚洲从欧洲统治和自身的落后当中"拯救"出来。和辻宣称："南洋人民从未在文化上取得过任何明显的进步，"但"如果找到方法来打破这种模式，并使其巨大的能量释放出来，就会取得令人称奇的进步"。他写道;"印度人的逆来顺受激起了我们内心中的侵略性和主宰欲,并促使我们行动。"正是"基于这个前提,印度的来访者不免在冲动之下希望印度人起来为独立而斗争"。以这种循环论证来推断,这场斗争只能由被气候赋予了不同气质的民族来领导。[13] 和辻暗示说,日本人比欧洲人更适合领导这场斗争。西方人永远无法真正地了解季风,而日本南部边缘地带及其当时的殖民地台湾则是热带气候,日本拥有自己的经验。并非和辻一人这么想。在两次世界大战期间,许多亚洲的学生、科学家和政治领袖们都思考过自然与权力、自然与帝国、自然与民族之间的关系。和辻哲郎断定,对于印度的未来,"改变取决于对气候的征服"。[14] 如果不考虑其中的道德、甚至精神内涵,这种征服最终不过是一个技术问题。

孟加拉裔社会学家和经济学家阿连卡玛尔·穆克吉(Radhakamal Mukerjee)的视角则更具象,但又与和辻哲郎一样,关注气候与生态如何塑造文化的问题。作为勒克瑙大学(Lucknow University)的教授,他于20世纪二三十年代花费大量时间研究印度农村问题并撰写了大量文章。阿连卡玛尔·穆克吉非常关注水的问题。近几年,历史学家已重新认定古怪而博学的阿连卡玛尔·穆克吉为"先知",他对生态易感和地方主义发展路径很有一套,不过他的轮廓还不是特别清晰。他是个坚定的优生主义者;他吸纳了他那个时代的种族与环境决定论,然后反其道而行,例如,他曾呼吁给印度和中国的"数百万人"予"生存空间"(lebensraum)。[15] 尽管如此,他关注印度的环境生态平衡,在那个飞速发展的时代,此类声音凤毛麟角,而且与甘地等人相比,他的关注更切合实际、更为具体。阿连卡玛尔·穆克吉写道,"人、树、水,不应将此三者分开看待、视为各自独立",他斥责征服大自然的"犯罪",这将

158

反过来"放任破坏性的力量"。阿连卡玛尔·穆克吉认为，明智的发展模式注重"人与周边有机和无机世界的天然平衡"。只有处于那种平衡之下，人类社会才能找到"安全、福祉和进步"。[16]

阿连卡玛尔·穆克吉为印度未来开出的"药方"来自他对自己的家乡孟加拉河沿岸景观的详细研究。俄国无政府主义地理学家列昂·梅契尼科夫（Léon Metchnikoff）于1889年出版了一部河流沿岸（包括恒河流域）文明史，其内容涵盖的范围十分广泛。阿连卡玛尔·穆克吉借鉴了该书的观点，把江河流域视为生命体。每一条河流都是"所有潜在环境变化和环境影响的综合或缩影"；每一条河流的"特性、色彩和各种味道"以及河流的"可塑性与毁灭性"都是气候和地质的产物。阿连卡玛尔·穆克吉判断，一个多世纪的英国统治已经吞噬了孟加拉河的生命力。他观察到，过度集约化的耕种使得土壤肥力每况愈下。也有人看到了这种令人担忧的趋势，将此归咎于人口增长所带来的压力。但在阿连卡玛尔·穆克吉看来，问题的根源在于"农耕更多地受到市场状况的影响，而非按计划耕种庄稼，这样可以补充土壤肥力"。英国殖民政府和资本家对土地产品的需求压迫着当地的土地和水源生态，使孟加拉三角洲"濒临崩溃"。但是，恢复生机的关键又在哪儿呢？对阿连卡玛尔·穆克吉和英国水利工程师威廉·威尔科克斯（William Willcocks）——后者作为尼罗河上第一座大坝阿斯旺大坝（Aswan Dam）的建筑师而闻名——来说，答案之一是恢复和振兴灌溉和水源管理的本土传统。正如我们将会看到的，其他人则认为，只有通过技术对大自然进行全面的改造，才能应对这种规模的挑战。[17]

阿连卡玛尔·穆克吉的另一关注点则呼应了20世纪初关于印度世界地位的论辩：应该把印度看作有边界的领土还是海洋实体的

一部分？这个论辩横跨科学与政治的诸多领域。阿连卡玛尔·穆克吉认为，在人类"逐渐获取控制水源的各种方法中，目前最重要的进展是通过海洋开展贸易"。阿连卡玛尔·穆克吉认为印度的海上联系"开创了海洋文明，取代了河流文明"。比起"胸怀全世界的"海洋商业，河谷资源"即狭隘又有限"。海洋航线吸纳的河谷产品越多，河谷衰退的趋势就越明显。来自远方市场的需求破坏了阿连卡玛尔·穆克吉所谓的"生态平衡"。但他依然感到乐观。他认为"海洋文明"过度发展的问题已经很突出；他期待有朝一日"人们比以往更拥抱农业，弥补过去对农业的忽视"。[18] 事实证明阿连卡玛尔·穆克吉是有先见之明的，不过回归农耕、复兴河谷的原动力并不完全是为了弥补过失，而是出于必要。

＊＊＊

如果说印度与区域和全球市场的整合对土壤和水源提出了新的要求，那么，20世纪30年代这些市场的崩溃又产生了新的困境。20世纪的前20年，印度很多农村均依靠海外资源生存，如从缅甸进口的大米；在缅甸、马来亚和锡兰工作的移民劳工把工资寄回印度的外汇等。历史学家克里斯托弗·贝克（Christopher Baker）在1981年就亚洲经济一体化与随后的解体所撰写的文章十分精彩，在这篇被忽略的文章中，印度农村的这一问题正是贝克所面临的难题的关键。对于印度，与中国和爪哇一样，20世纪20年代标志着一个"关键时点"，那时"土地耗尽"，贝克写道。人口学家绞尽脑汁所作出的解释是：虽然在20世纪20年代发出了严正的警示，但马尔萨斯式的危机并未出现。相反，即便农业产量连年下降，人口增长的步伐却在加快。在贝克看来，答案就在区域经济之间的相互关

160

联性，它给印度东南部和中国南方这些人口密集的核心农业区提供了一条生命线，也给年轻男子以及数量相对较少但总数仍很多的年轻女子远距离迁徙提供了新机遇。1870年后，伊洛瓦底江、湄公河、湄南河（Chao Phraya River）流域的水稻种植面积扩张，在50年的时间里，水稻种植面积增加了大约56656平方千米。[19] 伴随着这一耕种疆域最后的开拓，大量移民从中国和印度来到东南亚。1870年后的半个世纪里，超2000万人次横渡孟加拉湾，同时还有大约同样数量的人次跨越中国南海。这些移民在马来亚的橡胶园和锡矿，苏门答腊的烟草种植地，新加坡、仰光、槟城（Penang）、泗水（Surabaya）这些蓬勃发展的港口城市的码头、磨坊、工厂及街头工作。这些移民劳工当中很多人都是临时往返。在移民劳工的经历中，暴力事件是家常便饭；他们的行程基于各式各样的安排和协议，这些协议均建立在债务之上。东南亚的机遇无论多么脆弱，但毕竟还是提供了一线生机；年复一年，去往东南亚的移民数量逐渐超过了返回印度的人数。[20]

　　20世纪三四十年代的全球经济大萧条改变了一切，切断了南亚和东南亚的区域经济联系。经济大萧条赤裸裸地暴露了殖民资本主义的不平等性。不断升高的失业率和难以忍受的债务通过反移民的情绪找到了发泄口；大规模的政治运动开始主张进行再分配。全球商品市场的崩溃导致60多年来业已稳定的移民潮回流。1930—1933年，离开缅甸和马来亚的印度人数超过了新移民的数量；虽然中国遭受战乱之苦，且日本对华的侵略不断升级，但对在整个东南亚的中国移民来说，也面临移民回流的情况。1930—1933年，大约60万人离开了马来亚。这些人回到母国后还不得不自谋生路。驻马来亚的印度政府代表指出，在困难时期把这些人遣返回印度"以弥补失业率的做法越来越不起作用"。而马来亚的泰米尔工人则没有得到任何救济，"他们的痛苦只是从马来亚转移到了印度南部而已"。[21]驻缅甸的英国学者、官员、费边派社会主义者约翰·弗尼瓦尔（John Furnivall）在1939年有预见性地写道："我们已经可以看到，1930年标志着……以苏伊士运河（Suez Canal）的开掘为开端的60年时期的结束，以及，虽然不能完全肯定，但也标志着自达伽马首次在卡利卡特登陆的400年时期的终结。"[22]

三

马德拉斯殖民当局于1934年开始启用高韦里河的梅图尔大坝（Mettur Dam）①，这座大坝曾短暂地享受过世界第一大坝的名头。修建此坝几乎用了20年的时间。一条新闻报道宣称，这座大坝"值得夸耀的是其控制性工程可使阿斯旺大坝相形见绌"，显示出水利工程已经在何种程度上成为一项全球性事业。梅图尔大坝的长度是阿斯旺大坝的3倍，其长、宽、高分别约为1.62千米、52米和54米，坝顶上甚至有一条近5米宽的道路。"控制"这一概念被多次提起。有个专栏作家写道："印度的河流并非都是井然有序、可资利用的工具。"他还写道，印度的河流有自己的"意志"，"其中大部分河流并不仅仅'满足'于把水从高山送入大海，他们喜欢在沿途四溢……在使其所流经的土地变得富饶的同时也带来毁坏"。他得出明确结论说："河流不会约束自身，所以必须加以约束。"[23]但并不是所有的观察家都抱有如此乐观的态度。位于金奈的泰米尔纳德邦档案馆，有一份手写的记录，署名为"SA"的公务员对梅图尔大坝背后的傲慢自大颇有

162

---

① 也译作"梅杜尔大坝"。——编者注

微词：

> 监理工程师的报告太过自满，或者说太自以为是，认为
> 部门官员绝对正确，而想当然地认为农民无知透顶，对他们
> 充满偏见。本人认为坦焦尔区的位置并非如……报告中所明
> 示的那样简单。梅图尔大坝能如愿成为卓有成效之设施，灌
> 溉我国大片土地，本人对建设此伟大的水坝的工程师所拥有
> 之技术衷心赞叹，然而坦焦尔区存在之问题却有待以同情之
> 心、用地方知识来加以研究。[24]

但"SA"的意见属于少数。比起其他任何一项单一的措施
来说，"控制"水流更能解决许多问题，这些问题合起来营造了
一种农业危机感。土壤肥力下降、庄稼收成不好、关闭海外移
民边境以及经济大萧条对贸易的冲击——种种这些与季风气候
一如既往的不可预测性相结合。但每一项控制水流的工程都可
能造成上游人民与下游人民的矛盾，产生受益人和受害人。由于
受益不公的双方常属于对立的政治阵营，控制水源的企图激化了
人们关于政治阵营界线的意识。无论在何地，随着人们对河水灌
溉和发电的要求越来越多，把水源地作为领土而主张所有权所作
出的努力也越来越多。梅图尔大坝正是遇到此类问题，这也是该
大坝建成花费时间如此之久的原因。高韦里河流经马德拉斯管辖
区和迈索尔邦。在很大程度上，由于工程师韦斯瓦拉亚的规划，
迈索尔邦比马德拉斯管辖区在控制水源上做出了更早的尝试。但
英国人称，如果韦斯瓦拉亚对克里希奈拉贾水库大坝所作的规划
得以实现的话，梅图尔大坝就不会有足够的水流。随之而来的纠
纷便成为现代印度在水源方面的首次领土争端，当然它也不会是

163

最后一次。印度政府与迈索尔邦就水源问题达成的第一个条约可追溯到1892年；那正是农业集约化的时代，很显然，冲突可能就在眼前。由于无法调和关于克里希奈拉贾水库大坝的争端，双方便都诉诸印度殖民政府仲裁，并就一个技术解决方案达成协议，即仲裁判定了迈索尔邦和马德拉斯管辖区有权享有的确切水量。虽然双方对仲裁结果都不满意，但还是在1924年签订了该协议。²⁵ 1947年是一个争端反复出现的年份，无论是在法庭之内还是之外。自那以来，高韦里河水量的分配一直困扰着印度泰米尔纳德邦和卡纳塔克邦。

很多亚洲领导人都认为，由中央统一规划可以平衡不同管辖区的利益需求；统一规划可解决区域和群体之间的冲突；它将以最公平合理、最充分有效的方式分配资源。无论是在印度还是在中国，水源分配规划与经济规划都是并举的。1933年，尚在两年前那场灾难性洪水①余波之中的中国，组建了黄河水利委员会。②正如在印度水利工程师的想象中水的用途不再仅限于灌溉那样，中国的工程师们也开始考虑建设多用途的水利工程。外国工程师也被黄河治理所带来的挑战吸引。德国著名的水利专家恩格司（Hubert Engels）在德累斯顿（Dresden）设立了一个黄河研究中心；国际联盟（League of Nations）也对黄河水利委员会给予技术支持。²⁶ 20世纪30年代的中国虽然是独立共和国家，但面临着日益严峻的日本侵略威胁。1937年，印度国大党通过扩张特许权的方式在选举中赢得多数支持成为执政党。即便那时自由还

① 指1931年江淮大水。当年，中国的几条主要河流如长江、珠江、黄河、淮河等都发生了特大洪水。——编者注

② 黄河水利委员会并非1933年设；该委员会成立于1929年，在1933年被划归全国经济委员会管辖。——编者注

遥遥无期，但国大党已经开始思考英国势力离开之后印度的治理问题。1938年，国大党的全国规划委员会（National Planning Committee）在尼赫鲁的主持下召开会议，形成了一个由左倾民族主义者、甘地派思想家、实业家和包括阿连卡玛尔·穆克吉在内的科学家联盟。该联盟将自身视为待执政的政府。联盟还设立了几个分委会，其中有一个就专门针对"河流治理与灌溉"，由海得拉巴邦（Hyderabad）的首席工程师纳瓦布·阿里·纳瓦兹·忠格（Nawab Ali Nawaz Jung）担任主席。该分委会提交的报告说："应在竭尽可能之范围内开发和有效利用我国河流，这点非常重要。"这是一项亟待执行的任务，他们得出的结论是"通过储水来保护水资源"对印度的"未来具有重要意义"。[27]

* * *

整个20世纪30年代，印度与中国的水利计划在推进过程中并没有关注彼此，而中国的计划很快就因与日本的战争危机被搁浅。待到中印的河流工程项目产生碰撞，已经是很久以后的事情了。但某些麻烦的征兆已经出现。20世纪30年代初，英国和中国在滇缅边界爆发紧张局势，当时的缅甸还在英属印度的统治之下。在中国一方，地理学家威廉·克雷德纳（William Credner）于1930年与3名中国政府官员一道对伊洛瓦底江三角洲开展了一次考察活动。当时克雷德纳驻中山大学工作，对中国抱有极大同情。他们试图解决1894年中英《续议滇缅界务、商务条款》中并未作出说明的"滇缅边界南北两段地区未被划界这个长期悬而未决的问题"。他们就英国在这一地区连续不断的军事活动提出抗议，但英国方面却以清剿当地的奴隶贸易作为其行动的借口。克雷德纳写道，中方"深入到遥远的不毛之地"，并获取了不仅

164

165

仅是"边界问题",而且还有当地地形方面"足够的情报"。如今,边界线是中国主权的重要象征,一份被截取的中国备忘录宣称:"希望云南各阶层人民团结起来,努力奋斗,以防国家领土再次沦为英国殖民地。"但是对陆地景观以及江河水流的热切关注也暗示着,边境地区之所以很重要,尚有其他原因,即其中的水源和矿产财富。[28]

从另一种意义来说,印度的边界问题还与渔业有关。20世纪30年代之前,桑德拉·拉杰(V. Sundara Raj)接替詹姆斯·霍内尔,成为马德拉斯渔业部门第一位印度人部长。拉杰与前任不同,主张通过技术来对印度渔业进行全面改造。拉杰在经济大萧条最严重时所写的文章中表达了自己的忧虑,随着区域经济的萎缩以及跨区域移民的回流,锡兰政府已经开始在他认为属于马德拉斯的海域,利用拖网渔船进行"深海捕鱼实验"。他还提到了马来亚,以及"这些兄弟国家的伟大觉醒";他担心的是"他国政府侵占马德拉斯的渔场"。他不断提出请求——尽管第一次就被拒绝,他希望配备拖网渔船和快艇开展自己的深海实验。拉杰把"密集的海洋研究和海洋探索"视为某种全球性趋势,还援引了日本、加拿大和美国的案例来加以说明。[29]

四

自20世纪30年代后期开始,亚洲陷入战争的泥潭。中国所经历的战争时间跨度最长,受到的伤害最大。1931年日本侵占中国东北地区,并步步进逼。日本统治者的目光紧盯着中国的矿产资源、战略地位以及自身的领土扩张。20世纪20年代中国的内部纷争使日本产生对中国的图谋，日本惮于蒋介石的势力而不敢贸然行动。1937年，中日之间的全面战争爆发。在此冲突压力之下，开发水资源的规划只能被搁置，而后带来了灾难性的后果。1938年6月，为了阻止日本人向国民党的军事要地武汉进军，国民党军队在后撤时，炸破了位于河南花园口的黄河防护堤。用一位历史学家的话来说，这是"世界历史上对环境破坏最大的一次战争行为"。防护堤决口，黄河水向东南方向一泻千里，流入淮河水系，所到之处，大片农田被淹没。此次不计后果的破坏行为致使80余万人死亡、400万人流离失所。[30]

1941年，日本偷袭珍珠港的同时，战火在亚洲蔓延，席卷东南亚。一年之内，日本就侵占了自19世纪以来被帝国主义列强所瓜分的地区，征服了英国治下的缅甸和马来亚、荷属东印度群岛、法属印度支那、美国治下的菲律宾。缅甸的陷落使印度的边界面临日本人入侵的威胁。

虽然在二战期间，印度领土上几乎没有战事发生，但它却是盟军在亚洲战事的巨大后勤供给基地和军事行动中心，印度军队则成为盟军在所有战场的、数量可观的后备军事力量。战争也改变了印度的政治局势。英国政府在没有同印度政治家们协商的情况下就代表印度宣战，令国大党大为光火，于是辞去职务，退出了自1937年大选以来就一直控制的执政省政府。1942年8月，在与英国工党政治家斯塔福德·克里普斯（Stafford Cripps）爵士所率领的英国政府代表团协商未果后，甘地再次发起了一场大规模的公民抗议运动，即"退出印度"运动（Quit India Movement）。印度北方部分地区陷入混乱。英国向平民投掷炸弹来制止暴乱。[31]国大党的领袖们被关押在监狱受尽折磨，英国人只好将目光投向别处以寻求支持。战争提升了穆斯林联盟的权力和地位。其领导人穆罕默德·阿里·真纳（Muhammad Ali Jinnah）在1940年通过了《巴基斯坦决议》（Pakistan Resolution）①，主张为在印度的穆斯林建立独立的伊斯兰国家，虽然该决议中刻意没有提及如何设立、在哪儿设立、什么时候设立等问题。英国人被迫妥协退让，答应战后印度将以某种形式获得自由。

* * *

历史学家斯里纳特·拉加万（Srinath Raghavan）指出，战争促使政府广泛拓展其在经济调控上的作用，为印度独立后经济机构的设立打下了基础。[32]

在其他领域，由于印度成为军事航空枢纽，战争推动了气象学的繁荣。印度气象局得到飞速发展，1939—1944年的预算增加了两倍，而且还在德里的罗迪路（Lodhi Road）建起了一个占地约12公顷的新运营基地。但事实证明，很难找到并培训足够的人才来跟上机构设施的扩张步伐。战争期间，印度多位首席气象学家蒙受了巨大的损失，境遇艰难。缅甸气象局的大部分员工为印度人；日本人空袭仰光时，他们成近50万名印度难民队伍中的一部分，离开缅甸，大部分人都是徒步越过密林、翻山越岭进入阿萨姆邦，步行回到印度。缅甸气象处的主任罗伊（S. C. Roy）从仰光步行回到因帕尔（Imphal）②，他的副手高希（S. N. Ghosh）熬过了长途跋涉，却在印度边境葬身于日本人的轰炸。战争见证了印度新一批气象人才的招募，而这批人才将成为印度独立后气

---

① 也称《拉合尔决议》。——编者注
② 印度东北部的一座城市。

象部门的中坚力量。战争结束后印度气象部门的工作人员数量是战争开始时的3倍。1944年，印度气象局局长查尔斯·诺曼德在为气象部门工作31年后退休了；他的继任者是班纳吉，他是领导气象部门的首位印度人。战争也见证了飞机被用于气象监测，它们在孟加拉湾上空、马德拉斯和安达曼群岛之间来回飞行；还见证了通讯技术的突破。印度气象广播中心设在位于印度中部城市那格浦尔（Nagpur）的皇家空军基地内。英国皇家空军和美国空军还在印度安装了第一台电传打印机，以便传输气象数据。[33]

气象事业的发展是以军事需求为导向的。气象预报与医学一样，新技术并非优先运用于民用。不管新技术预示着怎样的愿景，印度的战争经历打碎了直到20世纪30年代都普遍存在的、自满自大的幻想——认为大自然已经被征服。

* * *

1942年日本入侵缅甸，英属印度的稻米供应总量只剩下原来的约85%。在诸如马德拉斯这类大量进口缅甸稻米的地区，所造成的短缺只能通过当地的产量来克服。但在孟加拉邦，乡村经济的长期衰落叠加自然灾害，再加上战时的政治失误，导致了自20世纪初期以来印度的首次严重饥荒。饥荒再次降临孟加拉邦，给人们带来了巨大的痛苦和冲击。自1918年印度成立工业委员会以来，大部分观察家都想当然地认为饥荒已经一去不复返。20世纪二三十年代，营养学家和卫生官员开始将食品视为一种提高生活质量的方式而非仅仅用来维持生存的方式，他们的关注点从绝对饥饿转向营养不良。尼赫鲁在1929年写道："我们因生病而埋怨神明的日子已经不再有了。"[34]

1942年冬季季风期，一场令人恐惧的旋风袭击了孟加拉邦东部，田地被淹没，庄稼尽数被毁。当时有人做了这样的描述："就强度和破坏性而言，这场旋风超过了这个国家经受过的任何一场自然灾难……使孟加拉湾掀起巨浪"，速度高达每小时225千米。旋风"横扫了田里生长着的庄稼，吹走了屋顶，将大部分树木连根拔起，简陋的房屋被毁"；随之而来的洪水"几乎把（四分之三的）家畜、约4万人冲走"。[35] 由于担心日本人从阿拉干邦入侵，当地官员实施了一项焦土政策，禁止当地农民用船运输大米。内部分裂使孟加拉邦政府陷于瘫痪。在温斯顿·丘吉尔（Winston Churchill）敌视印度政策的驱使下，英国内阁对所有的警告都置若罔闻。他们继续将印度的大米输送给其他战场的部队，拒绝部署盟国船只给孟加拉邦运送救济物资。[36] 随着物资短缺的加剧，大量弱势民众，即无地劳工、渔民、妇女和儿童，不得不陷入忍饥挨饿的境地。加尔各答相对富有，买走了孟加拉邦农村地区的大米，而那些大米本可以用来救济急需食物的人们。[37]

孟加拉邦穷人的脆弱性，如同其债务一样，几十年来不断加剧。在大萧条期间，小农场主由于无法偿还贷款而失去手中的许多土地。由于铁路的路堤封堵了河水的流向、入侵的水葫芦堵塞了河流，孟加拉邦土地生产力在20世纪已经下降。到1942年，危机已经很严重。随着资源匮乏加剧，地主抛弃了佃农，选择使用现金而不是用实物给佃农支付工资，而此时通货膨胀已使大米价格变得难以负担。有的家庭弃养了家族中较弱的成员。在进口不足、政府"禁船"政策、毁灭性旋风加之缺乏救济的一连串打击下，孟加拉邦的经济与社会崩溃了。[38]

甚至连加尔各答持保守立场的报纸《政治家》（Statesmen）都刊登了饥饿儿童以及被遗弃的尸体的照片。这些场景令人们回想起19世纪70年代和90年代，一边是厄尔尼诺现象引发的旱灾，

169

170

另一边则是资本家变本加厉地加剧了灾难的恶果。对于这些景象，英国政府无动于衷。这次，印度观察家们认为英国政府对饥荒负有直接责任。尼赫鲁在艾哈迈德讷格尔（Ahmednagar）监狱里写道："这场饥荒是完全可以预见和避免的人为灾难。"他确信："无论是民主或是半民主国家，此类灾难完全可以将政府扫地出门。"但印度富人的冷酷无情同样令人痛心。数百万人民在忍饥挨饿而加尔各答却"歌舞升平、酒池林立、财富显耀"，尼赫鲁对此表示厌恶。一位共产主义活动家萨尔德赛（S. G. Sardesai）公开谴责那些囤积和投机分子"毫无底线的暴利"，并认为应施行"全面动员，在农村地区采取有力措施，公平合理地采购真正的物资盈余；在城市严控物价并实行全面配给制度"。[39] 1943年秋，当印度官员最终确保伦敦能够提供救济物资时，他们不得不发出警告，指出孟加拉邦持续的饥荒可能会给战争带来负面影响。

斯坦福大学（Stanford University）经济学家威基泽（V. D. Wickizer）和贝内特（M. K. Bennett）在1941年研究了亚洲的稻米经济，考察了这一曾经完整的体系中被毁坏的部分。在分析过程中，他们采用了术语"季风亚洲"以"作为一种方便的描述，指代在农业和经济生活方面深受季风气候状况之影响的一组特定国家"。"季风亚洲"通过气候、风向、稻米交易相联结，但又为帝国所分化。威基泽和贝内特目睹了"季风亚洲"由于大萧条和二战而进一步分裂。文章中，他们表达了对"扭转近期经济民族主义的趋势"的期望。他们给区域可持续发展开出的"药方"是恢复稻米自由贸易，并通过资本投资进一步扩大稻米贸易。不过，他们对"不利"条件的设想要更接近最终的结果。他们认为："如果和平会随着季风亚洲内重要的疆域变化而来，那么随着目前战争的终结，季风亚洲的政治结构变化可能会立即导致突然的转向和重新定位，它将完全扭转过去10年、甚至存在更久的趋势。"[40]

　　孟加拉邦饥荒最深远的政治影响是该地区明确拒绝在战后回归失序的市场和跨区域稻米交易的老路。印度的工程师和政治家们、技术官僚与民粹主义者们都强调未来自给自足的必要性。水源在他们的规划中是关键。印度再次遭遇饥荒，给尼赫鲁这代领导人留下了创伤。尽管尼赫鲁及其同辈都坚信国家主权能够缓解饥荒问题，但失败的场景仍是他们心头的阴影。尼赫鲁写道："我们印度一直生活在灾难的边缘，而有些时候灾难的确把我们击垮。"同年，任教于帕特纳大学（Patna University）的经济学家和人口学家吉安·昌德（Gyan Chand）宣称："我国处处是亡灵，完全可以将人的头骨作为国徽。"[41]

171

＊＊＊

　　战争接近尾声，印度、中国、越南的饥荒同时掀起了越发高涨的期待。在许多亚洲观察家的眼中，只有全心全意地接受政府统一规划，与强大的技术相结合，在民族主义而不是在殖民权力的控制之下，才能应对亚洲人民在匮乏和饥荒面前严重脆弱的问题，而无论是饥荒还是物资匮乏，都已在战争中被暴露无遗。

　　甚至连英国的工程师也都开始考虑采用大型工程来对水源进行水利改造。1944年，旁遮普邦首次提出修建巴克拉水电站（Bhakra Dam）。几乎没有人相信英国在印度的统治会在战争结束后如此迅速地垮台，在此背景下，巴克拉水电站标志着英属印度政府对战后印度重建所作出的规划，具有里程碑式的意义。[42]有人对这个项目提出质疑。有个政府官员在档案笔记上潦草地写道："出于宣传的原因，一些印度当局人士对他们预期建成大坝的时间作出了乐观预测。""也有不偏不倚的观点认为这些预测太过荒唐。"[43]但印度民族主义者想要的正是速度和规模。

在众多支持有计划地征服印度河流的声音中，有一个声音来自科学家梅格纳德·萨哈（Meghnad Saha）。他于1893年出生在孟加拉邦的一个乡村低种姓家庭，没有受过教育也没有什么资源，家中还有几个兄弟姐妹。他在孩童时代就显露出在科学方面的天赋；他获得了一系列奖学金，这使他能够在20世纪第二个10年进入加尔各答大学（Calcutta University）学习。他曾先后到英国和德国学习，回国后在印度最有名望的学校之一安拉阿巴德大学（Allahabad University）工作。萨哈在天文物理学的开拓性贡献使他誉满天下，以他的论文《论太阳色球层的离子化》（"Ionisation in the Solar Chromosphere"）为最。20世纪30年代，他已经不满足于把研究工作局限于实验室。他创办了《科学与文化》（Science and Culture）期刊，以便能够接触到更多公众；他成为科学发展的"传教士"，严厉批判甘地对现代技术的怀疑。他写道，"我们一刻也不相信，更美好、更幸福的生活状况"能够通过"回归到纺纱车、缠腰布、牛拉车的时代"而实现。[44]萨哈关注的核心问题之一就是水源，并且他对水源的梦想非常宏伟。

萨哈于1943年二战处于白热化时，在《科学与文化》上发表了《论水灾》（"Flood"）一文，对环境的全面改造进行了展望。他称达莫德尔河（Damodar River）水流减少是因为铁路路堤将其分流，水道改向流到加尔各答，如今使城市面临被淹没的威胁。他援引全球范围内的案例和资料，如1913年迈阿密山谷的水灾，尤其是田纳西河流域管理局的案例。萨哈认为问题的关键在于提出一个"彻底的解决方案",使达莫德尔河变成一条"常年流动"的河流,而非季节性河流,也就是说,将其从季风中"解放出来"。他主张采用并改良美国人的方法:"应把整个流域视为一个统一的区域,将防洪规划与水利灌溉、发展农业落后地区、发展水电开发以及改善航运等计划协调起来。"[45]他还在第二年的另外一篇文章中详细阐述了他的计划。这篇文章是他与同事卡玛勒希·拉伊(Kamalesh Ray)合作撰写的,其中他乐观地表述道:"大自然、既得利益集团和轻率的管理使得曾经兴旺一时的河谷成为荒芜野地,但是大自然、人类和科学可以再次将其变成欣欣向荣的花园。"阿连卡玛尔·穆克吉等人主张通过恢复森林、保护当地的土壤才能消解达莫德尔河的破坏力。萨哈在回应中对此提出严厉批评。萨哈称砍伐森林会影响降雨的观点"很荒唐",这种观点"毫无可供支撑的根据"。他认为,如果森林覆盖率和土地利用的变化会对当地气候有任何影响的话,这个影响"与巨大的季风气流相比也是极其微小的,季风气流才是达莫德尔河谷降水的原因"。萨哈的研究处于天体科学前沿,因此他对季风研究方面的新成果以及季风与地球气象其他部分的问题非常熟悉。印度气象规模非常宏大,使得水循环中任何局部的变化都显得微乎其微。萨哈指出,达莫德尔河谷的降水取决于"孟加拉湾大气条件……其大气层厚度达几千英尺","当地条件"对降雨几乎毫无影响。[46]

173

　　降雨并不受人类干预的影响。但人类通过改造陆地景观进行的干预,可以抵消不确定的降雨所带来的威胁,从而使得河流不会时而干涸、时而泛滥。因此,萨哈对未来充满了信心。他说:"我们很幸运地生活在这样一个时代,美国自1915年以来建设了几千座水坝,积累了大量的经验可资借鉴。"他认为理念和技术的全球流通是一个学习的过程，必将使印度受益。在评价美国和苏联模式时，萨哈还表明，自己对印度的完美设想远超出疲软的英国殖民政府所能实施的范围。他还设想在印度东部修建可持续使用"几百年"的水坝。[47]

*　*　*

20世纪二三十年代，水既是联系亚洲各国的纽带，也是分割亚洲各国的边界。人们对气候动力学的新认识清晰地表明，亚洲海岸线沿岸区域都极易受到强大气旋风暴的影响。在地理学和气象学领域，"季风亚洲"概念的产生强调了受限于极端季节性的乡村生活所具有的共同节律。此概念认为亚洲是以水为纽带在各个维度上，即通过雨水、河流和海洋，把亚洲联系在一起的，这就意味着现实条件超越了帝国划分的边界。但这些边界在战争之间的几十年中却变得更为坚固。20世纪30年代的大萧条打破了将季风亚洲相联系的链条上的许多环节：流动障碍猛增、移民模式被反转；商品市场崩溃、稻米贸易萎缩。这些反转现象说明了一个问题："谁来控制水"才是关键。

第二次世界大战提供了新的工具，也重燃了旧有的恐惧。饥荒和社会崩溃的创伤过后，政府统一规划和重大技术得以重塑经济、社会和环境，人们从中重新找回了信心。下一章讨论的是印度和其他独立的亚洲民族国家为认识、征服水资源而展开的斗争。

第七章　河水的拦截与堵截 175

　　1945—1950年发生的一切"重绘"了亚洲的版图。二战推翻了列强在亚洲地区的殖民统治。在1942年日本入侵南亚和东南亚前，欧洲列强在这两个地区的威望早已崩溃。由于战争对经济的摧毁，欧洲列强在没有美国支持的情况下，已经无法用武力保住他们的殖民领土。此后，冷战形势日趋严峻，美国只有在需要进一步维护本国利益时，才会提供支持。而更重要的是，亚洲领袖胆量过人，手握军权，拒绝回到殖民统治的旧秩序。

　　二战结束后，新的国家从帝国的废墟残骸中被建立起来。1947年，英属印度被划分为印度和巴基斯坦两个独立国家：一场由宗教引发的血腥分治，夺去了数百万人的生命，也毁掉了更多人的生活。1948年，缅甸和锡兰以近乎和平的方式完成权力移交，摆脱英国殖民统治，获得独立。但好景不长，缅甸在独立后 176 不久内部就出现多起多方参与的冲突。1949年，在一场旷日持久的反殖民战争后，由苏加诺（Sukarno）带领的民族武装部队将荷兰人驱逐出境。这场战争也见证了由多方发起、以失败告终的起义。1945年，二战几近尾声，日本投降，留下政治真空，越南共产党领袖胡志明趁机发动八月革命，宣布越南独立。但法国决心重返越南，凭借美国的鼎力支持，法国对越南发动战争。这场越南抗法战争一直持续到1954年，胡志明领导奠边府战役获得胜利。二战结束也给东亚带来了革命性的变化。在蒋介石率领的国民党军队和毛泽东领导的共产党军队之间发生的中国内战中，最 177

终共产党获胜，于1949年成立中华人民共和国。[1]

亚洲的政权更迭速度惊人、充满戏剧性和暴力，以至于当时鲜有人去想这些变革会给环境带来什么后果。而如今回首过去，可以看出这些变革带来的后果意义深远。这些在20世纪中叶发生的分裂割据、国界变更对亚洲水域产生的影响，也是20世纪后半叶历史中至关重要却被忽视的一部分。我们甚至还从未思考过它们会给相当一部分人的生活带来哪些积极或消极的影响。

相比于其他工程，修筑水坝最能展现亚洲新领导人对其驯服自然的能力的信心。印度刚独立之时，仅有不足300座水坝；而到1980年已有4000多座。修筑水坝是现代印度最大的公共投资类别，政府在这方面的支出远超对医疗保健或教育的支出。水坝被赋予一种期待：将印度其从变幻莫测的季风中解放出来，并最终让印度从殖民时代频繁来袭的严酷的饥荒"阴云"中解脱。这样的状况并非印度独有，全球各地都热衷于修筑水坝。中国建造大坝的规模令印度的大型水坝相形见绌。据估计，1949年之后，中国修建了2.2万座水坝，几乎占全世界所有大型水坝数量的一半。而在湄公河沿岸，大坝成为继在奠边府打败法国后，越南政府战略的一部分。

到20世纪60年代，这些同时期修建的工程却引发了争论。修筑水坝是试图通过蓄水和引水来满足国家发展的需求，从而让河流能与政治边界保持一致。但由于上游和下游的工程众多，出现竞争局面，水坝使跨越国界的物质上的依存关系变得切实可见。印度独立之时，印度人几乎都不知道他们国家的多数河流都发源于中国。只有双方对河流开发的野心膨胀时，河流的跨境流动才会产生某些问题。

在后殖民时代，大坝承载着重大的象征意义，那就是发展的梦想。相较于其他技术，修建大坝更能说明人类对自然的征服。纵观全球修筑水坝的历史，印度扮演着关键的角色。印度的遭遇体现了第三世界所面临的挑战，也体现了新生国家所展现出的雄心壮志。由于印度的季风变幻莫测，印度统治者也为水劳心劳神，前来帮助印度探索、修建大坝的大批外国专家也深有同感。与中国不同的是，印度在冷战时期受益于美苏两个阵营的援助，印度的发展计划已成为美苏之间竞争的擂台。印度的水利工程师得到了来自世界各地的建议，又把他们的专业技能与联合国和其他国际机构共享。印度沉迷于修筑大坝，这不仅影响着政治，还影响了文化。印度电影激发了亚洲和非洲观众的想象力。后殖民时期一些最具代表性的印度电影均以印度为水而战作为故事背景，这些电影情节也引起了印度以外地区的观众的共鸣。

用混凝土浇筑的"庞然大物"征服了水，也带来了巨大的变动。其中一些变动从一开始就显而易见——人们被赶出家园，村庄和森林被新修的水库淹没。随着时间的流逝，其他的变动也变得愈发明显。在20世纪五六十年代，几乎没有人能明白大坝将如何从根本上改变亚洲的水生态。正是自那个时代起，亚洲各个国家和民族开始朝着他们今天所面临的与水有关的危机迎头而上。

180

一

分治是英国解除殖民的一种特殊形式。分治之所以产生，是为了在非常有限的时间内，从之前形形色色的殖民领土中，依据明确且有决定性的少数族裔，划分出不同的民族国家。分治最初在爱尔兰实施，之后则是在20世纪40年代的印巴分治过程中两次实施。尽管印度国大党和穆斯林联盟之间的政治紧张局势在20

世纪30年代达到高潮，但直到第二次世界大战结束后，印度仍很可能面临分裂。在那之前，穆斯林联盟声称代表印度全体穆斯林——不论是按语言和地区划分，还是按阶级和政治划分——的说法流于空洞。二战结束后，暴力升级促使政治谈判进程加快，印度独立进程加速。英国担心被卷入印度内战，加之自身深受经济危机困扰，所以无论代价如何都希望尽快从印度脱身。穆斯林联盟领导人穆罕默德·阿里·真纳要求建立一个权力掌握在各省级行政长官手中的松散联邦政府，而国大党领导层不愿为此作出让步，于是最后的谈判破裂了。1947年6月3日，英国首相艾德礼（Clement Attlee）宣布了将印度次大陆划分为印度和巴基斯坦两个国家的计划。路易斯·蒙巴顿（Louis Mountbatten）伯爵被任命为印度最后一任总督，负责监督分治工作。划定边界的工作则由西里尔·雷德克利夫（Cyril Radcliffe）律师负责，但他没有处理印度问题的经验。他和一个小型边界委员会闭门密谈，手上拿着地图和人口普查结果，任务就是划出一条分治线，将穆斯林占多数的旁遮普邦和孟加拉邦从英属印度中分离出来，由此形成了巴基斯坦的东西两翼——它们中间相隔着1000多千米的印度领土。而分治线的位置直到1947年8月15日，即独立次日才公之于世。[2]

181

　　然而随之而来的却是大规模的动乱——出乎所有人的预期。在1947年9—10月，仅仅一个多月的时间，超过84.9万名难民徒步进入印度。还有超过230万人坐火车越过旁遮普邦边界。火车在边界两侧均遭到武装暴徒的袭击，拥挤的车厢成了他们的死亡之宫。之后，印巴两国达成一致，同意派遣双方军队越过边界进入对方领土，带领难民车队返回安全地带。新抵达的难民则被安置在"撤离地区"。许多居民本只是为了躲避暴乱而寻求临时庇护，而他们的短暂逃离却让人们以为他们打算移民，当他们回到自己家时，却发现自己的家园已被他人占为己有。南亚的城市因为新移民的到来而膨胀，尤以德里、卡拉奇和加尔各答为甚。约有2000万难民越过雷德克利夫线，即印巴分治线，其中一半以上的难民来自旁遮普邦。[3]

* * *

正如一位历史学家所述，1947年印度宗教多数派和少数派的划分也属"自然的分裂"。[4]雷德克利夫自己也意识到了旁遮普邦的问题。根据他的记录，印巴分治线"因运河系统的存在而变得复杂，运河对旁遮普邦的生活至关重要，但是只能在单一政府的管理下发展"。[5]他的解决方案无人满意。运河与自己的"脑力中枢"被切断。在旁遮普邦，分治打破了半个世纪以来精心规划的运河网。孟加拉邦由于有季风降雨以及发端于喜马拉雅山脉的河流灌溉，不像旁遮普邦那样干旱，因此不需要复杂的灌溉系统。但在孟加拉邦，边界试图"控制"一个自然波动的水景。正如19世纪的地质学家和桥梁建设者所发现的那样，孟加拉邦的河流流向突然改变，沙洲随着淤泥的沉积而出现，随着洪水的到来而消失。沙洲土壤肥沃，是理想的耕地——如果沙洲出现在分治线上，那沙洲到底该归属于印度还是巴基斯坦？对于那些居住在这片水陆交织的土地上的人们而言，这一问题的答案至关重要。[6]孟加拉邦边境线穿过了神圣的恒河和湍急的布拉马普特拉河。在1947年，尽管几乎没有什么基础设施来阻止河水的涌动，但已制定了诸多规划。如果未来印度和孟加拉邦双方的工程师找到利用水资源的新方式，情况又将如何？

有人认为，人类的分治、分裂与自然的和谐统一背道而驰。社会主义者拉姆马诺哈尔·洛希亚（Rammanohar Lohia）曾写道，尼赫鲁出于政治上的权宜之计，竟愿意分割印度的大河流域，对此他感到十分震惊。[7]芒多（Saadat Hasan Manto）长期以来一直在自己的小说中以敏锐的视角记录印巴分治。他在1951年出版的短篇小说《亚兹德》（Yazid）中也谈到了水的问题。[8]故事的开篇就令人触目惊心："1947年的暴动来了又去。就像每个季节的坏天气来了又走一样。"这两句话描绘出大自然对人类苦难的冷漠；芒多认为，人类的愚蠢行为在季节更替面前根本不值一提；他还指出，分治的暴力行为可能像下雨一样"自然"，这是一种带有讽刺意味的说法，因为这一说法与芒多的许多小说情节背道而驰。在他的许多小说中，分治是一系列狭隘、过于人为的决定，带来了严重后果。故事中最令人难忘的对话发生在贤者村的产婆巴克托（Bakhto）和主人公卡里姆达德（Karimdad）的妻子吉娜（Jeena）之间。一天，巴克托来到吉娜家，说："印度人要'封锁'河道了。"吉娜一脸疑惑："你说的封锁河道是什么意思？"巴克托毫不含糊地回答道："他们要把我们浇灌庄稼的河道堵起来。"吉娜根本不信，笑着说："你说话就像疯了一样……谁能堵住河啊。这可是一条河，又不是下水道。"[9]

* * *

分治影响了政府的每一个部门、每一个机构。印度气象局也于1947年分裂。气象局被划分后的一项紧迫任务就是交换观测数据——所有与巴基斯坦气象有关的原始记录，无论数据是在（未分治前的）印度的哪里保存，都需要移交到新的巴基斯坦气象局。印巴双方都认为气候数据是"涉及双方利益的记录"，这就像季风可以跨越人类划定的边界的道理一样，毋庸置疑。双方互相提供了数据副本。接下来的问题是，那些用于气象观测的仪器该如何处理。这些仪器也都被各自分配，根据印度气象局的报告，"（总部所在地）浦那以及德里的所有仪器库存中的20%～25%将提供给巴基斯坦"。一份简单明了的清单表明了印巴气象局的分道扬镳：

> 由于分治，2个A型预报中心、1个C型预报中心、5个辅助中心、8个机场气象站、3个无线电探空测风站、14个气球测风站、82个地面观测站和1个地震台被移交给巴基斯坦气象局。

此外，这份清单也透露出英属印度的气象基础设施在二战结束之际变得多么密集。它同时也展现出凄美的一面：不论周遭是何等的混乱和战火纷飞，气象学家们仍不顾一切地坚持着他们的事业。他们还指出，"当时就某些属于巴基斯坦的地区的风暴预警等事项，也作出了临时安排"。[10]

与气象学家一样，工程师和经济学家也关注到两个新成立国家在各种物质层面的联系和纽带，他们中的多数人都认为，未来的跨境合作无可避免。就在分治一年后，孟买大学（Bombay University）的经济学教授瓦基勒（C. N. Vakil）撰写了一本名为《分治的经济影响》（*The Economic Consequences of Partition*）的小册子。在现实的波澜面前，这本小册子显得平淡无奇。但他认为，在1950年之前印巴都是英国的属地，这为谈判的进行提供了一定程度上的政治保障，这一点也让大家"很容易明白，不论在现在还是在未来，印巴之间达成一致的经济政策有多么必要"。瓦基勒认为，面对"宗教团体之间仇恨和日益不信任的气氛"，两个自治领的基本经济力量可能会朝着相互依存的方向发展。但

184

他也坦诚"政治力量"也许很有可能会胜出。他认为，印度和巴基斯坦之间最终会处于"经济战争"状态。借由小册子，他还希望告知"外行人"，如果"战争"真的爆发，印度可以采用经济"武器"。[11]

* * *

分治后不久，双方的工程师较为安然地度过了危机。在危机中，河水依然流动。1947年12月，旁遮普邦东部地区和旁遮普邦西部地区的总工程师共同签署了一项维持现状协议，以保持对巴里河间地（Bari Doab）的供水。巴里河是印度河的一条运河，被分治线一分为二：运河的渠首工程位于印度境内，而大部分河段在巴基斯坦境内。旁遮普邦的运河殖民地在建立之时就被视为一个统一系统，运河的各水利部分无法独立运行；此时，工程师不得不随机应变了。于是，水流停止了。1948年4月1日，协议到期，印度切断了对运河的供水。芒多在小说中所描述的担忧也反映了这一历史事件——"这可是一条河，又不是下水道。"但是河流此时也变成国家的河流了。

水源的突然中断也引起了巴基斯坦方面的警觉。正值春天播种的季节，因巴里河间地上游和迪巴尔普尔运河的水源被中断，农耕受到影响，庄稼收成面临威胁。拉合尔的居民眼睁睁地看着运河将自己的城市一分为二，河里却没有一滴水：他们眼前的景象折射出巴基斯坦的脆弱。而印度方面旁遮普邦东部地区的工程师则未经德里中央政府的批准就将流往巴基斯坦的运河水源切断；尼赫鲁自己也十分担忧，"此举会让我们在整个世界名声严重受损"。[12]

印度河水域冲突又叠加了印巴之间关于查谟和克什米尔地区

（Jammu and Kashmir）的领土冲突，该地区的印度教统治者过去在印度方面所施加的巨大压力下，选择加入印度而非巴基斯坦，这与这片土地上大部分穆斯林人的愿望背道而驰。在巴基斯坦政府的暗中支持下，帕坦（Pathan）民兵从西北入侵了克什米尔，随后，在分治后的几个月内，矛盾升级为军事冲突。对于克什米尔问题，印巴双方都表现出了各自的担忧，即双方最终拥有的土地比自认为应得的领土更少。这是各方不满草率分治的结果。双方都将对克什米尔的控制权视为对自己建国意识形态的证明：于印度而言，这是世俗和民主政体的延伸；对巴基斯坦来说，这是在南亚建立了穆斯林的家园。而克什米尔人自己的想法，不论是在过去还是在现在，都被忽视了。但克什米尔争端也涉及水源方面的问题：印度河有5条支流，其中一条叫杰赫勒姆河，发源于克什米尔山谷；另一条叫杰纳布河，流经查谟。印巴都试图控制克什米尔的水源，而双方又都没有能力妥善解决争端，令克什米尔问题一直困扰着印度和巴基斯坦。[13]

巴基斯坦和印度各自向全世界就此陈述了自己的观点。印度河的争端能引起国际社会的关注，是因为随着世界版图的重绘，类似的水资源争端可能成为许多国家将要面临的问题。巴基斯坦驻联合国代表团在1950年宣称，"切断干旱地区数百万居民生存所必需的水"是"一种国际错误，尤其是强制使用武力违反了联合国成员国的义务"。[14]而印度方面称，印度"在平等分治下，对流经其领土的河水有权这样处理"。印度的律师还表示，国际法的条款不适用于"这两个国家之间的问题，况且这两个国家是从先前的单一国家中分治产生的"——这是基于英属印度是一个"国家单位"的想法而提出的观点。印度民族主义者在独立仅一年后就提出了一个奇怪的主张。[15]

186

双方都用分治来支持他们的论点。印度坚持认为，印巴分治线已经把旁遮普邦最肥沃的农田划分给了巴基斯坦，包括运河殖民地——这些土地过去主要由锡克教教徒和印度教教徒耕种，而如今他们发现自己被迫背井离乡，在印度成为难民。分治"破坏了一个统一的运河灌溉系统，从而破坏了该地区的整体经济"，分治的实施"完全无视自然或经济因素"。鉴于此，印度人认为，充分利用剩余的水资源是他们的特权。印度的支持者将旁遮普邦东部的居民描绘成分治的受害者，认为分治是为了"满足真纳先生及其穆斯林联盟的意愿"而强制施行的。在此之前，旁遮普邦东部地区几乎没有人"意识到这里是一个经济体，而且极度落后"。这一地区的生存需要依靠争夺"喜马拉雅山脉淌下的生命之水"的控制权。这些水通过英属印度的运河，"被不公平地输送至各地，以促进偏远地区的发展"，而这些地区现在位于分界线的另一侧。巴基斯坦人反驳称，印度"希望孤注一掷地试图逃避分治的经济后果"——而巴基斯坦作为一个新划分出的国家别无选择，只能面对。巴基斯坦提交仲裁法庭的呈件让印巴分治又多了除了意识形态以外物质层面的考量："除了宗教和文化方面的考虑之外，分治的主要目的之一是使两个自治领的居民能够根据自己的利益使用和开发他们的经济资源。"最终巴基斯坦采取激将法："旁遮普邦东部地区应该要有勇气独自面对由政治地位带来的经济后果。"[16]

不论是旁遮普邦东部地区还是旁遮普邦西部地区，它们都"觉得自己成了一个独立的经济单元"。这就好比某个人登上错误的火车，然后到达了一个陌生的目的地。分裂的邦，就像他们所属国家的分裂一样，必须从此独立存在，即便曾经属于一个更大的整体。寻求规划需要简化经济模式，在此基础上才能制订计划。这也让印度的愿景更为巩固，其经济更为独立，脱离了与东南亚及其他地区相联系的整个网络。[17]而分治妨碍了许多计划：孟加拉邦东部地区的黄麻种植者和加尔各答的出口公司之间的相互依赖关系被打破；印度东部的煤炭生产商和巴基斯坦的工厂之间无法再合作；旁遮普地区运河沿岸的农民不再精心规划如何用水。这些"经济单位"的出现引发了对水的殊死竞争：水是实现每个繁荣愿景的先决条件。

分治给印度和巴基斯坦都带来了一种失落感和脆弱感。印度截断河水后，水利工程便成为巴基斯坦的当务之急。巴基斯坦的工程师设计了一个新的运河项目，名为BRBD（班班瓦拉-拉维-贝迪安-迪巴尔普尔，Bambanwala-Ravi-Bedian-Dibalpur）。这条运河将与分治线平行，是"一条旨在摆脱巴基斯坦对印度水源供应需求的运河"。一群劳工志愿者将此视为国防举措，团结一致为修建新运河事业而奋斗。尔后，这条运河也被称为"烈士运河"（Martyrs' Canal）。[18]就印度方而言，丧失旁遮普邦西部地区的肥沃农业土地的结果是要加快东部地区的发展步伐。自20世纪初以来，在巴克拉修建一座大型水坝的计划就一直在筹划中，不过此时成了当务之急。人们对饥荒的恐惧从未消散；如今这种恐惧又因分治而再次活跃起来。旁遮普邦东部地区需要新的水源来供养其最干旱的地区，免受降水不足带来的危害。

印度截断河水持续了几周。印巴双方于1948年4月底重新开始谈判。巴基斯坦支付印度费用，印度同意继续向巴基斯坦供应运河水源，期限未定，在此期间巴基斯坦将开发"替代水源"。双方多次发生意见冲突，他们的主张经常是针对国际观察员提出的。巴基斯坦提议进行国际仲裁；印度却坚称这是内政。1951年，戴维·利连索尔（David Lilienthal）访问了印度和巴基斯坦，他曾是美国田纳西河流域管理局的一名高级官员，当时是一名环

188 球旅行发展顾问。他十分关注印度河水源争端。利连索尔将"政治和情感"与"工程或专业原则"对比，称感性而非理性驱使下的分治就像"一把斧头"，将印度河流域劈成两半。但是，他还说："印度河不会顾及分治，依旧在克什米尔、印度和巴基斯坦间'奔腾不息'。"[19] 他曾提议水资源管理应脱离政治。他对印度和巴基斯坦的水利工程师共同的专业情谊充满信心；他相信，双方工程师能通力合作，提出"合作性的"、技术性的解决方案。印巴分治后，这种非政治化的解决方案多么有吸引力，就有多么不现实。

* * *

印度分治标志着亚洲水域争夺的开始，而非结束。印度河被分为印度和巴基斯坦两部分，但其源头在青藏高原，而青藏高原是中国领土的一部分。雅鲁藏布江、萨尔温江、湄公河和长江都发源于青藏高原。在1950年，大河的源头似乎仍然是在地处偏远的蛮荒之地，远离现代世界的影响。在亚洲一个个独立的民族国家崛起的

189 过程中，人们往往忽视水源问题，这也不足为奇。20世纪下半叶，水资源在占领土地的过程中变得越来越重要，在亚洲国家和地区之间的冲突中也越来越处于关键位置。1950年，除了印巴冲突，水不是或者还尚未成为国家间冲突的原因。但印巴冲突对共享水资源的影响，将成为20世纪中叶亚洲领土争端最深远的后果之一。

尽管如此，自然的力量仍会无视新界定的边境线。1950年8月15日，就在第十五个印度独立日那天，一场猛烈的地震撕裂了横跨印度、巴基斯坦东部、中国西藏和缅甸的边界。这次地震是有记录以来最强的10次地震之一，由两个大陆板块的碰撞引起。此次地震发生在中国人民解放军和平解放西藏的3个月前，

震中位于西藏察隅西南，[①]但大部分损失发生在印度东北部的阿萨姆邦。[②]就在政治家们忙于重绘亚洲版图的时候，地震改变了地貌，摧毁了人类的生活。似乎是由于地震震中远离政治权力中心，救援队伍迟迟没有到达。地震阻断了雅鲁藏布江的许多支流，改变了河流的流向。英国一位植物学家、探险家弗朗西斯·金敦·沃德（Francis Kingdon Ward）当时正在西藏考察，他是为数不多的地震震中目击者之一。他写道："地震发生后，数百万吨岩石和沙砾涌入所有的主要河流，占据了数十万立方米河水水域。"

每项水利工程都必须应对亚洲山区河流的不稳定性；随着后殖民时代的到来，工程师们变得越来越有信心，也不再那么小心翼翼了。[20]

二

1951年，印度进行了独立后的第一次人口普查。那是当时世界上最大规模的人口普查。印度男性的人均预期寿命仅为31.6岁，女性为30.25岁。[21]而同时期的美国，男性的人均预期寿命为65.6岁，女性为71.4岁。当时，印度每1000名新生儿中，就有超过140名死亡。这是对两个世纪以来英国统治的控诉，因为正如哲学家乔治斯·康吉莱姆（Georges Canguilhem）所说的那样，

190

---

① 游泽李等：《1950年8月15日西藏察隅8.6级地震考察》，高文学主编：《中国地震年鉴1986》，地震出版社1987年版，第262页。——编者注

② 西藏人民也蒙受巨大的损失，据统计，我国境内死亡约1800人，牲畜约1.67万头，倒塌房屋1500幢。见西藏自治区科学技术委员会、国家地震局科技监测司编：《西藏察隅当雄大地震资料图片集》，成都地图出版社1989年版，第13—19页。——编者注

"人均寿命是抽象的数字"，但却揭示了"特定社会中生命的价值"。[22] 对于印度和中国而言，就像对巴基斯坦和缅甸以及其他亚洲新月形环海一线的国家一样，掌控水资源是他们寻求改善生活状况、提高生活预期的首要任务。

人口普查专员高伯拉斯瓦米（R. A. Gopalaswami）在介绍人口普查时指出，他认为1921年是印度人口史上的转折点。在此之前，印度人口增长缓慢。19世纪末爆发的严重饥荒、瘟疫和疟疾等传染病的肆行、1918年的大流感迅速夺走了印度1200万至1300万人的生命，带来了毁灭性的灾难——种种因素叠加在一起，带来了早逝和衰竭性疾病的惨重后果。在描述完流感后，高伯拉斯瓦米才说出了重点，"而我们现在来到了转折点，"他写道，在1921年之后，"我们再也听不到异常死亡的消息了"。他认为，从那时起，饥荒和大规模流行病不再是印度的杀手。他将部分功劳归于印度民族主义的动员力量，部分功劳归于英国人从早期灾难中吸取教训所带来的行政进步。高伯拉斯瓦米展示了一幅印度气候图，印度气候不再像以前那样充满威胁："尽管季节依旧在更替，印度的棕色和黄色地带仍在遭受干旱……"但在战火纷飞的岁月里，"没再发生过什么特别的灾难"。好的政策总会带来好的运气。1921年之后的20年里，"自然似乎也变得更仁慈了"，严重干旱也不再频频发生。而1943年孟加拉饥荒则是一次骇人的提醒：饥荒可能会重新席卷印度。但是这并没有让印度长期采取的措施失效，而且当时孟加拉邦处于战时状态，实属例外情况；相反，孟加拉饥荒给印度领导人"敲响了警钟"，提醒他们要提高警惕。[23]

高伯拉斯瓦米接着阐述了印度人口快速增长对印度未来的影响。在他看来，最令人担忧的统计数字是，印度的人均耕地面积在30年内下降了25%：土地用尽，而产量下降。最后，他认为将印度的经历置于全球背景下来看，其未来不容乐观。他写道，情况很可能是"我们正在经历人类数量增长的特殊时期的最后一个阶段，这一时期的增长主要是由于新世界的开放，世界市场的建立也是部分原因"。[24]高伯拉斯瓦米回避了马尔萨斯人口论的预警。与其他同辈一样，他相信国家的力量，相信明智的规划与技术相结合可以解决社会和经济问题。

印度粮食问题带来的挑战有3种可能的应对方法。独立的印度政府都进行了尝试。在土地生产力方面，大多数农民拥有的土地面积非常小，因而生产力受限，土地再分配似乎有望成为解决方案。印度独立后不久，尼赫鲁政府提议废除扎明达尔制——该制度中，政府通过大地主作为中间人向农民征收田赋。莫卧儿帝国和英属印度都曾实行过此种制度。尽管废除该制度不得不得罪一些既得利益者，但废除扎明达尔制也相对简单，只需各邦批准执行即可。在崇尚自由的印度政治文化中，扎明达尔制是旧封建秩序的缩影，而独立就是要推翻这种封建秩序。但在这一改革之下，印度至多有6%的土地易主。改革的主要受益者通常是已经相对富裕的农民。到20世纪50年代中期，印度土地再分配的背后力量都已失败告终。此时的农村土地所有者在印度选举政治中已经有着稳固的地位，他们团结一致，共同捍卫自己的利益。[25]

第二种方法是国家积极干预粮食经济，该方法取得了显著的成效。英国东印度公司倒闭后，承诺不干预市场一直是英国政府管理印度的陈词滥调。正如我们所见，这种对市场的坚定信心决定了英国应对19世纪70年代和90年代印度饥荒的方式，当时的饥荒导致数百万印度人丧命。但是第二次世界大战突然颠覆了这一信念。印度见证了一种复杂的粮食控制机制的崛起，这一机制一直存续至印度独立后。来自美国的舒尔茨（T. W. Schultz）是发展经济学的先驱之一，他在1946年指出："也许除了苏联，世界上没有哪个国家像印度那样，在控制基本食品分配方面做得这么彻底。"到1946年，印度有将近800个城市和城镇实行配给制度。1947年，战时的"多种粮"运动（Grow More Food）重新兴起；1949年，印度政府将该运动的目标定为到1952年实现印度全国粮食自给自足。[26] 在20世纪40年代末和50年代初，印度政府从本国农民手中购买了430万吨粮食，从国外进口的粮食不足350万吨。经过精心设计后建成的运输和储存粮食的网络，为印度的公共配给系统奠定了基础，直到今天，该系统对保障数亿印度人的粮食安全仍然至关重要。20世纪60年代中期印度北部和70年代初马哈拉施特拉邦遭受严重干旱威胁时，印度政府的粮食分配体系避免了当地发生饥荒，证明了自身的价值。

但迄今为止，人们最关注且投入资金最多的方式是加强农业生产，即在同样面积的土地上种植更多的粮食。高伯拉斯瓦米指出，针对印度这种情况，可以多使用肥料，增加双季种植。最重要的是，通过推广全年灌溉，让农业不再依赖季风。1951年，受苏联中央计划的影响，印度启动了第一个五年经济发展计划，但仍保留了混合制经济。第一个五年计划总支出的15%用于灌溉，而其中的大部分用于"大中型灌溉工程"。这些灌溉工程的核心是大型多用途水坝，这些水坝在后来的几年改变了印度的河流。印度计划委员会的幕后策划者是位才华横溢的孟加拉统计学家，名叫普拉桑塔·钱德拉·马哈拉诺比斯。20世纪20年代他曾在加尔各答阿利布尔（Alipore）天文台的气象部门工作过几年，并发表了一篇关于奥里萨邦洪水的统计学论文。

* * *

19世纪末，正值帝国主义全球化的高潮，随着蒸汽船和铁路把遥远的地方连接起来，亚洲在横向上被重组。然而到了20世纪，垂直方向上的空间变得更重要了。工程师们开始考虑每条河流的落差坡度，这样就可以将其利用起来发电；而地质学家的目标则是测量地下水的深度。以垂直轴重新定位亚洲，就像在以三维方式绘制地图一样，每一维度都与水资源的利用有关，而水资源的利用，从根本上来说，是增强生命力、减少早逝的保证。

三

尼赫鲁在担任总理仅一年后，就为印度东部默哈讷迪河（Mahanadi River）上的希拉库德水库（Hirakud Dam）举行揭幕仪式。他将大坝落成的场景比作是"一个充满希望的未来愿景，让人充满激情"。他写道："我沉浸在一种探索的冒险感中，我得以将困扰我们的种种困难暂且抛之脑后。"这里所说的"困难"是指分治后的大规模难民流动、频发的暴乱、与巴基斯坦的敌对行动以及如何治理一个新成立的人口复杂的国家。希拉库德水库的建成让尼赫鲁相信"这些困难终会结束"，但"大坝及其引发的影响则将在未来的岁月中持续发生作用"。[27]

印度政府也抓紧时间完成其雄心勃勃的计划。独立时，印度只有30座高于30米的大坝。大多数殖民时期的水利工程规模较小，只有15～20米高的人工水库和堤岸与运河网相连。第二次世界大战期间，殖民政府开始考虑干一番大事——20世纪40年代的规划为20世纪50年代印度修建最大的水利工程奠定了基础。其中最大的工程包括旁遮普邦的巴克拉水电站、奥里萨邦的希拉库德

194

水库、德干高原的栋格珀德拉（Tungabhadra）水库和龙树水库
（Nagarjuna Sagar），以及孟加拉邦的达莫德尔河谷工程。这些
工程集中体现了多目标发展的必要性。每项工程似乎都会带来诸
多好处：实现全年灌溉；蓄水以平衡季风雨分布；堤坝可防止暴
雨期间洪水泛滥；实现河道通航和水力发电。而在这些好处中，
每项工程都有自己的优先项——达莫德尔河谷工程的设计目的主
要是防洪；巴克拉水电站具有特殊象征意义，代表着在大坝周围
修建新的水利基础设施来弥补分治后印度失去的旁遮普运河沿岸
土地。这些工程在技术上要求很高，造价成本也很高昂。达莫德
尔河谷工程的修建主要得益于外部资金和技术援助：1950年，该
项目从世界银行获得了1850万美元的贷款，项目的技术顾问还包
括戴维·利连索尔在内。印度的大型水坝大都是由国家税收资助
的，项目成本后期通过"改善税"收回——"改善税"面向因水
坝建设而获益最多的土地所有者征收。但是大型水坝建设工程的
开支经常超出预算甚至未能完成计划进度。

　　大型工程是印度试图改造自然最明显的表现。独立后，许多
较小的项目应运而生：温迪亚山（Vindhya hills）的灌溉大坝、泰
米尔纳德邦的皮卡拉（Pykara）水电项目、北方邦的萨尔达运河
（Sarda Canal）以及喀拉拉邦的森古拉姆（Sengulam）项目。除
此之外，印度还修复了多条运河，铺设电路，修建或重建水库和
灌溉水渠。这些工程中有许多是在殖民时期遗留工程的基础上建
立起来的，只是规模以及使用的语言与以往不同。正如一位敏锐
的印度游客当时观察到的那样，这些庞大的工程"因其新颖的特
质而引人注目"，即使它们对水资源的供给和发电的影响不及诸
多较小的工程累加起来的效果。这些大型工程标志着"在最糟糕
的季风中有所依靠，在最落后的地区也能充满活力"的局面真正

195

开始形成。最重要的是，"这些项目代表了印度在独立之前无法建立，也未曾想过建立的东西"。[28] 寻求利用印度水域背后的思想热情正是源于这种历史机遇感。因此，规划者们的意图也是如此，无论代价如何，也要强行推动规划实施。

旁遮普邦的巴克拉南格尔水电站（Bhakra Nangal）是印度最著名的工程，大坝高达207米，是当时世界上第二高大坝；修建大坝消耗了约1416万立方米混凝土。巴克拉位于被分治的旁遮普邦，这促使其需付出更多的决心和努力来确保更稳定的未来。建设巴克拉水电站的计划于1944年被首次提出，印度独立后不久便投入实施。基于对未来的考虑，印度水利工程师仍得从一个熟悉的问题入手："降水的主要特征之一便是全国降水分布不均。"工程师还写道："另一个重要特征则是一年中降水量分布不均。"[29] 水利工程师们的出发点是要让印度不再受季节的摆布。

印度在独立后制定了许多利用水资源的计划，科斯拉（A. N. Khosla）对此很支持。他是印度中央水利与电力委员会（Central Water and Power Commission of India）的第一任主席，毕业于印度理工学院鲁尔基分校（IIT Roorkee），坚定支持着旁遮普邦的灌溉部门。[30] 他自己也承认，他用"异想天开（fantastic）"来描述他畅想的未来。在1951年全印广播电台（All-India Radio）发表的一次讲话中，科斯拉称："通过松河（Sone River）将讷尔默达河（Narmada River）和恒河连接起来，或者通过阿默尔根德格（Amarkantak）高原将讷尔默达河与默哈讷迪河连接起来，从而穿过印度中心地区将阿拉伯海与恒河和孟加拉湾连接起来。这不会是一个虚无缥缈的梦想。"[31] 重塑印度地理的古老梦想——这也是亚瑟·科顿的梦想——在独立后获得了新生。

水利工程的梦想与自由的梦想密不可分。科斯拉的继任

196

印度水利与电力部中央水利与电力委员会主席坎瓦尔·塞因
（Kanwar Sain）曾写道："河谷水利项目是印度独立以来满足
人民物质需求的最大一项努力，因为灌溉最终是人类的命脉，
电力是工业的命脉。"他宣布大坝"确实是新印度愿望的象
征，从中'流'出的祝福是这一代人给子孙后代的永恒礼物"
时，也表达了许多印度规划者和建筑师的希望。在一份公共信
息手册中，他的这段话之后是一页又一页的统计数据：发电量
和预计发电量、灌溉面积、蓄水量、混凝土消耗量。大量数据
传递出一种狂喜。[32] 对科斯拉和塞因以及他们的同辈来说，巴克
拉水电站是一个典范。

197　　　1954年，南格尔运河（Nagal Canal）宣布开通，尼赫鲁的敬

1963年10月，尼赫鲁在巴克拉水电站落成典礼上对广大群众讲话。图片来自：
Bettmann/Getty Images

畏之情溢于言表。"还有什么地方比巴克拉南格尔水电站更伟大
呢？"他想，"成千上万的人在这里工作，甚至流下血汗、献出
生命。哪里能比这儿更神圣呢？"尼赫鲁在数千人面前用印地语
作了长篇发言，而只用英语一语带过。他说："说到祖国母亲印
度，现在她正在'分娩'，正在生产和创造新气象。"当时，印
度正兴起语言邦运动①。"我们谈了很多改变邦的事情，扩大、
缩小，或者瓦解这些邦，"尼赫鲁在南格尔讲道，他的愤怒毫不
掩饰。他还说："我不介意我们的人民对此感到异常兴奋，甚至
忘记该做的大事。"但是尼赫鲁对"大事"，即"建立一个新的
印度……消除贫困"以及他所谓的"小纠纷"做了明确的区分。
之后尼赫鲁转向革命的主题。"革命并不意味着头破血流，"
他坚持说，在印度自己的渐进的非暴力革命中，他宣称，随着
独立，"我们在政治领域以某种方式完成了革命……我们必须在
社会和经济领域继续进行。"[33]巴克拉水电站成了印度雄心的象
征。它是每一位官方访客行程中必经的一站。

　　印度政府电影部门在1957年制作的一部纪录片中捕捉到了巴
克拉工程的激动人心之处。这部影片由埃兹拉·米尔（Ezra Mir）
制作，米尔原名埃德温·迈耶斯（Edwyn Meyers），是一位印度
籍犹太裔电影制作人，他在第二次世界大战期间开始为英国人制
作宣传片，并在20世纪五六十年代制作了700部纪录片。电影部

198

---

　　① 语言邦运动，即印度一些民族要求成立单一语言邦的运动。印度独立后，土
邦被合并为邦，邦的设置没有充分考虑到民族语言的不同，致使一个邦里居住着讲几
种语言的民族，而讲同一语言的民族却被分割在不同的邦里，这既不利于各邦政治、
经济和文化的发展，又伤害有关各民族的感情。1952年马德拉斯邦的泰卢固民族率先
发起成立语言邦的斗争，争取到成立以泰卢固语为主的安得拉邦的结果，推动了语言
邦运动的发展。1953年12月印度政府成立重建省邦委员会。见朱庭光等编：《当代国
际知识大辞典》，团结出版社1995年版，第746页。——编者注

门负责将"新印度"搬上银幕，制作的作品包括关于印度自由斗争的电影以及政治领袖和音乐家的生平短片。最重要的是，这些电影戏剧化地表现了对"发展"的追求——对健康和水源、食物和教育的追求。印度各地电影院都上映公共宣传片，这类电影在人们买票看的故事片之前放映，其观众达数百万人。[34]

这部记录巴克拉工程的电影是一部史诗。其视觉语言来自战争期间在全球传播的一个传统：苏联和法国百代电影公司（Pathé）的新闻短片启发了印度宣传人员，他们进而形成了自己的工作风格。电影旁白的声音清脆快速、严肃认真。背景配乐以19世纪的欧洲音乐开始，粗犷而明亮，像进行曲。旁白开始讲道："几个世纪以来，凝视着旁遮普邦和拉贾斯坦邦干涸的土地，我们一直梦想着可以重新开垦这片沙漠。"这部电影的核心矛盾从一开始就很清楚，随着背景音乐突然切换成印度民间主题音乐，电影切换到了一个女人在井边排队的场景。影片的旁白告诉我们，"对水的寻找"将"永无止境"。解决方案就在从喜马拉雅山脉流下的萨特莱杰河"未被使用的、被浪费的"水域中。之后，"终于作出这样一个决定：必须驯服萨特莱杰"——仿佛这一决定无可避免。画面接着切换到一个看起来年轻而勤奋的工程师，他手里拿着计算尺，是这部影片的主角。旁白以深情的语调诵读盛赞之词，音乐转为嘹亮的铜管乐曲，镜头向我们展示了巴克拉工程之庞大：其"规模巨大""令人惊叹""力量强大""堪称奇迹"。这一工程为印度带来了"激动人心、引人注目的未来"。[35]

这部电影在水电站完工前完成了拍摄，向我们展示了一个永不停歇、喧器嘈杂的工地：钻孔机的隆隆声；爆破岩石的爆炸声；一桶又一桶的材料被运送到水电站的传送带上所发出的咔

哈维·斯洛克姆（Harvey Slocum），美国水利工程建造商，
监督巴克拉水电站的建造。图片来自：James Burke/Getty Images

嗒声；锤子的叮当声和挥舞铁锹发出的声音——这些最古老的人
类工作发出的声音与进口机器的声音交错回响—— 一些进口机
器需要在现场一点一点地被重新组装。印度的大坝建造合同是外
国工程公司丰厚的利润来源，如芝加哥的哈兹拉公司（Hazra &
Co.）。这些公司提供材料、设备和许多顾问。但大坝建设也能刺
激当地工业：为养活"巨人"巴克拉，亚洲最大的水泥厂应运而
生。在电影的结尾，我们看到了工作日结束时换班的场景。夜幕

降临，"水电站的灯被打开，像星星一样璀璨夺目"。在影片的某些时刻，水电站似乎超越了技术，唤起了一种更深刻、更古老的惊奇感——这是一个"奇迹"。

在电影的最后几分钟，除了旁白，我们唯一能听到的其他声音是哈维·斯洛克姆的一个简短片段。这位美国水利工程师说话直截了当。他自学成才，监督着巴克拉的印度工程师队伍，于1961年在施工现场突然去世。但是接着，我们的焦点最终还是落

建设中的巴克拉水电站。图片来自：James Burke/Getty Images

在了巴克拉工程的建造者身上。在一次换班后，"人们从各个角落出现"。我们看到一名工人回到家，他的3个孩子跑来迎接他。当他走进简陋的住处时，他的妻子站起来给他倒水，脸上带着微笑。这是电影中第一个亲密的或家庭场景——我们第一次看到女人或孩子；背景音乐不再是管弦乐演奏曲，

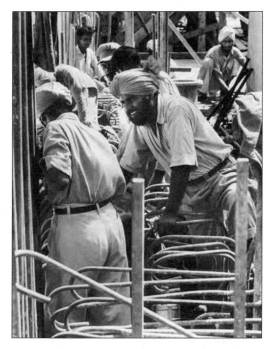

巴克拉水电站工地上的建筑工人来自印度各地，有许多专业技能。图片来自：James Burke/Getty Images

而代之以长笛演奏的、旋律简单的民间曲调。片尾传达出民族团结的信息：巴克拉水电站代表了印度民族。"在印度漫长的历史中，从未有过这么多来自全国各地的人为了一个共同的目标而一起工作。"旁白说道。建造巴克拉水电站将因地域政治和语言认同而分裂的印度人团结了起来。电影以工人们的声音结束，每个人都说着自己的语言。斯里尼瓦桑（B. Srinivasan）面对镜头，说着泰米尔语，没有字幕或画外音。他说话的样子在镜头前显得生硬笨拙。"我叫斯里尼瓦桑。我在这里工作一年半了。我家在马杜赖区。"我们还能听到旁遮普语、马拉地语和孟加拉语，不过

200

201

他们的一些声音被建筑噪音淹没了。

印度新建成的大坝吸引了成千上万来自各地的游客。这些水坝也成了所在地区的地标建筑，这些地区已经"改头换面"了。大坝整洁的线条和巨大的规模让一些参观者想起了佛教佛塔。从美学和象征意义上来说，它们确实是"新印度的庙宇"。但20世纪50年代的大多数印度人从未参观过大坝。《印度电力和河谷开发》杂志（*Indian Journal of Power and River Valley Development*）刊载了印度水利开发征程中的英雄故事，大多数印度人都没有读过它，他们都是通过荧幕看到宏伟壮观的印度水利工程。公共宣传片给许多人留下了印象，但印地语的故事片真正抓住了无数人的心——这些故事片比任何列满统计数据的小册子都更能赋予印度水利革命以情感的内涵。在这个过程中，故事片跨越了印度的海岸，使印度的大坝成为后殖民时代亚洲和非洲希望和进步的象征。

正如戴维·利连索尔在他的日记中描述自己时说的那样，一名又一名外国顾问最终成为"白人的负担"，而有一位参观印度水利工程的美国人却对印度的水利建设表示钦佩，甚至有时不加批判，他就是威斯康星大学的政治学家亨利·哈特（Henry Hart）。[36] 1952—1954年，哈特生活在独立后的印度，在20世纪30年代，年轻的哈特曾在田纳西河流域管理局担任"小行政官员"。他目睹了"一条新治理的河流被赋予了生命"，自己童年生活的南部乡村景观也发生了变化。随着冷战的加剧，有一个问题压在许多美国人的心头："一场革命能否……被'发展'出来？"哈特试图找到这个问题的答案。哈特在富布赖特（Fulbright）奖学金和福特基金会（Ford Foundation）的资助下走遍了印度。他的《新印度的江河》（*New India's Rivers*）仍是目前对印度庞大水利实验描述最详细、最富同情心的著作。

哈特的注意力放在那些在关于印度修建大坝热潮的众多描述中被模糊归类为"军队"成员的工人身上；他的书也是献给"所有没有看到自己建设的新印度就离世的人"。许多观察家只看到技术的浪漫，而哈特的浪漫主义则表现在对工匠手工技艺的寻求。在写到栋格珀德拉水库时，哈特留下了他最丰富的语言。在这里，他遇到了53岁的石匠韦卢·皮莱（Vellu Pillai）。韦卢·皮莱负责按照规格要求从采石场凿出规格严整的花岗岩。哈特获知韦卢·皮莱来自坦贾武尔的一个石匠家庭。他过着"用石头修整水井内壁和外墙"的生活，而在"繁荣的10年"里，他雕刻寺庙的神像。哈特看到大坝复活了古老的技艺，想起了就在几千米外的毗舍耶那伽罗帝国首都的废墟。"设计本身很新颖，"他写道，"但大脑和手的协作体现了一种复兴。"[37] 哈特没有谈及女性工人，但是在他的文字中，尤其是在书中的插画里，能看到她们的存在和她们付出的劳动。只是，她们的故事仍未被述说。

印度水利工程吸引了来自印度各地，甚至印度之外的工人、技能和材料。哈特注意到，栋格珀德拉水库工地最早的一批工人是战争期间从缅甸来到这里的泰卢固搬运工。他们是在日本轰炸缅甸后翻山越岭返回印度的50万印度难民中的一批人。许多人在徒步穿越群山进入阿萨姆邦的艰难行进中死去。在20世纪二三十年代，缅甸是来自沿海安得拉邦、讲泰卢固语的移民工人聚集之地。工人们为仰光的码头提供了大量劳动力：拉黄包车，修建道路，在碾米厂工作。[38] 长期形成的移民模式随着战争和战争的结束瓦解，新的移民模式在印度各地河谷出现。从战争结束的那一刻起，大型工程可以创造更多就业机会——这一点就成为支持大型工程建设的有力论据。水利工程本身是防止印度劳动力再次流向海外的一种方式，而许多印度民族主义者从之前就将此视作剥削并表示反对。"如今，大量的印度劳动力正被送往缅甸和其他地方，"一位勘测戈达瓦里河沿岸拉马布拉萨德水库（Ramaprasadasagara）工程的水利工程师指出，"如此大规模的灌溉工程可以防止劳动力外流。"[39]

一些工人成群结队地去往水库施工地。搬运工、泥瓦匠和石匠成群结队地前来。一些工人习惯按照旧习，到处迁徙并寻找工作。而另一些工人则在偶然的机会下留在印度修建水坝。在栋格珀德拉河沿岸的一个战时飞机库里，印度第一家制造水闸的工厂由埃斯瓦里亚先生（Mr. Eswariah）监管。他"在机械方面的纯熟技能"是由水电站的总工程师斯里兰加查里（Srirangachari）在"马德拉斯公路修理厂"发现的。[40]

在关于印度大坝建设的许多描述中，就像巴克拉水电站的公共宣传片一样，是一种使命感驱动着工人们。毫无疑问，理想主义激励了许多在水电站现场辛勤劳作的人。但为了谋生，他们也不得不这么做。长久以来，为国家作出牺牲的呼声掩盖了报酬低廉和工作环境苛刻的现实。希拉库德水库上的工人们知道后殖民政府愿意迅速动用军队来维持建设。1954年，建造希拉库德水库的工人成立了自己的工会，以此挑战官方承认的工人协会。他们就工资标准和工作安排问题进行了激烈的争论。谈判破裂后，当地的行政长官命令武装警察驱散一群前往总工程师住所的工人，称这些工人的意图是伤害总工程师。武警挥舞着警棍驱赶人群，50名工人入院，其中两名在第二天死亡。[41]根据代表官方立场的哈特的说法，这次罢工被归因于印度共产党。在他的讲述中，印度的气候本身也起了一定作用。哈特表示，"在季风气候下建造任何伟大的户外工程，尤其是季风到来前几个月的炎热时节，尤为紧张。"因此，在哈特的叙述中，罢工最终只是一个小插曲："在血腥的周五之后的周一，人们开始回去工作。到周三，水电站又开始以全速继续建设。"[42] 就好像印度的大坝是一个庞然大物，拥有自己的意志和力量。对那些阻碍工程计划的人来说，他们肯定是这样想的。

不是每个评论家都明确支持修建大型水坝。孟加拉记者卡皮尔·普拉萨德·巴塔查尔吉（Kapil Prasad Bhattacharjee）是最早对达莫德尔河谷公司（Damodar Valley Corporation）的做法提出质疑的人之一。20世纪30年代在巴黎上学时，他深受法国水文学家的影响。巴塔查尔吉接受过达达拜·瑙罗吉和罗梅什·杜特的经济民族主义教育。他认为，达莫德尔河谷工程将成为殖民主义的延续，让印度一直处于农业经济而无法摆脱贫困。他对加尔各答作为港口城市的未来发展感到担忧。对于巴塔查尔吉而言，达莫德尔大坝最糟糕的影响将是胡格利河的淤塞。他认为，修复和复原，即"对旧运河、水库、湖泊的适当维护"，比依靠外国工程专业技术的高造价工程能取得更多成就。20世纪50年代，不仅在印度，在全世界范围内像巴塔查尔吉这样的声音还只是少数。他担心大坝建设带来的经济和生态影响；而就连巴塔查尔吉对于建造水坝对人类的影响也没有任何发言的余地。[43]

* * *

随着印度寻求征服河流，其与巴基斯坦关于谁控制印度河的争端不断升级。戴维·利连索尔关于水超越政治的理想主义愿景，即关于印度河流域共同开发的建议没多久就以失败告终。1954年初，世界银行提出了另一个解决方案，成为最后双方条约的雏形。代之以利连索尔的想法，世界银行提议将印度河及其支流完全（即使无法完全干脆利落地）在印度和巴基斯坦之间划分，从而完成分治工作。东部的比亚斯河、拉维河（Ravi）和萨特莱杰河归印度；西部的杰纳布河和杰赫勒姆河归巴基斯坦。由于杰纳布河和杰赫勒姆河都起源于印度领土，印度将有权使用这些水源进行灌溉、运输和发电，但在数量上有限制。围绕该提议的谈判持续了6年之久：有着上游国家强势地位的印度一直困扰着巴基斯坦。但是谈判过程中还有很多模糊地带。尽管世界银行承诺提高谈判的透明度，但对文件的解密是逐案进行的；我的许多请求都被拒绝了，理由是内容包含"成员国提供的机密材料"。水坝建设仍然是一个敏感的话题，其历史引发了关于现在和未来令人不安的问题。[44]

随着开发河流的野心增强，之前的水资源争端在印度卷土重来。英属印度一直以来都是由各种主权形式共同组成的，独立的印度吸收了之前的土邦，这在水资源上又引发了问题。迈索尔土邦和英国统治下的马德拉斯管辖区之间关于高韦里河的争端可以追溯到1891年，当时迈索尔王公第一次提出利用自己领地上的河水。双方未能就如何共同开发高韦里河达成一致，这也阻碍了韦斯瓦拉亚对克里希奈拉贾水库大坝的修建计划。1924年双方达成协议，分配给各邦固定额度的流量，之后克里希奈拉贾水库大坝才得以开始修建。1956年，印度的内部版图被重组：英属印度的一些旧邦被分割，新的各邦大致以语言区域划分。之前的马德拉斯管辖区被分为泰米尔纳德邦、卡纳塔克邦、喀拉拉邦和安得拉邦，各邦都有自己的立法机构，而各邦均针对资源对中央政府提出了一系列新的要求。在这种情况下，高韦里河争端再次出现。卡纳塔克邦政府重新挑起了这一争端，称不断变化的政治和经济现实要求对先前的协议作出修改。尤其是在印度总体五年计划的支持下，各邦都有扩大灌溉的雄心和计划，对高韦里河提出了一些新的诉求。高韦里河争端仍然是印度持续时间最长的水资源冲突，且远未得到解决。在后殖民时代，对水资源所有权的争夺，不仅在印度全国范围内存在，在区域范围内也有可能如此。[45]

四

梅赫布·罕（Mehboob Khan）1957年执导的剧情片《印度母亲》（Mother India）至今仍是世界上最著名的电影之一，它是印度电影中最伟大的关于水的史诗。这部电影以年老的拉达（Radha）的镜头开场。拉达是这部电影的主角，也是影片同名的"印度母亲"。她将一团泥土捧到嘴边，然后双手颤抖着举过头顶。在她身后是飞速进步的象征：拖拉机、电线、道路。一列施工设备在荧幕中最显著的地方轰轰作响，噪音淹没了音乐。镜头切换到一座正拔地而起的大坝。一辆吉普车抵达村子，里面全是身着卡其色衣服、头戴白帽的男人——他们是执政的国大党的官员。他们告诉拉达，新大坝将为她的村庄带来水；拉达是村里最受尊敬的长者，官员们希望她为大坝揭幕。她谦卑地拒绝，最后，她无法推辞，政客们把她带到大坝，在她的脖子上戴了一个仪式花环。正当她要拉动杠杆打开大坝闸门时，电影开始进入倒叙。拉达的一生象征着印度争取民族自由的斗争。

影片的开头讲到拉达的丈夫由于一次事故致残；放高利贷的人察觉到了这点，便向拉达示好，而她拒绝了。变幻莫测的大自然对拉达的生活和生计带来的影响是电影中反复出现的主题。在这部电影的一个中心唱段中，我们看到拉达带着孩子在田里劳

208

作，她停下来给孩子们喂几口稀饭，自己却什么也没吃。但她自尊自爱、不屈不挠。当歌曲结束时，天空中乌云密布。天空变暗，银幕上电闪雷鸣，风起雨落，大雨倾盆。这个家庭搭建的临时避难所倒塌了。洪水摧毁了这个村庄。庄稼被毁，拉达最小的孩子夭折。即使在极端的情况下，拉达也没有让她幸存的孩子接受放债人提供的食物。当村民们击退洪水，他们得到了救赎。村民们齐心协力，在下一个季节获得丰收。在村民们的载歌载舞中，镜头拉远，向我们展示了广大村民聚集在一起的画面，他们构成了一幅未被分割的印度地图。[46]拉达用歌声恳求村民们不要放弃他们的土地。

《印度母亲》以大坝和繁荣景象作为开场，暗示了印度的胜利，在某种程度上，这是对季风的胜利。这些是印度为之奋斗并赢得的自由：摆脱匮乏的自由，摆脱剥削的自由——以及摆脱大自然的变幻莫测的自由。[47]这部电影的宣传小册子上引用了英国东方学家麦克斯·缪勒（Max Müller）的一句话："如果我放眼全世界，找一个最富有的国家——有着自然赋予的所有财富、力量和美丽——我应该指向印度。"[48]在《印度母亲》这部影片中，易受天气影响的印度被留在不幸的过去。它代表着一个古老而不变的印度，与之相对的是一个现代的印度，它将用科技和政治自由战胜自然。

梅赫布·罕出生在巴罗达，年轻时移居孟买，为电影业著名的马匹供应商工作；他的第一份工作是修理马蹄铁。他在默片时代成为制片人并逐渐声名鹊起。梅赫布·罕是进步作家运动（Progressive Writers Movement）的积极参与者。这是一个由左翼作家、剧作家和电影制片人组成的团体，他们创造了反映印度社会状况的印度艺术。与许多同辈一样，梅赫布·罕坚守印度民族主义，同时也融入外向的国际主义：他如饥似渴地从世界各地吸取艺术灵感；他相信，在后来被称为"第三世界"的地方，人们有共同反对帝国主义剥削的斗争意识。其制片公司的标志是一把锤子和镰刀，在《印度母亲》被提交给奥斯卡组委会之前，为谨慎起见，这个符号被移除了。

从一开始，梅赫布·罕就预料到《印度母亲》会收获国际观众的关注。影片最初在制作期间的名字是《这片土地是我的》（*This Land Is Mine*）。他想和一位在好莱坞颇有名气的印度演员萨布·达斯托吉尔（Sabu Dastogir）合作，但这个计划落空了。不过他依然有信心：这部电影可以进军世界。[49]《印度母亲》不是第一部引起亚洲、非洲和东欧观众共鸣的印地语电影。拉兹·卡普尔（Raj Kapoor）执导的《流浪者》（*Awaara*，1951）是一部国际大片。影片讲述了一位冷酷而专制的法官与和他关系疏远的儿子的故事，儿子后来成了流浪汉。这部影片所传达的强烈的社会正义感、令人难忘的主题曲《拉兹之歌》（*Awaara Hoon*）以及华丽的视觉呈现都让亚非各地的观众为之着迷；这部电影在中国也为人熟知。梅赫布·罕凭借《印度母亲》延续了拉兹·卡普尔的成功。这部电影在西非的法语区和英语区、埃塞俄比亚、亚洲和中东地区以及苏联和希腊都广受欢迎。埃及观众十分追捧《印度母亲》，因为在埃及，大坝同样象征着现代化，能立即与观众产生共鸣。

这部电影的影响力经久不衰。人类学家布莱恩·拉金（Brian Larkin）描述了20世纪90年代尼日利亚北部的一个场景。黎巴嫩发行商引进印地语电影已有40年之久。拉金写道："现在是周五晚，《印度母亲》正在卡诺（Kano）的马哈巴电影院（Marhaba Cinema）上映。""影院外，'黄牛'们正匆忙地倒卖最后一些票。有2000名影迷能有幸在这坐落于非洲萨赫勒（Sahel）沙漠边缘的城市的露天电影院买到票。"在整个放映过程中，"人们用印地语跟着影片歌曲一起唱，他们把对话翻译成豪萨语，并为观众朗读演员的台词"。电影发行40年后，《印度母亲》的吸引力超越了几代人。"我已经引进放映这部电影几十年了，"一位当地发行商告诉拉金，"但它的电影票仍然可以在北方的任何一家影院售罄。"[50]

一部关于一个女人一生与自然和剥削作斗争的印度电影是如何在世界上这么多地方引起共鸣的？我们习惯于认为"发展"是全能型国家"强加"给无意识的普罗大众的。自20世纪80年代以来，许多关于后殖民世界"发展"的文章都充满了讽刺意味：我们现在都知道这些工程计划的结果如何。这些工程的代价显而易见；不论是有意还是无意，其后果都变得越来越严重。[51]但在这些宏伟的计划下，也有对美好生活的朴素梦想。《印度母亲》感动了数百万人，因为它讲述了一个关于人性的故事，关于水和富足的梦想，关于安全的梦想——关于比过去更美好的未来的梦想。

五

在大坝和富足的华丽梦想背后是尤为黑暗的现实。根据殖民时代1894年确立的《土地征用法案》，独立后的印度有数百万人的生活陷入困境。该法案旨在促进铁路发展，赋予政府为"公共利益"需要来强制购买土地的权利——即"征用权"法，大多数现代国家都保留了这一版本的法律。后殖民时代的国家立即将该法案付诸实施。巴克拉水电站、希拉库德水库、达莫德尔河谷工程项目都始于1948年，每个项目占地都超过约405平方千米。比莱（Bhilai）、鲁吉拉（Rourkela）和杜尔加布尔（Durgapur）新建的钢铁厂也是如此。[52]

　　甚至在战争结束之前，人们就在激烈地讨论将会有多少人因巴克拉南加尔水电站而流离失所。一位旁遮普邦官员在1945年2月写道："我们显然不能让整个计划被一些可能拒绝搬迁的'钉子户'给破坏。"如果"大多数人不强烈反对该提议"，那么反对者将"在必要时被武力驱逐"。[53]签署的文件都有极大的意义。一名旁遮普邦政府官员消解了农民担心土地被霸占的担忧，他指出"农民目前对自己耕种的这些土地似乎都没有所有权"。他也"真心实意地同情"那些"被驱逐出他们世居之地的人"，但"残酷的事实"是，"农民们的利益不能阻碍工程建设开展"，因为"这些工程将有助于灌溉和水力发电，也许能造福印度的广大地区"。[54]巴克拉水电站的设计师们清楚地知道该项目将造成大量人口流离失所。不管提供给村民的赔偿土地有多大的吸引力，一位官员写道："赔偿土地能否成为令人满意的金边证券形式（gilt-edged security）①还是令人怀疑的。"[55]这些人能去哪里？他们将如何恢复生计？他们的社区关系——他们与其最熟悉的那块土地的纽带又将怎么办？很多时候，这样提上日程的既定项目都会在没有完全解决这些问题的情况下向前推进，不可逆转。

　　面对强制的流离失所，总会存在反对或抗议行为。1950年12月，1万名村民举行了一次公开会议，这些村民都来自即将被栋

211

---

　　①　金边证券，英国政府债券有黄金边，过去被认为是最稳定可靠的债券。见陈德维主编：《对外经济贸易实用大辞典》，中国财政经济出版社1990年版，第439页。文中此处借指稳定、有信誉的方式。——编者注

格珀德拉水库淹没的地区。他们提出了一系列要求，其中最重要的要求是对他们失去的土地和收入给予足够的补偿。需要重新安置的人员不仅有登记在册的地主，还有"无家可归的苦力、织布工和农民"，这些人都要面对"当前的困难局势"。两年后，政府向他们开出了更好的条件：比征地官员判给的金额高出30%，但仅限于那些"从民事法庭撤诉的人"。在这种罕见的妥协意愿下，隐藏着一条线索，即有多少人在印度独立后的法庭上为自己被剥夺的财产而斗争。在栋格珀德拉村民会议后几个月，一名巡视官员写信给海得拉巴邦的税务部长："我告诉众多聚集在默努尔（Manur）的人，他们不应该阻碍项目的建设，而是应当考虑为项目作出自我牺牲。因为就算有痛苦，这也是用少部分人的痛苦换来整个国家的繁荣。"[56]

212   这种功利主义论点的核心，即以实现对大多数人来说的最大利益为目标，让印度不惜任何代价修建庞大的水利工程，代价是流离失所的家庭、被淹没的村庄、被毁灭的未来。在20世纪50年代的大部分时间里，印度的法院都同意这一核心宗旨。当达尔彭加（Darbhanga）的王公卡迈什瓦尔·辛格（Kameshwar Singh）试图反抗政府收购他在比哈尔邦的部分地产时，高等法院裁定："立法机构是判断何为对群体有利的最佳裁定方……本法院不可能说政府备受指责进行的收购背后是没有公共目的的。"[57]印度政府深信自己的使命，甚至认为没有必要记录流离失所者的情况。

流离失所的人口规模只有在以后才能知晓。通过沃尔特·费尔南德斯（Walter Fernandes）等活动家和桑乔伊·查克拉沃蒂（Sanjoy Chakravorty）等学者的辛勤工作，通过零散的档案和法庭案件记录，我们现在已经可以对由于修建大坝而被赶出家园的人员数量有一个大概的估计。从印度独立截止到目前，流离失所的人数很可能已经超过4000万。值得重复再提的是：仅修建大坝一项，就造成印度4000万人流离失所。超过5000万人因国家开发项目而流离失所，而印度的阿迪瓦西人（Adivasis）首当其冲，他们也几乎最不可能得到任何形式的补偿。几乎所有的官方数据都大大低估了流离失所的人数，原因之一就是官方数据只计算了那些被国家强制收购了土地的地主，并不包括印度许多"依靠被收购的土地养家糊口"的无地者——佃农、雇佣劳动者、零工。这一类人几乎不会，甚至从来没有得到赔偿。流离失所的人口实际上高于官方的统计数据还有另一个原因。大坝经常淹没公共财产——森林、牧场和其他被政府视为"荒地"的土地。到19世纪末，公共用地已经面临巨大压力，这些用地比以往任何时候都更有可能被作为私有财产圈占——但是社会上最贫困的群体，尤其是阿迪瓦西人，在20世纪50年代仍需靠这些土地生活。查克拉沃蒂精心收集数据后推断，修建水利工程是导致独立后的印度人口流离失所的最主要原因。他写道："'核心问题'在于工程开发的受益人与因其流离失所或生活受扰的人群有根本的不同。"大坝的好处流向了下游，水力发电厂的电通向了城市、工厂以及那些"手中还有土地可以运行水泵"的农民家中。[58]

大坝对环境产生巨大的影响：森林被淹没，土壤盐碱化，河流在中游受阻，三角洲缺乏淤泥，自然排水受阻——而讽刺的是，这又导致了更严重的洪涝灾害。但是，大型水坝对亚洲水生态的巨大影响只有到20世纪末才开始显现。[59]

尼赫鲁本人在20世纪50年代末开始产生了思想上的转变。"在过去的一段时间里，"他谈到印度的大坝热时说，"我想我们正在遭受着我们称之为'巨人症'的折磨。"他接着告诉工程师们，"小型灌溉工程、小型工业和小型发电厂将改变这个国家的面貌。这些项目工程的影响会远远超过在十几个地方进行的十几个大项目"。[60] 但是大规模的季风失灵加速了政治重点的转变。

<h1 style="text-align:center">六</h1>

1947年，联合国亚洲及远东经济委员会（ECAFE，后文简称"亚洲及远东经济委员会"）在上海成立。该委员会开始收集亚洲经济状况的信息。委员会的第一次调查报告发布于1948年，"是有史以来最全面且翔实的对亚洲地区经济生活的调查"。调查反映了战后亚洲大陆一片废墟的图景。[61] 委员会最初的地区成员有巴基斯坦、印度、缅甸、泰国、菲律宾和中国。在亚洲大部分地区仍处于帝国主义控制之下的时候，"非区域内"的成员有帝国主义列强和苏联，这些国家在委员会中有举足轻重的地位。"联系成员"——那些没有表决权、仍然处于殖民统治或战后占领状态的国家和地区：锡兰、马来亚、越南、柬埔寨、老挝、韩国、日本也拥有较大影响力。亚洲战后革命与早期冷战的重叠直接造成了政治局势的紧张。1949年中国共产党取得胜利后，委员会从上海撤到曼谷。

20世纪40年代的亚洲被撕裂成3种状态：一是仍坚持当权的殖民国家，二是夹在这些殖民势力之中、渴望获得技术和资金以实现宏伟计划的新独立国家，还有一些是争夺这些新独立国家依附的新超级大国。该委员会的副委员长、美国人C.哈特·沙夫（C. Hart Schaaf）大胆地宣称，在这样的紧张局势之下，委员会主要是由新亚洲国家组成的。他坚持认为，"在地球上面积最广

214

和人口最多的地区，最突出的政治实情"是"一种新的、充满活力的民族主义"；他认为，亚洲及远东经济委员会不仅"见证"了这一运动，而且还"促进"了这一运动。表明这一立场的一个标志是，委员会任命了一名印度人作为委员长，即马德拉斯大学（Madras University）的经济学家洛卡纳坦（P. Lokanathan），他曾是颇有影响力的期刊《东方经济学人》（Eastern Economist）的编辑。沙夫援引了想象中的"亚洲及远东经济委员会未来的历史学家"的判断，认为人们迟早会认识到亚洲及远东经济委员会在该地区的作用至关重要。[62]

亚洲面临"越来越被寄予厚望的革命"，这场革命跨越了革命和非革命、跨越了资本主义和共产主义政权的界限。亚洲及远东经济委员会将水视为本区域的最优先事项。水源将人们联系在一起：正是在这里，人们可以取得切实的成果。1950年，亚洲及远东经济委员会就亚洲防洪主题在曼谷召开了会议。来自亚洲各地的水利工程师、城市规划者和水文学家齐聚一堂、交换意见。通过国际机构的调解，"往往……某个特定的国家项目就变成了区域性项目"。沙夫在寻找一个能够解释区域合作好处的隐喻时，引用了一个概念——"量变引起质变，"并补充说，正是"围绕这一想法，凯恩斯勋爵（Lord Keynes）等人才构建了对'乘数'的思考。"[63]亚洲及远东经济委员会获得了一些成就，也许这些成就相对较小，但也并非微不足道。该委员会体现了"功能主义"的理想，利连索尔谈及印度河争端时曾提出这一点：不论是公共卫生还是水资源管理，技术至关重要。这些技术问题可以离开政治舞台，由一群志同道合的、超越地缘政治隔阂的专业人士合作解决。但是国家主权政治，就像超级大国竞争的地缘政治一样，无可避免。中华人民共和国没有出现在会议桌

215

上，这使得该组织从全面区域视角提出的主张显得很空洞。1954年，亚洲及远东经济委员会的《经济调查》（*Economic Survey*）首次将"中国大陆（Mainland, China）"纳入调查范围内，根据中国官方资料汇编了统计数据。这是该委员会最受欢迎的出版物之一，因为亚洲各国的规划者、经济学家和政治家有机会将各自国家的"进步"速度与中国进行比较。[64]

亚洲各国领导人和工程师对中国的发展十分好奇，他们既惊叹于中国的成就，心中也充满怀疑，而这种好奇心和疑虑是远非委员会的一份报告所能满足的。印度是最好的例子。印度政府是1949年最早一批承认中华人民共和国的政府之一。尼赫鲁政府的首任驻华大使、历史学家潘尼迦（K. M. Panikkar），对中国革命和毛泽东有着深刻的印象。1950年10月西藏解放，印度大为震惊。印度国会内部其他人对尼赫鲁施加压力，要求他采取更强硬的路线，但事实上印度无力插手干预，这种现实认知最终占据上风。20世纪50年代，因应尼赫鲁在冷战时期不与任何集团结盟的外交政策，两国关系升温。印度人中最渴望了解中国发展的主要是水利工程师。1954年5月，印度中央水利和电力委员会主席坎瓦尔·塞因和拉奥（K. L. Rao）开始对中国进行正式访问，旨在考查中国的水利工程，特别是防洪工程。塞因和拉奥是第一批亲眼目睹中国水文实验的外国人。他们非常支持中国政府，因此他们能有机会获取更多信息。

塞因和拉奥于1954年5月4日抵达中国，并在中国待了两个月。他们大部分时间都待在水上，沿长江的许多行程是乘船进行的。塞因和拉奥两人都支持印度自主掌控自己的水资源；他们对中国的水利工程规模惊叹不已。这趟中国之旅始于印度灌溉委员会穿越印度寻找水源的半个世纪后。这两趟旅程属于印度对水源的追求的一部分：19世纪末印度爆发的饥荒开启了一场迫切而持久的寻找水源之旅，以求减少对季风依赖的努力。塞因和拉奥都曾接受过殖民统治下印度的水利工程培训。但他们此时代表的是一个独立的国家，他们不是从欧洲，而是要从中国寻找灵感。两次旅途之间也有些不同之处：灌溉委员会和一群随行仆人乘坐一趟特别包租的火车旅行，而塞因和拉奥兑换外汇的额度有着严格限制，随行的只有两名翻译和两名官员。中国的谦逊和低调让他们印象深刻，他们也被中国没有像印度那样森严的社会等级制度，更没有种姓制度的社会环境而深深打动了。另一件让塞因和拉奥不解的是，几代人以来，印度知识分子一直认为印度和中国之间最根本的纽带是佛教。在一个新的时代，印度和中国需要一种新的语言，一种新的互动基础——两位水利工程师自然而然地从两国共同的水利问题中看到了这个基础。[65]

塞因曾从阅读"外国外交官"的叙述中吸收关于中国的负面看法，他的观点有所不同。他称赞了中国随处可见的高标准的公共卫生。塞因是一位和韦斯瓦拉亚一样秉持朴素传统的工程师，他曾欣慰地指出，"（中国的）报纸上没有突出谋杀、丑闻或可耻生活的头条新闻"。最重要的是，中国政府官员对"他们梦想的新中国"有着"明确的愿景"，这让他印象深刻。官员这样的想法也反过来让群众"对政府的智慧、善良和创造性政策有完全的信任和信心"。塞因将他在1939年从美国回国的途中看到的上海——他印象中一个堕落颓败、纸醉金迷的国际大都市，与他在1954年看到的上海进行了对比。他写道："明亮的灯光已经被熄灭了。"但这里他要表达的是一种赞美。西方的租界和殖民主义离去，上海现在看起来"更加中国"。像印度洋和中国南海沿岸的许多其他港口城市一样，上海此时"与内陆经济融合得更紧密，而不是依赖外国奢侈品贸易"。[66]

塞因和拉奥的报告囊括了他们见过的所有中国官员的详细名单，从部长到现场工程师，再到南京华东水利学院[①]的水利科学家。他们为中国水利工程师的素质所打动，对中国坚定重视技术教育的做法感到高兴。他们称赞中国人随机应变的能力，在进口短缺的情况下，用本地材料建造巨大的水坝。在中国旅行期间，塞因和拉奥的思绪情不自禁地转向对比中国与印度的差异。两个国家面临的挑战明显不同。其中最明显的差异就是印度和中国有不同的气候——又一次，季风使印度变得与众不同。他们写道："中国和印度不同，印度被喜马拉雅山脉阻挡，而中国通向中亚的路径是开放的。"这意味着，在夏天，"中国不会像印度一样成为海洋空气循环的唯一目标"。中国的降水量"不及印度之多，也不像印度那般集中"，而且其降雨量"在内陆地区分布更加均匀"。相比之下，中国的河流比印度的更具威胁性，更容易决堤。印度急需解决的问题是灌溉，中国则是防洪。两国都着眼于工业化的未来，水力发电的前景吸引了两国的目光。[67]

印度和中国都有一种紧迫感。在新中国成立后的5年里，中国称，中国已经开始"250个大型和数千个小型灌溉工程"，增加了约37231平方千米的灌溉面积。对印度的来访者来说，最引人注目的是中国通过以"近代以来前所未有"的规模动员劳动力而实现的"非凡的建设速度"。[68]

1949年中华人民共和国成立后不久，中国政府就把治理黄河立为工作重心。几个世纪以来，黄河以易泛滥闻名，也被称为"中国的忧患"。新中国成立后不到一年，淮河和黄河都发生

---

① 今河海大学。——编者注

了严重洪灾。出于重建国家的现实需要，中国必须征服淮河和黄河。印度从美国人和苏联人那里获得了专业知识和援助，20世纪二三十年代，中国的国民政府水利工程师与美国和德国保持着密切联系。1949年后，中国水利工程师便将苏联的技术援助与本土的创新相结合。在印度迅速建造巴克拉南格尔水电站的同时，中国也在修建规模宏大的黄河三门峡大坝。

与巴克拉水电站一样，三门峡大坝的设想源于20世纪30年代；20世纪40年代后治理黄河的日程更加紧迫，建造大坝的工作被提上日程。这座大坝位于山西和河南交界地区，由苏联工程师设计。苏联提议建造了这个横跨黄河的重力式混凝土坝，水库正常高水位为360米。最初的建造规划原本会导致80多万人迁移，3500平方千米的土地被淹没。1955—1957年，随着大坝开始按计划动工，中国专家对此进行了长时间的辩论。在此期间，水利工程学专家黄万里发出警告。20世纪30年代，黄万里曾在康奈尔大学和爱荷华州立大学接受气象学训练，后来在田纳西河流域管理局担任助理。他主张修建更低的大坝，水库容量也要更小些。他暗示苏联的计划没有对成本和收益进行精细分析。而将水坝规模缩小，需要转移的人就更少，风险也就更小。他担心苏联的设计方案没法应对黄河带来的大量泥沙：在他看来，威胁在于大坝的水库会淤塞，使大坝变得毫无用武之地，甚至更糟——带来危险。

不久，黄万里被划为"右派"。[69] 事实证明，黄万里的预测准确得令人不安。1960年三门峡大坝建成后的几年里，水库就被泥沙堵塞。之后周恩来认识到问题的严重性，下令对大坝进行重建和翻新，耗资巨大。同时，修建大坝的人力成本也是巨大的。正如巴克拉水电站和希拉库德水库的修建让印度经历了长达数十

219

年人口的迁移，三门峡大坝的修建也搬迁了大约28万人。

塞因和拉奥很快注意到，中国在其他方面的经验与印度没有任何相似之处。中国的劳动力动员规模在印度是闻所未闻的，这也使中国在修建水利工程时走上了一条与苏联截然不同的道路。毛泽东在动员人民支持和热情方面取得了惊人的成功。他一直致力于以实际行动对群众作出承诺。这深刻地影响了中国政府的水资源管理方法。动员人民力量的首次成就是从县一级开始的，挨村挨户动员村民修建的200千米长的红旗渠，该渠连通了黄河和渭河。《人民日报》刊登了劳动模范的事迹，这些劳动模范打破了纪录，无私奉献于这项事业、表现突出。到了20世纪50年代中期，随着中国集体化进程的加快，中国政府前所未有地重视灌溉。这一热潮在"大跃进"时期达到顶峰，当时每个县都开始修建自己的大坝和灌溉渠。

当然，这些场景大多发生在塞因和拉奥访问中国之后。他们没有看到中国在寻求水资源的过程中有任何危险的迹象。在一张又一张的表格数据中，他们将中国和印度进行了对比——修建大坝时消耗了多少混凝土，修建的水库能有多少容量。相比之下，中国挖掘水渠的速度远远超过了印度，这也是两国之间最显著的差异。印度工程师得出的结论却令人惆怅："在印度，如果拥有与中国相似的人力，通过适当的组织、激发人民的热情，理应可以达到和中国相似的速度……"然而，这正是印度政府无法做到的，对此他们选择避而不谈。[70]

塞因和拉奥的报告中最有启示作用的部分是一篇逐字记录的演讲稿，这篇稿子记录了中国水利部办公厅副主任郝执斋在他们访问结束时发表的一次演讲，他在讲话中试图回答塞因和拉奥来访期间产生的问题。郝副主任把中华人民共和国牢牢地置于中国古老的水资源管理传统之中。他讲道："中国人对水资源的开发记录可以追溯到古代。"但在一个日益衰落的帝国的"腐败"和"封建"统治下，加之国民政府的失败，"中国的水利建设由于多年的疏于管理而遭到严重破坏"。新中国表示要对水资源负责——这不仅是一次复兴，也是一场革命。[71] 中国的治水档案在塞因和拉奥去的任何地方都有展示：在清华大学，他们看到了一份800年前的文献，里面"包含了优秀的黄河规划方案"。郝副主任花了很多时间向两位印度访客介绍一些小型项目，所用时长与称赞大型项目相差无几。他讲述了一个修复和革新大坝的故事，这个故事也关于创造。故事中，他谈及将水输送到中国南方田野的无数池塘和堤坝。他还谈到简单技术的推广，如"解放式水车"，这种技术优于当时仍在使用的古老技术。[72]

塞因和拉奥满怀热情地回到了印度。尽管他们明白中国管理水资源的方式极其复杂，但他们回到国内传达的信息却很简洁：它涉及规模、速度和管控。他们从黄河治理上汲取的"经验"是统一指挥，用于治理出了名的易发洪水的比哈尔邦戈西河；但他们的论述忽视了中国对小型项目的重视。塞因在回印度后不久，尼赫鲁就召见了他，"和他密谈了大约1个小时"。尼赫鲁即将启程访问中国，他询问塞因对中国的印象。尼赫鲁仔细听完塞因的回答后，又进一步追问：你怎么用一句话来形容中国？塞因回忆说，他给了尼赫鲁一个临时想到的答案："目前中国在各个领域都落后于印度，但我觉得按照他们的发展速度，中国可能会在10～15年内超过印度。"尼赫鲁"没有对此作出评论"，塞因回忆说，"但我从他的脸上可以看出，他不喜欢这个回答"。[73]

印度最杰出的两位水利工程师从中国回到印度后，意识到两国都存在相似的根本问题，而他们也可以从中国学习某些经验。

但他们也有不祥的预感。郝副主任在讲话中描述了中国的水利工程是如何"扩展到我们少数民族同胞的边疆地区，并帮助促进民族团结"的。对水的征服意味着对空间的征服。对水资源的控制体现了国家对有着不同的水资源利用观的民族的治理方式。而人们都心知肚明的一点是，有朝一日，所谓的"边疆地区"，可能就包括中印边界。

塞因和拉奥带着中国水利工程地图返回印度，这批地图是中国首次对外披露的中国水利工程地图。此时，他们面临一个问题：塞因后来在回忆录中写道，他很庆幸这一问题在出版前被发现。倘若这一问题没有被发现，那么几年后当印度和中国因这些边境问题开战时，这将是一个"无比尴尬"的事情。

塞因对此次中国之旅记忆犹新的一点是"中国人民有多么热爱和钦佩苏联人"。他写道："书摊上通常摆满了苏联的书籍和报刊。"苏联的技术援助没有任何附加条件，是无条件提供的——或者说看起来如此。一年后，他有机会亲眼目睹苏联的专业技术。当时他率领一个由联合国技术援助管理处（UNTAA）赞助的印度代表团访问苏联。同样，印度技术专家访问苏联之后，尼赫鲁再次随之进行了正式访问。塞因写了一篇关于苏联自十月革命以来经济快速发展的全面综述。在参观水利工程时，他得出结论说，"电力工程师的利益被放在了首位"，他将这种地位追溯到列宁强调"电气化是社会主义的关键"的时期——这一时期，防洪和灌溉在印度和中国是紧要事项，在苏联却不那么受重视。但塞因的结论很明确：中国比苏联更能给印度提供直接经验。

223

* * *

正如中国的经验启发了印度的工程师一样，印度的经验也成为亚洲其他国家和地区的榜样。亚洲及远东经济委员会委员长洛卡纳坦在访问苏联一年后，就委托塞因加入联合国的一个代表团，共同考察湄公河。与雅鲁藏布江、萨尔温江和长江一样，湄公河发源于青藏高原。湄公河是亚洲典型的"跨境河流"，流经中国、缅甸、泰国、老挝、柬埔寨和越南，然后汇入中国南海。当时亚洲及远东经济委员会对湄公河只是轻描淡写，只说湄公河是"一条非常重要的常年河流"。而这种重要性对美国政府来说却是不言而喻的。1954年越南抗法战争结束后，美国政府一直在加强其在越南南部的金融和军事势力，这也最终导致了越南的分裂。美国垦务局（Bureau of Reclamation）是美国负责水利工程的国务机构，到20世纪50年代已经在全球范围内开展业务。美国垦务局的工程师调查了泰国、菲律宾和印度尼西亚，寻找水力发电的潜力。工程师也调查了湄公河，但是起初他们无甚兴趣。[74]

联合国坚信这些调查需要来自国际社会的实质性努力，于是重返故地。塞因加入了由日本工营株式会社（Nippon Koei corporation）总裁久保田丰、前殖民官员杜瓦尔（G. Duval）、来自日本的工程地质学家坂田以及荷兰的航海专家范德奥德（W. J. van der Oord）等组成的委员会。1956年4月和5月，他们一同视察了湄公河。该委员会对两个大型水电项目寄予厚望，一个在柬埔寨的洞里萨湖（Tonle Sap），另一个在老挝的南利河（Nam Lik）。"刺已经扎得太深，无法拔除了"——塞因如此形容自己的感觉，出于那些曾经为大坝而许下的豪言，以及考察沿途所看见的对进步和发展的渴望，如今，在湄公河和亚洲其他地方，修建大规模的水利工程已经不可避免。次年，塞因加入了另一个由亚洲及远东经济委员会协调的"湄公河下游调查协调委员会"（后文简称湄公河委员会），该委员会由美国陆军工程兵团前总

224

工程师雷蒙德·惠勒（Raymond Wheeler）领导。惠勒对这次任务的描述让人不禁回想起殖民探险时期的话语。他写道："没有这个国家的地图……我们就必须绘制出来……这些地区没有人掌握河流流量数据，甚至不知道如何保存数据。"惠勒形容湄公河是"真正的处女河"。历史学家戴维·比格斯（David Biggs）指出，该委员会提出"从中国边境开始，沿着湄公河向南一直到湄公河三角洲，修建一系列水电大坝和灌溉工程"。这个湄公河委员会为从大坝建设热潮中获取私人利益打开了闸门；特别是日本、韩国和中国台湾的公司，都通过原材料和人力有所介入。[75]

美国介入中南半岛并不断增强自身影响力，使湄公河委员会很快就黯然失色。美国垦务局对其所谓的"冲击型项目"寄予厚望，其中最大的项目是老挝首都万象上游的巴蒙（Pa Mong）大坝。由于美国陷入越南的军事冲突泥潭，这个规模宏大、雄心勃勃、计划周密的大坝从未建成。[76]美国对亚洲大坝建设的支持和美国在冷战中的战略需要之间有着密切联系。但坎瓦尔·塞因是一名爱国的印度工程师，当时正值他职业生涯的巅峰，他虽仰慕中国，但与美国垦务局有着密切的个人和职业联系。他在湄公河委员会工作了10年，试图在开发亚洲最具国际性的河流上发挥协调作用。他在回忆录中暗示，让他作出此项决定最直接的原因是联合国给出的物质回报。但他的动机不仅仅是钱。塞因和他那一代的许多人一样，认为治理水域是一个超越国家主权甚至意识形态的目标。塞因与许多此时成为发展顾问的前殖民官员和工程师一起任职于亚洲及远东经济委员会。他坚持这样一个愿景：亚洲国家应共同努力去争取在国际社会中应有的地位。在一部回忆录中，塞因的语气超脱，甚至是冷漠，但在第一次湄公河之行中，在柬埔寨暹粒（Siem Reap）的吴哥窟"朝圣"时，他有一种鲜有的情感涌上心头。他写道："我被吴哥窟中所展现出的印度古老的荣耀和文化深深打动了。"[77]正如许多印度水利工程师将他们的"新寺庙"置于水利工程的古老历史传统中一样，塞因呼吁跨越国界的、深层次的传统历史文化交流，这奠定了其愿景的基调——通过水或者水利工程师将亚洲团结起来。

从某种意义上说，塞因的信念最终得到了验证。湄公河委员会经受住了越南战争的考验，在20世纪90年代获得了新生，现在是世界上最重要的（即便不总是效率最高的）河流管理机构之一。

七

亚洲及远东经济委员会用"倍增器"来形容其跨境河谷开发工作的合理效应，但"倍增器"也可能会产生反作用：由于项目在扩大，野心也在不断扩张，潜在的冲突也可能升级。20世纪50年代中期，中印关系达到高潮——此时正值"印度中国亲如兄弟"（"Hindi-Chini *bhai bhai*"）的时代。此后，中国修建了一条连接新疆和西藏的公路，印度认为这条公路穿过了自己的领土范围。印度情报部门直到1957年才发现这条路，当时这条路的建设顺利，已经取得很大进展。[78]

直到1960年，水还没有被视为冲突的根源，但最近解密的印度资料显示，人们对未来感到担忧。谣言四起——印度官员很清楚，"雅鲁藏布江在进入印度之前存在巨大落差"，具有"发电和灌溉的潜力"。但他们感到安心的原因是，他们认为，想要利用这个落差需要投入大量资源；中方作出的任何计划"肯定都需要花费很长时间落实"。[79]印度的情报来源向印度的"保护国"

226

227　　锡金的首席政治官员阿帕·潘特（Apa Pant）报告说："在这些江上修建大坝和水库将投入包括人力在内的巨大资源，中国政府只有在当地迁入大量人口定居后才能利用这些资源。"[80]

　　印度外交部对此十分关切，灌溉部门的同事也参与其中。在一封绝密信中，印度灌溉部门总工程师弗拉姆吉（K. K. Framji）向印度外交部保证："中国在西藏地区为灌溉目的已经或即将实施的河流改道似乎并不可行。"建造用于发电的蓄水坝甚至可能使印度受益，因为它们"将有助于减轻阿萨姆邦或巴基斯坦东部地区的洪涝灾害"。但他随后提出了一个更不乐观的预测："如果中国的水力发电计划将大量雅鲁藏布江河水从目前的河道分流到邻近的山谷"，这将是"印度宝贵的水资源的重大损失，对巴基斯坦更是如此"。但他用满怀希望的语气总结说："毫无疑问，我们将及时获得任何观察到的或报告的、关于此类河道改向活动的信息。"[81]

　　随后发生的事件很快超过了这些对水资源未来的担忧。

　　中印边境的冲突标志着印度的一次重大失败。印度军队装备
228　不良，准备不足。之后尼赫鲁在印度国内的政治合法性受到了重创。事后看来，1962年似乎是印度尼赫鲁时代走向终结的开始。罗欣顿·米斯垂（Rohinton Mistry）的第一部小说《长路漫漫》（*Such a Long Journey*），以20世纪六七十年代的孟买为背景，小说的开篇即唤起了这样一种共识："与中国交战凉透了尼赫鲁的心，继而又将它打碎。"[82]尼赫鲁坦率甚至绝望地请求美国在战争中提供军事援助，这一请求削弱了他在冷战中不结盟承诺的公信力。印度在国际舞台上失败的同时，印度国内批评声不断高涨，人们开始质疑尼赫鲁自印度独立后15年以来所奉行的经济和政治战略。会有更好的解决方案吗？

* * *

尼赫鲁于1964年去世。他的遗嘱解释了为什么他希望死后将骨灰撒在恒河中。他写道："我从小就对安拉阿巴德的恒河和朱木拿河充满感情，随着年龄的增长，这种依恋也在增长。"恒河"是印度的河流，她的人民深爱着它"；承载着"她的希望和恐惧，她的胜利之歌，她的胜利和她的失败"。尼赫鲁把恒河与印度的地理特征联系起来，称每次看向恒河，"都让我想起了我深爱着的喜马拉雅山脉白雪覆盖的山峰和深谷，以及山下富饶辽阔的平原，我的生活和工作都在那里"。尼赫鲁坚定地说："我想把我的一把骨灰撒进安拉阿巴德的恒河，这没有宗教意义。"人们对水仍然抱有唤起神圣的想象力，认为从而能够塑造各民族对自身极限的认知。恒河仍然代表印度的本质，喜马拉雅山是印度的自然边界，即使在印度的"新寺庙"——大型水坝——时代。

229　第八章　海洋与地下水

　　尼尔·穆克吉（Neel Mukherjee）的《他人的生活》（*The Lives of Others*）是一部以20世纪60年代末孟加拉为背景的小说，作者以小说家富有想象力的同理心，唤起了人们对雨水依赖的情感。小说主人公苏普拉蒂科（Supratik）卷入了纳萨尔巴里运动（Naxalite movement），这是印度共产主义者领导的农民武装斗争，其使命是在印度的农村地区发动革命。苏普拉蒂科出身于享有特权的城市，他的任务之一就是扩大政治影响，于是他来到农村生活，逐渐适应了那里的节奏。他住在孟加拉乡下，那里的村民生活贫困、债台高筑、受地主们剥削，同时深受季风影响。正当人们准备把秧苗移植到稻田里时，苏普拉蒂科的房东卡努（Kanu）盯着天空，问些细碎的问题，"今年会不会来啊？他的眼中似乎在问：会迟来吗？够不够？他的脸上满是焦虑和不

230　甘"。正当此时，下雨了。苏普拉蒂科说："从我小时候记事起，我就记得一片一片的大雨一下起来就是好几个钟头，重重地落到地上，让你觉得路面会被砸碎——不过这里的地面就是泥土，它们确实是一团浆糊了。"[1]

　　表面上，基于生活经验而对气候做出的想象性描写与当时全世界科学家所收集到的气象数据之间无甚关联。人类生活及其见解并不能被计入研究模型，但气压、风向和湿度的读数却可以。不过，它们都是在从不同的角度讲述同样的故事。

　　本章穿插了两个层面的论述，第一个层面是20世纪60年代的

季风科学；第二层面是印度20世纪60年代中干旱时期的政治经济史，但两者的关联性在当时还不明显。在1959—1965年进行的国际印度洋科学考察计划利用先进技术，揭示了促成季风的动力；使南亚与广阔的印度洋联系起来；在环印度洋国家之间建立了新型关系，其中就包括构建了天气监测站网络体系。科学考察敲响了警钟：人类活动的影响已经开始在海洋中显现，甚至可能正在改变地球的气候。正当亚洲各国政府竭力挣脱边界和海域构成的关系网时，卫星、空中图像、深海探测器描绘出一幅由广泛又相互联系的气候体系所塑造的亚洲图景，这一气候体系所带来的实际后果就是环印度洋的各国政府都着手实施大型的发展规划。

在同一时期，季风"急切地"重回印度人的眼前，使其在20世纪60年代中期的3个关键年头深陷旱情。印度探索印度洋的热情与这一地区其他许多国家一样，由于赫然显现的粮食危机以及由此引发的政治动荡，其探索的动力主要源自近忧。国际印度洋科学考察计划将海洋作为一系列"可供开发的物质资源"[2]而展开。首先，该考察承诺提供更为准确的天气预报。印度对20世纪60年代中期的旱情所做出的应对措施是强化对水源的探索。20世纪50年代的水坝建设得不够大、不够快。无论气象科学的认识水平有多先进，新学科所提供的承诺有多少，对季风气候的传统恐惧还是重新浮现了。政府采取了一系列农业改革措施，包括种植高产作物、提供大量化肥以及利用电力水泵密集开发地下水。

231

* * *

1981年，美国历史协会（American Historical Association）会长、研究大西洋史的历史学家伯纳德·贝林（Bernard Bailyn）发表了题为《现代史学的挑战》（"The Challenge of Modern

Historiography"）的演说中，提到了历史中所谓的潜在的而又明显的过程（latent and manifest processes）。他这样描述潜在的事件："对于这些事件，同时代人或认识不充分，或认识很模糊，或根本没有认识。从很大程度上说，他们是被迫地、不知不觉地同这些事件的影响展开斗争的，他们是无意识地参与其间的……"[1]他把潜在事件与明显事件之间的关系作出如下论述：

> 对于我所说的这些事件，同时代人和从前的历史学家只是模糊地知道（纵然知道的话）它们曾经是[2]这些事件；而现在，它们正在第一次被作为独特的事件发掘出来。总之，这些事件构成了一种新天地，它就像海底世界，在海面上与风浪搏斗的人模模糊糊地意识到了它的存在，但从不知道它是由岩石、深谷和绝壁所构成的现实世界。由潜在事件构成的世界恰如新发现的海底世界，它如此多彩、复杂而繁忙。我们可以认为，它是构成表面世界的明显历史本身的一部分，并直接与之纵横交错。[3]

用贝林的海洋隐喻本章的论述尤为恰当，具有字面意义又有象征含义。人们可以把所发现的印度洋对季风的影响，也即是气候变化的早期迹象，与印度及亚洲其他地方在20世纪六七十年代明显的政治经济转型结合起看。

232

---

① 中文译文引自中国美国史研究会编：《现代史学的挑战：美国历史协会主席演说集，1961—1988年》，王建华等译，上海人民出版社1990年版，第400页。——编者注

② 系原文斜体突出表示内容。——编者注

③ 中国美国史研究会编：《现代史学的挑战：美国历史协会主席演说集，1961—1988年》，第401页。——编者注

新气象科学告诉人们：亚洲非常脆弱，气候不稳定所带来的风险日益增加使亚洲内部的联系日益紧密。而这些"教训"在人们重新寻求征服自然之前，并没有得到重视。20世纪六七十年代的几十年，是印度和亚洲其他地区更加深陷水危机的几十年。

一

20世纪60年代，印度洋还几乎不在南亚各国政府的视线之内，他们的视野只局限在邻近海岸的水域。过去，移民们横渡海洋，几乎无限制，形成了循环往返的迁移模式。如今他们则面临重重障碍，被护照和签证限制了流动。[4] 1958年初，在联合国主持下，国际海洋法会议在日内瓦召开，印度的谈判专家在赴会时很清楚这次会议将产生他们所谓"影响深远的后果"。这关系到各国的"领海"范围，需要重新就"3海里领海线"的惯例谈判，"领海"这个法律概念在这一时期被广泛使用。印度外交部的律师们指出了其中的核心冲突。他们发现："支持'3海里领海线'的国家拥有的船舶总吨位占世界船舶总吨位的80%以上，因而这些国家愿意维护海上自由航行。"而印度与许多发展中国家一样，"以安全为由或出于诸如保护自身国民专属捕鱼权等经济原因"主张扩大邻近海岸水域的范围。要求作出改变的呼声很迫切，技术的发展使得资源的开发区域更加远离海岸，更不要说采用大型拖网渔船了。印度同样关心的还有"海湾水域可视为内海的情况"，因为"（这些海域）与陆上领地紧密相连"以及"利用海湾能满足该国的经济发展需求"。[5] 针对《联合国海洋法公约》的谈判持续到20世纪80年代，最终所达成的协议认可了一些国家的主张，将领海海域的范围扩大，并且还附加了范围更为广泛的专属经济区。于是，作为领土的一种形式，海洋越来越类似于陆地。

对于科学家而言，印度洋是"世界上最大的未知区域"。保罗·切尔尼亚（Paul Tchernia）就职于法国国家自然历史博物馆物理海洋学实验室，他形容印度洋是"被遗弃的海洋"。他在往返南极的途中经过印度洋，于是提议将针对印度洋的国际调查纳入联合国1957—1958年"国际地球物理年"的活动，这是一次大规模统筹数据收集的活动，改变了人类对地球物理过程的认知。切尔尼亚的建议来得太晚，印度洋未能纳入那项庞大的计划之中，但人们对探索这个世界上最不为人所熟知的大洋所表现出来的兴趣则趋于一致。起到催化剂作用、促使人们行动的是由国际科学联盟理事会（International Council of Scientific Unions）[1]成立的海洋研究专门委员会（Special Committee on Oceanic Research）组织的一次会议。这次会议于1958年首次在美国马萨诸塞沿海的伍兹霍尔海洋研究所（Woods Hole Oceanographic Institution）召开，斯克里普斯海洋研究所（Scripps Institution of Oceanography）的罗杰·雷弗勒（Roger Revelle）是支持者之一，他是研究全球变暖和碳排放对海洋影响的先驱人物。[6]

20世纪中叶，海洋学家关注印度洋的原因与中世纪贸易商能够穿越印度洋的原因一样，是季节性转向的季风。风向逆转是印度洋的特色；使其成为"世界海洋的模型"，科学家们可就此测试其"风驱模型"。[7]许多居住在大洋沿岸的科学家，尤其是那些为政府部门工作的科学家的研究兴趣更为直接。在亚洲和非洲，海洋渔业对于解决粮食短缺问题有着很大的潜力；海洋中矿

---

① 1998年以后改称"国际科学理事会"。——编者注

产资源的开发也几乎还未起步。破解海洋对气候的影响机制可能 234
成为解决粮食安全和经济发展问题的钥匙。[8]

从一开始，项目的短期与长期目标——是获取立竿见影的
结果，还是耐心积累数据以建立科学认知——之间就存在矛盾。
海洋学家施托梅尔（Henry Stommel）对探索印度洋的新一轮狂
热持怀疑态度。他出版了几册匿名简讯，取名为《印度洋泡沫》
（*Indian Ocean Bubble*），这个叫法是为了让人们回想起18世纪被
称为"南海泡沫"（South Sea Bubble）[①]的投机性狂热，施托梅
尔在此暗指他的同行们对印度洋的狂热也是基于投机的。但《印
度洋泡沫》只在一小部分海洋学家之间流通。他在最后一篇社论
中诚实到了极点。施托梅尔写道："我认为探索印度洋以改善渔
业状况，减轻印度洋沿岸许多人民的贫困，这种可能性还很渺
茫。"看到"海洋学研究加入了许许多多打着人道主义幌子为其
自身谋取利益的压力集团[②]"，他感到"泄气"。所谓"利益本
身虽具有合理性，但本质上却与他们假装解决的道德和'社会经
济'问题并无关联"。[9]

最后，国际印度洋科学考察计划有来自13个国家的40艘船
只参加。其庞大的议程包括官方纪事中要解决的所谓的"道德和
'社会经济'问题"，以及基础研究中的海洋学"利益"问题。
参与国的名单无法按冷战的世界地图描绘。许多与印度洋毗邻的
重要国家都是该计划的热情参与者，包括相互敌对的印度和巴基
斯坦，以及印度尼西亚和澳大利亚。美国处于领导地位，派出了
斯克里普斯海洋研究所和伍兹霍尔海洋研究所的科学家，以及美

---

　①　指英国在1720年春天到秋天之间发生的经济泡沫，与同年的密西西比泡沫事
件和1637年的郁金香狂热并称为欧洲早期"三大经济泡沫"。——编者注
　②　压力集团，指通过政治压力扩展自身利益的集团。——编者注

国国家气象局和海军。由于英国20世纪60年代在该地区依然保留了显著的话语权和战略地位，英国也深度参与计划之中。苏联派出了重达6500吨位的"维塔兹"号（*Vityaz*），它是该考察计划中最大的船只。国际印度洋科学考察计划还标志着战后德国海洋学的重生。日本展示了其重振的科学和技术实力，为考察计划贡献了两艘船只："鹿儿岛丸"号（*Kagoshima Maru*）和"海鹰丸"号（*Umitaka Maru*）。[10]

参与考察的印度船只的产地、造型和材质反映出航海历史的不同时代。有人发现"吉斯特纳"号（*Kistna*）的"流水线造型暴露了……自己的海军血统"，它是建于1943年的海军护卫舰，也是第二次世界大战刺激印度工业发展的产物。[11]参与考察时，该船配备了回声测深仪，范围可达6000英寻①，适于海洋学研究，但却有人提出警告说该船"生活条件简陋，不适合女科学家，不适于用盐水洗澡"。考察计划中最小的船只是"海螺"号研究舰（*R.V. Conch*），它隶属于喀拉拉大学，体现的是更为古老的造船传统：它是一艘用硬木制成的小船，采用的是印度洋西海岸地区的传统造船工艺，这种工艺已经延续了好几个世纪。相比而言，"伐楼拿"号研究舰（*R.V. Varuna*）的拖网船尚属崭新，是1961年基于印度–挪威渔业项目而在挪威建造的专用船只。尽管是新式船，但与那艘海军护卫舰一样也有"仅限男性"的警告："女科学家无法居住。"[12]自最早的香料贸易以来，渡过印度洋的就主要是男人——有的变革是非常缓慢的，由此对印度洋的科学研究造成的损失也很大。

考察计划的科研行动意在研究洋流与沿岸漂流；调查海洋

---

① 水深量度单位，6000英寻约合11千米。

中的化学物、盐度和温度；探索海洋生物，尤其是渔业探索；考察风向、大气条件和降水等。大多数令人激动的事件都源于新技术的运用，使得科学家们能够重新看待海洋。声呐技术使他们能够更精确地绘制印度洋海床的地形图，这些图像在人们的脑海中绘出一个水下大陆，其地形与陆地一样多变。卫星技术的进步提供了云层及降水的天气图像。计算机技术让科学家们能够以前所未有的方式处理海量的数据。夏威夷大学的克劳斯·怀尔茨基（Klaus Wyrtki）监制海图的制作，需要处理来自1.2万个水文站储存于20万张计算卡的数据。[13]

针对国际印度洋科学考察计划的种种努力，有观察家这样写道："没有什么比气象学更能展示过去与现在的对比。"[14] 国际印度洋科学考察计划标志着自吉尔伯特·沃克时代以来对南亚季风最深入的考察，而如今有大量的新式工具可供采用。纵然能看见海床令人着迷，但对大部分科学家来说，在考察印度洋的过程中，最紧迫、最首要的任务是更好地展示亚洲气候的全貌。印度气象局成立近一个世纪后的1962年，科学家们写道："对作用于天气的大规模影响认识不足，这一直是天气预报的障碍。"他们认为，"鉴于许多国家在农业、水资源开发、防洪、减轻极端天气后果方面制定的大规模发展规划"，因此认识季风的必要性就"更重要、更紧迫"。他们写道，经济规划要求"关于降水及其日常变化"以及"大规模降水及间歇期的准确预报"。[15]

1927年，吉尔伯特·沃克在英国皇家气象学会发表的主席致辞中推测："大洋环流的变化"对认识世界气候可能具有"深远而重要的意义"。[16] 但直到20世纪60年代，得益于"国际地球物理年"以及国际印度洋科学考察计划执行期间数据的支持，他的洞见才得以发展。沃克认为印度洋与太平洋气候之间存在横向联系，即其开创性的南方涛动理论此时有了纵向的维度。国际印度洋科学考察计划的重点在于认识季风驱动之下海洋与大气之间的能量交换。科学家们一点一点地试图去认识印度洋的大规模季风环流。几百年来，人们已经知晓季风的方向逆转，但"辨识季风垂直极限的影响比辨识其水平极限的影响"困难得多，一位科学家如是写道。地球表面的变化与深海以及大气层的变化都存在关联。[17]

国际印度洋科学考察计划的一个关键组成部分是于1963年设立在孟买戈拉巴天文台（Colāba observatory）的国际气象中心。这个天文台起初是英国东印度公司建于1826年的天文观测站。除印度外，该项目还得到锡兰、印度尼西亚、日本、马尔加什共和国①、马来亚、毛里求斯、巴基斯坦、泰国、东非各国、美国和英国的支持。其中非常珍贵的资产是一台IBM的1620型"计算机"（当时的拼写是computor），由联合国特别基金资助。该国际气象中心主任是热带气象学家科林·拉马奇（Colin Ramage）。拉马奇此前是香港皇家天文台②的副主任，曾研究中国南海的台风，1958年转去做了夏威夷大学马诺阿分校的教授，在那里指导过美国空军资助的气象研究站建设。拉马奇写道："就像每个看风景的人心中都会拥有自己心目中的彩虹，每位气象学家似乎都会对'季风'的意义有着自己独特的理解。"拉马奇指出，大家唯一能够同意的一点是印度季风规模最大、威力最大。[18]虽说整个国际社会都有人员参与其中，但戈拉巴国际气象中心的核心人员却直接来自印度国家气象局，该局提供了大约100名员工。

① 1993年改国名为马达加斯加共和国。——编者注
② 1912年香港天文台获英国国王乔治五世颁发的"皇家天文台"称号，1997年复称"香港天文台"。——编者注

早在1957—1958年的联合国"国际地球物理年"，印度气象学家就已经作出了重大贡献。其中一人名叫安娜·马尼（Anna Mani）。1918年，她出生于特拉凡哥尔邦，在马德拉斯学院（Madras Presidency College，今马德拉斯大学）攻读物理学后，又在班加罗尔的印度科学学院（Indian Institute of Science）诺贝尔奖获得者C.V.拉曼（C. V. Raman）的实验室工作。1945年，她获得帝国理工学院奖学金。我从遇到的印度气象学家口中听说了许多有关安娜·马尼的故事。有个故事可能是不足为凭的传说：她忍受艰辛乘船去往南安普顿（Southampton），那艘船上满载复员军人，她是船上极少数的女性乘客之一。马尼在1948年就职于气象部门，在"国际地球物理年"期间，负责观测站系统，监测印度各地的太阳辐射。[19] 在戈拉巴国际气象中心成立的前一年，随着印度热带气象研究院（Indian Institute of Tropical Meteorology）在浦那的设立，印度的研究能力大为加强。浦那印度热带气象研究院如今依然是印度最杰出的研究所之一。在国际印度洋科学考察计划实施过程中，那些对季风了如指掌的科研人员为全世界的科学研究作出贡献。

在世界气象组织（World Meteorological Organization）发布的一本小册子中，拉马奇对戈拉巴国际气象中心的工作运转做出了如下描述：

> 整个夜晚，在狭小、装有空调的通讯室里，工作人员不断收到用代码编制的天气报告广播信息，这些信息来自印度洋地区，都是用莫尔斯电码编写，用电传打字机传送。几分钟前在内罗毕（Nairobi）、莫斯科、桑莱岬（Sangley Point）和堪培拉的各气象中心分析的图像图表，在传真打印

机上铺展开来。在西部区域气象中心信号办公室的戈拉巴天文台的几栋建筑内，更有从几台电传打印机上打出的大量满是数字的纸张，上面记录了印度天气以及整个赤道以北东半球天气的详细信息。[20]

在这种场景中，印度洋生机勃勃，而作为贸易区和政治概念，印度洋却死气沉沉。这片海洋以一种新的方式，即经由气象图和通过传真打印机传输的数据流被联系起来。19世纪末，借由电报传输的数据收集范围不断扩大，第一份大区的同步天气概况图得以绘制出来。戈拉巴国际气象中心的工作体现了新格局，也展示了技术的新进步。在古老的英国天气报告系统的基础上，出现了新的知识和权力中心，其中就包括莫斯科，甚至还包括符拉迪沃斯托克（Vladivostock）。这个在孟买南部小小角落里从事夜间活动的"蜂巢"，使印度洋在真正意义上成为一个范围广、跨国界的气象体系。所有的信息交换并非都畅通无阻。几千份报告涌入，但"无线电传输中出现的问题意味着，监测站所发出的报告有超过一半未能传输到该中心"。尽管如此，拉马奇还是放心的，因为"监测站报告的副本都通过邮寄发出"，为印度洋气象监测的微观记录提供了纸质档案，尽管这些报告抵达时，便已经"不足以用作预报"。更令人失望的是海上自动浮标气象站的命运，其设备由美国政府提供，由印度海军锚定在孟加拉湾，"安置几个月后，无线电停止工作，从此既看不见也听不到了"。[21]

探索和认识季风有赖于技术上的两个突破，即航拍和卫星摄影。孟买驻扎着5架科研用飞行器，支撑着戈拉巴国际气象中心的工作。一架隶属于伍兹霍尔海洋研究所，另外4架则属于美国国家气象局，其中两架是大型DC-6飞机。19世纪的气象学家对气旋尤为着迷，此时较为完备的风暴预报将给南亚沿海城市不断增多的广大居民提供便利。美国气象局的两架 DC-6 飞机首次执行空中巡查任务便进入了印度洋的旋风之中（虽然类似的飞行任务已经在大西洋上空执行过多次）。其中一次拉马奇就坐在科学监测员的位置上。拉马奇乘坐的飞机在约6000米的高空飞过风暴；另外一架则以海平面以上约460米的高度飞行。拉马奇写道，"我以为飞机要摔成碎片了……我们瞬间就下降了约90米"，这是焦虑的飞行者在遇到气流时常有的怨言，但拉马奇的说法则可能是比较准确的事实。对这个毕生研究热带风暴的人来说，最糟糕的莫过于飞入低压气旋中心的经历。他描述这种飞行"仿佛进入一个圆形剧场，周边都是多层雨云。在正中心我们头顶上只有薄薄的乳状云，而下方则几乎无云，5分钟后，我们又再次飞进了雨云中"。[22]

拉马奇和印度气象学家C.R.拉曼（C.R.Raman，即诺贝尔物理学奖获得者C.V.拉曼的弟弟）绘制印度洋气象图集时，基于19.4万次的船只监测数据和75万个飞入上大气层的测风气球监测数据绘制了144幅图表。利用新方法使天气可视化的能力尤为引人注目。科学家们在飞经印度洋上空的商用和军用飞机上安装了照相机，对在该地区飞行过程中所遇到的云层进行延时拍摄。拉马奇说到延时摄影以前是如何被"用于摄制科学影片，它将鲜花绽放的周期压缩到几秒钟的时间"；如今将其放置于飞行器上，以每3秒一帧的速度来拍摄云层，经过6个小时的飞行便可把每一片云录制在长达30米的16毫米胶片上。看了录像后，拉马奇写道："观众对此印象既深刻又兴奋，那是比飞机时速高50倍的速度。"[23]

国际印度洋科学考察计划接近尾声时，一种更有前景的技术亦正在发展中——印度洋的每日卫星图像。拉马奇满怀激情地写道："我们终于有机会首次完整描述印度洋上整个大气层分布情况了。"所谓的"完整描述"正是拉马奇和拉曼所尝试的，通过一幅幅海图，以其细致入微的研究来重构气象。最激动人心的画面即将成真。季风的威力来源于大气和海洋之间的能量交换，如今要对此复杂的过程加以研究已成为可能。卫星图像所能给予的承诺是"阐明季风在整个大气环流过程中的作用"。[24]

虽然拉马奇很乐观，但他对此进展却作出了谦虚的评价。亨利·布兰福德和吉尔伯特·沃克的目标——对季风进行长程预报，此时依然难以实现。拉马奇认为，即使只是预测方面有了阶段性的进步，也能"有助于水灾防控，可让灌溉专家能够最大程度地利用储水"，也可帮助印度洋沿岸的渔民利用可长达一周的季风间歇期出海捕鱼。但拉马奇哀叹说，进行精确长程预报的希望还是"如同以往一样的渺茫"。大量积累起来的数据并未能改变一个众所周知的事实："大气动荡而混乱。"除了耐心监测，别无选择。气象学家唯一能做到的是继续埋头于自己实践中的事业：利用"长期以来的气候记录和详细的统计数据来得出下一个季节的降雨量概率"。他得出的结论是冷静的：

> 在夏季季风期间大自然有雨—无雨、无雨—有雨的节奏非常鲜明，是促使我们深入研究这种节奏的深层次原因，尤其是节奏被打乱或节奏变化的因素。然而，要找出整个季节的节奏似乎目前还难以立即做到。[25]

* * *

国际印度洋科学考察计划的不祥迹象越来越多。计划开始的前两年，雷弗勒和他的同事、地球化学家汉斯·瑟斯（Hans Seuss）就写了一篇文章说，人类正在不知不觉地对全球气候实施一场"大规模的地球物理实验"。他们还写道："在几百年的时间里，我们正将数亿年来储存在沉积岩中的浓缩有机碳返还给大气层和海洋。"[26]雷弗勒的学生之一查尔斯·基林（Charles Keeling）在1958年率先对大气层中的碳含量进行系统性测量。雷弗勒和他的同僚们对印度洋的研究制定了长期的目标：他们想知道印度洋在多大程度上是"倾倒工业文明废物的垃圾场"。他们还试图确定"在气候变化过程中海洋的作用，尤其是在化石燃料燃烧时，海洋能够吸收多少涌进大气的二氧化碳"。[27]我们已经忘了，印度洋对记录人为造成的气候变化、促进早期预警等方面起到多么重要的作用。印度洋航行收集到的数据表明，大海和大气正受到陆地上人类活动的影响。但是这些"长期的"问题在当时与人类的经验水平存在相当的差距。海洋研究中的时间跨度与粮食安全规划的时间跨度大相径庭。由于预测长程季风的可行性依然渺茫，也因为对气候的认识越来越复杂，因此针对当时能够掌控的资源的做法更具操作性：一次研究一条河谷。

242

　　国际印度洋科学考察计划描绘了南亚季风的图景，它是全球气候系统不可或缺的组成部分。南亚气候是海洋与大气之间能量与水分大规模交换的一部分。这种在认知广度和深度上的拓展，与亚洲大坝的建设者与规划者普遍的信心存在冲突，大坝建设者与规划者们认为自然是可以预测的，其影响可以通过工程进行人为干预。印度气象局局长达斯（P. K. Das）曾在1968年撰写了一本有关季风的小册子《印度的国土与人民》（*India: The Land and People*），作为印度国家图书托拉斯（National Book Trust,

NBT）①系列读物的一部分出版。书中把印度农民与诗人从广阔，甚至宇宙的视角看待季风的取向与"诸如科学治理河谷等更为理性的技术手段"进行了对比。从某种意义上来说，新的季风科学强调季风动荡、混乱和复杂的特点，使这门新科学更容易回应达斯将季风视为迷信的观点，而非仅仅将季风看作是一个可控变量。[28]

二

国际印度洋科学考察计划的最后一年恰好碰上南亚几十年内最严重的季风失能。1965年和1966年连续两年，印度大部分地区遭受了旱灾。这次干旱恰逢印度独立后，随着尼赫鲁于1964年5月底去世，主流政治首次转型，同时这次旱灾也推动了已经开始的经济政策变革。尼赫鲁去世后的两年时间里，印度在粮食自给自足方面的进展受到明显的限制。

尼赫鲁的继任者拉尔·巴哈杜尔·夏斯特里（Lal Bahadur Shastri）来自印度北部印地语中心地带，他身材矮小、举止温和。夏斯特里就职时，人们普遍对印度国内的粮食状况感到担忧。城市里多次爆发抗议，被媒体称为"面包骚乱"。长期与国大党形成联盟的群体——中产阶级、上层种姓阶级的地主、城市工人、实业家，再也不满足于听从城市精英的安排，再也不愿意对他们内部之间的冲突矛盾保持沉默。他们中的一些人走到国大党的保护伞之外发声。人们总是低估夏斯特里，在遭到左右两派

① 印度国家图书托拉斯是印度政府（人力资源开发部高等教育处）于1957年成立的印度最大的出版组织，由许多出版社和书店联合组成。——编者注

的攻击后，夏斯特里悄悄采取了一系列决定性的改革措施。政治学家弗朗辛·弗兰克尔（Francine Frankel）当时正在印度从事研究工作，他对改革结果的描述是："经济政策方面有一系列不太剧烈的措施在循序渐进推进，在当时几乎没有人注意到，到最后却改变了印度的整个发展战略路线。"[29]

尼赫鲁的核心路线是推动进口替代工业化的战略[①]。20世纪50年代的印度已经按混合型经济形式发展，但其中，公有部门起主导作用，尤其是在经济中处于"战略制高点"位置。20世纪50年代计划委员会全力支持这一战略，在被尊称为"教授"的统计学家（有时也是气象学家）马哈拉诺比斯的领导下，尼赫鲁赋予该计划委员会相当大的自主权。印度农村在这场改革的"戏剧"中扮演了两个角色，正如马哈拉诺比斯所坚持的第二个五年计划：一是对一个尚处于殖民时代饥荒的回忆创伤中的国家来说，必须首先做到确保粮食安全，最终实现粮食自给自足；二是通过非粮食作物出口创收外汇，以支付印度所需机器设备的进口费用，直到印度自己的工厂能够生产这些设备。黄麻和棉花是印度最有价值的两种出口产品。

然而与强调自力更生不太相称的是，20世纪50年代，印度越来越依赖美国的粮食援助。自1954年开始执行《480号公共法》（Public Law 480，简称PL-480，即众所周知的"食品换安全"计划）以来，这项法规通过优惠条款在后殖民国家中解决了美国中西部农产品大量剩余的问题。迄今为止，印度依然是此种援助的最大受援国。印度从美国进口小麦的数量由1954年的20万吨增

244

---

① 指通过发展本国的工业，实现用本国生产的产品逐步代替进口和满足国内需求，以期节约外汇，积累经济发展所需资金的战略。——编者注

长到1960年的超400万吨。即便印美关系在20世纪50年代有起有落，但这种对一个不可靠的赞助方的依赖程度，令许多印度政治家感到不安。严重依赖美国粮食援助只是印度政府农业战略不稳的表现之一。20世纪60年代末，印度官方报告在回顾过去时承认了问题。印度农业部承认："争取在3个五年计划期间实现粮食产量自给自足而做出的种种努力并未完全取得成功"；而20世纪60年代初期，印度农业产量急剧下跌，让"所有农业相关人员大受冲击"。1961年后，印度的人均收入并未增加，而到20世纪60年代中期，人均粮食占有量比1956年还低。[30]

　　负责解决这一"冲击"的人是苏布拉马尼亚姆（C. Subramaniam）。他于1910年出生在马德拉斯哥印拜陀市的一个农民家庭。该地区位于西高止山脉边缘地带，属比较繁荣的灌溉农业出口地，也是印度的纺织工业中心。苏布拉马尼亚姆是国大党马德拉斯老兵组织领袖拉贾戈巴拉查理（C. Rajagopalachari）的门生，在青年时代就加入了印度自由运动；他还是在1942年退出印度运动过程中遭到英国监禁的国大党人之一。20世纪50年代，他在马德拉斯邦政府部门工作，后来尼赫鲁任命他在内阁中担任令人羡慕的工业部长职务。夏斯特里将其调任到属于"灰姑娘"性质的农业部门，似乎是一种降职的安排。但苏布拉马尼亚姆却接受了这次挑战。在印度，苏布拉马尼亚姆逐渐成为一类经济思想的代表，这种思想总是与计划委员会"工业优先"的路线并行不悖，但有时也与其有所冲突。苏布拉马尼亚姆与计划委员会的观点相反，认为印度农村是安全与发展的关键。苏布拉马尼亚姆借鉴了一度流行于19世纪的观念。这些观念在印度早期的经济民族主义者的作品中占据突出地位，并在20世纪20年代和30年代通过对农业经济学的细致研究而找到新的表达方式。[31]

以20世纪60年代初期的形势，重新发现印度农村的重要性与美国发展专家对印度提出的思路不谋而合。自20世纪50年代末，世界银行和许多美国政府的专家开始敦促印度对农业给予更多关注——即使这样做需要缩减其宏大的工业愿景也在所不惜。具体来说，他们主张市场应在印度农业政策中发挥更大作用，这将反过来刺激对新技术的投资。他们对尼赫鲁政府强调农业合作社的做法抱有怀疑态度；相反，他们认为利用资本来提高农民的积极性可以使印度的粮食生产得到最快速的提高，即便这要以农村地区更高程度的不平等为代价，这些农民应是那些已经因占有大量土地份额和灌溉设施而获益的农民。这些外部专家利用印度依赖美国粮食援助带来的说服力和隐隐的威胁，在既有"美国游说团体"也有亲苏派系的印度政府内部获得共鸣。[32]

从一开始，苏布拉马尼亚姆就认为新技术是印度转型的关键。他的第一批措施之一就是重振奄奄一息的印度农业研究委员会（Indian Council for Agricultural Research），并加强印度的农业教育。苏布拉马尼亚姆在担任农业部长早期，对两个实验所展示的惊人结果印象深刻，一个是洛克菲勒资助下于墨西哥进行的高产玉米和小麦品种实验，一个是在中国台湾和菲律宾对新杂交水稻品种的实验。它们在印度是否可行呢？由加拿大植物病理学家格伦·安德森（R. Glenn Anderson）领导的科研小组已经在印度启动了一系列实验站，并在德里、卢迪亚纳（Ludhiana）、布萨（Pusa）和坎普尔开设了试点项目；1964年，100公斤种子从墨西哥运至印度，并准备在印度的自然条件下开展测试。这为后来所说的"绿色革命"（Green Revolution）奠定了根基，这一革命将使印度以及全球农业在20世纪最后30年里实现转型。[33]

但苏布拉马尼亚姆首先必须说服其内阁同僚，而后者依然还致力于实现国大党的既定目标——向"社会主义形态的社会模式"迈进，或至少要首先快速实现工业化。计划委员会中，最直言不讳地倡导关注重工业的是克里希奈马查里（T. T. Krishnamachari）。他主要关注如何降低城市工人的粮食价格。为此，他主张应该在政府控制价格和垄断粮食购买的基础上，建立全国粮食分配制度。苏布拉马尼亚姆指出，这种源自战时经济的粮食控制非常"不划算"，政府强制收购的价格太低，农民们难有投资新技术的积极性。双方在社会不平等的问题上亦有交锋。苏布拉马尼亚姆在其回忆录中说道，他的对手反对引进高产品种，因为"这种做法因利益分配不公将引发农村地区更大的社会矛盾"。而苏布拉马尼亚姆对对方的质疑和批评回应说："我们还有其他选项吗？"对那些认为他屈服于美国压力的人，苏布拉马尼亚姆反驳说，只有采取新的农业路线，才能拯救印度，以免受制于人，因为他担心"一旦我们对这些进口粮食产生依赖，其他的政治利益就会附加而上"。[34] 选择使用高产品种反而使印度农业依赖大量进口化肥，也比以往更加依赖新的水源。

247

苏布拉马尼亚姆战略的症结在于"在灌溉区集中"。[35] 这样的基础变革方式非常朴实直接。自19世纪起，印度的水文地理就已经塑造了国家的未来发展计划。此时，灌溉区与雨养区之间的差异将被认为是一种必然的社会不公现象，甚至成为一种战略考量。

* * *

1965年，印度经济与政治方面的巨大危机感推动了苏布拉马尼亚姆的农业路线。到1965年9月，当年夏季降雨量显然远远低于正常水平，农业总产量比前一年下降了17%。苏布拉马尼亚姆在一次演说中，试图说服印度各邦首席部长推行自己的政策，其中提到"与时间赛跑"。共产党代表穆克吉（H. N. Mukherjee）在国会批评苏布拉马尼亚姆在美国的压力下强制推行自己的战略。这位农业部长则批评H.N.穆克吉他们利用"季风失能的心理时刻"和国家的"恐惧"。[36]印度似乎还和以前一样，深深受制于季风。一家报纸的社论在1965年哀叹道："我们任由季风摆布，是多么的无助啊！"社论认为，整个印度过去10年的发展努力不过是"在灌溉方面一点表面上的且不稳固的改善"。[37]

发生经济危机的同时还发生了政治动荡。1965年8月5日至9月22日，边境地区的一系列军事冲突升级成为与巴基斯坦的战争。克什米尔地区经联合国协调停火后，双方都声称取得了胜利；在印度国内，夏斯特里政府的军事行动被视为成功。夏斯特里以洪亮的口号敦促人们在两条战线上开展斗争："士兵必胜！农民必胜！"（Jai Jawan! Jai Kisan!）战争的直接后果是美国突然中止对印度和巴基斯坦的援助。

美国总统约翰逊（Lyndon Baines Johnson）已经直接负责《480号公共法》下的粮食出口；他以其特有的直白将此称为"短链"（short tether）。他只给印度运送足以维持紧急需求的粮食，这种直接而又毫不掩饰的政治杠杆使印度政府恼羞成怒。战后，苏布拉马尼亚姆在商谈重启运输的谈判中起到重要作用。他在华盛顿以有利于美国的印度领导人形象而树立了声誉，他的政策视角与美方顾问的观念不谋而合。苏布拉马尼亚姆与约翰逊的农业部长奥维尔·弗里曼（Orville Freeman）建立了良好的关系。1965年11月，两人在位于罗马的联合国粮食及农组织（UN Food and Agriculture Organization）会议上会面，签署了秘密协定，以加快推进印度的农业改革，换取美国进一步开放粮食援助。夏斯特里在塔什干（Tashkent）准备与巴基斯坦签署和平条约期间突然死亡，尼赫鲁的女儿英迪拉·甘地（Indira Gandhi）接任印度总理，并于1966年访问美国以达成交易。她受到了约翰逊总统的热情接待，但为不得不去恳求美国而深深感到羞辱。1966年12月，英迪拉·甘地对一位助手说："我再也不希望我们去乞讨食物了。"[38]

到1966年，夏季季风连续两年失能，印度的粮食状况更加糟糕。印度最贫穷的比哈尔邦受到了最直接的影响。美国共和党议员对提供援助、对印度都抱有敌意。对此，约翰逊政府强调了印度急需粮食的规模，从而引发了印度独立后对饥荒的第一波恐惧。为了推动增加对印度的援助法案，约翰逊告诉弗里曼，他想让每个美国公众知道"人们的尸体被一卡车一卡车地

1967年1月，担任印度总理不久之后的英迪拉·甘地。图片来自：Express Newspapers/Getty Image

拉走，他们需要吃的"。[39] 相比之下，英迪拉·甘地政府由于担心出现政治纷争，却对比哈尔邦的饥荒秘而不宣。取而代之的是，印度政府删除了早些时候有关比哈尔邦饥荒的报道，斥其夸大其词，就像英国殖民政府的一贯做法。饥荒太过于象征黑暗的过去，而征服饥荒对印度政府的政治合法性太重要了，以至于印度政府不能承认印度独立后的这次，也是首次饥荒。但比哈尔邦灾情的规模眼看有暴发的危险，1967年4月20日，印度政府宣布，伯拉穆（Palāmau）和赫扎里巴克（Hazāribāgh）地区确实发生了饥荒；后又宣布5个地区发生饥荒，以及一些遭受"匮乏"之苦的地区。19世纪应对饥荒的政策经过多年来的不断修订，这次又发挥了作用。印度政府全力投入行动，应对比哈尔邦的粮食短缺。美国根据《480号公共法》条款运来的粮食至关重要，以合理的价格在2万家商店里被分发给民众。与传统做法一致，印度政府启动了大规模的公共工程，以提供就业机会，增加当地收入，鼓励从印度其他地区购入粮食。在社会党人贾雅普拉卡什·纳拉扬（Jayaprakash Narayan）[①]的领导下，比哈尔救济委员会（Bihar Relief Committee）动员起一支志愿者大军，募集了大量捐款。1968年的比夫拉危机（Biafra crisis）[②]常常被视为全球人道主义意识发展的分水岭，而在此前一年的比哈尔危机就已经让远方的人们拿出荷包了，其消息也通过电视屏幕让很多远在天边的人得以知悉。[40]

　　从大多数标准来看，印度和美国对比哈尔邦粮食匮乏的应对堪称成功。尽管出现了严重的粮食短缺，但死亡人数远远少于19

249

250

---

①　印度社会党和献地运动领袖。曾为国大党创始人，1948年退出国大党。——编者注

②　指始于1967年的尼日利亚内战。战争导致饥荒灾难的发生，大量人员死亡。

世纪的饥荒；官方统计该地区的死亡人数是2300人。即便这个数字属于低报，但对比殖民统治下的印度饥荒，差别是很明显的。

但这个事件的结局却有些奇怪，且出人意料。在位于美国得克萨斯州奥斯汀的约翰逊总统图书馆，有一个名字很简单的档案文件盒，上面写着："印度备忘录及其他，第八卷，第一部分（共两部分）。"我是从两位冷战史学家罗纳德·多尔（Ronald Doel）和克里斯汀·哈珀（Kristine Harper）撰写的那篇引人入胜的文章中获悉该档案内容的。多尔和哈珀认为，环境科学对约翰逊政府的外交政策以及美国由此投射到海外的影响力至关重要。[41] 自20世纪50年代起，美国对越南的介入不断加深，引起了美国对湄公河水文更多的关注。随着美军在1962年后对越南更加频繁的干涉，掌控大自然从战略视角来看已变得举足轻重。美国医疗人员对治疗疟疾的新药开展了实验，这是进行丛林战的先决条件，于是他们研发了甲氟喹。有的方法更甚：试图通过人工干预来改变降雨模式，以扰乱北越农业基础。美国在20世纪进行了一系列以控制天气为目的的尝试，这段历史的特征是稀奇古怪的计划多于可以预估的成功案例。[42] 此时这些尝试却成为军事外交战略的核心。比哈尔旱情发生时，美国在越南控制天气的秘密计划正处于测试阶段。约翰逊总统最不可能是南亚季风的专家，但他却把二者联系起来。约翰逊总统在他的回忆录中写到，在每一次批准执行《480号公共法》条款之前，他会看看天气图，才知道"印度具体哪里会下雨，哪些地方不会下雨"。[43]

1967年1月，皮埃尔·圣阿曼德（Pierre St. Amand）和一帮人自美国海军军械测试站（Naval Ordnance Test Station）抵达德里，执行一项高度机密的任务；事实上，直到10年前，多尔和哈珀的研究才将此事曝光。印度英迪拉·甘地政府秘密批准执行代号为"索环行动"（Project GROMET）的计划，其目标是把碘化银注入"大片高空冷云"以强制降雨。印度官方以某种狡猾而又平淡的声明承认了该计划的存在："美、印科学家正在北方邦东部和比哈尔邦合作开展农业气象研究项目，研究最近几年多次出现干旱的上述地区的云物理学和降雨机制。"问题是，在1月份比哈尔邦的上空几乎万里无云。于是他们又把研究范围扩展到旁遮普邦。美国驻印度大使切斯特·鲍尔斯（Chester Bowles）是个印度迷，他在秘密文件中写道："我们和印度双方都想证明，如果我们能够做到（强制降雨），印度的粮食和农业便无须完全受天气的任意摆布。"此后不久，有关此事的档案便无迹可寻；研究此问题的历史学家得出结论说："'索环行动'气数已尽。"[44]

多尔与哈珀之所以对"索环行动"感兴趣，主要是因其体现了约翰逊治下美国的外交政策。从印度与季风斗争的漫长历史来看，这项行动具有多层含义。就某种意义而言，"索环行动"是印度洋探索计划的对立面。新的气象科学强调季风气候的复杂性，将其根植于陆地—海洋—大气在全球范围内的相互作用中，而在比哈尔邦尝试人工降雨则体现了控制与遏制的逻辑。即便在那个时候，这项行动的设计师们也在担心，在印度实施的人工降雨会越过边境，给巴基斯坦带来不必要的影响。

* * *

1967年是印度政治史上的一个转折点。国大党自印度独立以来，一直以议会多数顺利执政，但在印度第三次大选的民意投票中，国大党受到重创。虽然国大党依然在新德里（New Delhi）

252

掌握着权力，但其票数优势在缩小，更重要的是，他们失去了对各邦政府的控制，包括泰米尔纳德邦——由诞生于反种姓制度运动的地区党派德拉维达进步联盟（Dravida Munnetra Kazhagam）控制，喀拉拉邦——由印度共产党控制，以及西孟加拉邦（West Bengal）——由包括印度共产党在内的联盟控制。印度独立之后的一代人，圣雄甘地和尼赫鲁的衣钵已不足以为这个曾领导民族主义运动的党派争取支持。支撑国大党主导地位的社会各方势力联盟已经脆弱不堪；在很多地方甚至已经瓦解。英国驻德里高级专员公署向伦敦递交了一份秘密评估报告，称大选结果反映了"对长期以来无法解决高涨的物价、低廉的工资（和）粮食短缺——在某些地区相当于饥荒，人们已经失去耐心"的状况。[45]

对此政治时刻的惯常描述偶尔也会用气象来解释变化的原因。政治学家阿舒托什·瓦什尼（Ashutosh Varshney）写道，20世纪60年代印度的经济政治转型在很大程度上是由于"季风的偶然性"。[46] 近年来，历史学家又普遍把气象视为推动政治事件的力量。[47] 但把印度的政治转型"归咎于"季风无雨，未免过于简单化。1967年的大选结果所体现的是印度选民的希望；它是印度各党派用于政治动员而使用的新话语的结果；它凝结了为大众民主所释放出来的权力、公正和认可，而这些再也无法与一党独大的体制融合。如果不把气象看作决定人类未来的外部力量，而是将其视为所有人类恐惧与焦虑的源头，我们会看到更为丰富的图景。印度人民百年来对季风充满畏惧和担忧，只有在这种背景之下，了解季风失能与饥荒之间深刻的历史联系，我们才能理解，为什么那么多经历了20世纪60年代中期旱灾的人会将这场旱灾视为政治失败的证明。

253

三

联合国于1972年6月在斯德哥尔摩（Stockholm）召开了第一届人类环境会议，英迪拉·甘地是参加这次会议的两位国家元首之一。她在全体会议上发表了激动人心的演说，指出在印度已成为公众议题的生态问题：

> 对动植物所处的日益恶化的状况，我们与诸位一样忧心忡忡。我国的一些野生物种已经消失不见，绵延数千米的森林中生长着美丽的古树，于无声中见证着历史，也已被毁坏殆尽。虽然我国的工业发展尚处于起步阶段，而且处在最艰难的阶段，我国正采取各种措施来应对初现的环境失衡问题。更重要的是，出于对人类命运的关切——人类物种同样遭受着威胁。人在贫困时，会面临营养不良与疾病问题；在脆弱时，会面临战争的威胁；在富有时，又会面临其自身繁荣所带来的污染问题。[48]

但她对问题根源的断定与大会的许多倡议者有出入，那些倡议者的视野已被第三世界马尔萨斯式的黑色梦魇所吞噬——这种观点主要体现在生物学家保罗·埃里希（Paul Ehrlich）于1968年出版的《人口爆炸》（*The Population Bomb*）一书中。埃里希开头几行就提到了德里"恶臭、炎热的夜晚"。"我们穿过城市，来到一个人满为患的贫民窟……街道塞满了人群，"他写道，"他们在吃饭、他们在清洗、他们在睡觉、他们在会客、他们在吵闹、他们在尖叫……人、人、人、人。"[49]

作为回应，英迪拉·甘地表达了立场，认为环境退化问题主要还是一个贫困问题：分配的问题，而不是数量的问题。她提醒听众：“我们生活在一个分裂的世界里。”她把掠夺地球的历史责任归咎于本就应该承担这一责任的富裕国家。她认为“如今的许多发达国家之所以达到目前富裕的程度，是因为他们主宰了其他种族和国家”以及通过“对他们自身的自然资源的剥削”。发达国家“之所以获得了先机，就是因为他们完全残酷无情、没有同情怜悯之心，或完全不受所谓的自由、平等、公正等抽象理论的束缚”。而到如今，落后国家却被告知，他们不能那样做。她提醒听众，“被殖民国家的财富与辛劳对西方的工业化和繁荣功不可没”，但20世纪70年代，“正当我们要奋发图强、创造自己的美好生活之时，情况已经发生了翻天覆地的变化，很明显，我们如今处在鹰眼一般的监视之中，即便是稍有价值的事情，我们也无法如此放手去做。”印度中产阶级发展，甚至是仅仅维持其最贫穷的国民最低限度的体面生活水平的同时，人们越来越意识到资源的有限。“我们不希望环境进一步恶化，”她坚持，“但一刻也不能忘记，大量人口还处在极端贫困之中。”她最引发共鸣，也是她的演讲最为人所记住的话是一个反问句：“贫困与需求难道不是最大的污染源吗？”

她还提及更大的风险和顾虑：“住在乡下、贫民窟的那些人，生活从源头开始就受到污染，我们怎么能跟他们谈保护海洋、河流和空气洁净呢？”她拒绝在要发展还是要环境保护二者中择一，宣称“在贫困条件下，环境状况不可能改善”，而且“不利用科学和技术，贫困也不可能消除”。科学和技术是印度的希望所在。

英迪拉·甘地的演讲结尾向听众描绘了她有关印度独立以来

努力探索的所见所闻。她说："本世纪最后25年里，我们从事着一项人类历史上无可比拟的事业，那就是经过一两代人的努力，解决占世界六分之一人口的基本口粮。"[50] 在英迪拉·甘地对速度、紧迫性、规模的论述中，蕴含着她对正在席卷全世界的人口和物质变革的认可。虽然英迪拉·甘地在斯德哥尔摩强烈驳斥了马尔萨斯的观点，但马尔萨斯式的梦魇犹在。从一定时间内的这个意义上来说，人口增长这股有说服力的、难以稳定的力量增添了她对这一梦魇的恐惧。在劳工骚动、司法对她大选获胜的合法性提出挑战①的情况下，这些问题造成一种围剿之势，最终使她在1975年宣布实行全国紧急状态，第一次、也是（迄今为止）唯一一次利用殖民时代的条款中止民主宪法的运转。这使得英迪拉·甘地领导下的印度政府推行蛮横的人口控制计划，包括采取强制绝育的措施。[51]

255

　　在英迪拉·甘地看来，许许多多迥然不同的忧虑汇聚在一起形成了一个首要的"环境"问题：人口增长和自然资源的有限性；包括快速发展对人类健康影响的忧虑；对物种灭绝和栖息地消失的忧虑等。这次国际环境会议召开正值印度国内开始尝试应对这些挑战的时候。英迪拉·甘地的政府提出了1974年的《水污染防治法》［Water（Prevention & Control of Pollution）Act, 1974］，这是印度在国家层面针对环境问题的首次尝试之一。根据该法案，印度在省邦和国家两级设立了污染管理委员会；这些委员会被赋予认定可接受污染水平的权力，如规定工厂可以排放进入水体的污水成分和数量。这项立

---

　　① 英迪拉·甘地的反对者们控告英迪拉·甘地在1971年大选中存在以权谋私、营私舞弊等行为。1975年，安拉阿巴德高等法院判处英迪拉·甘地选举舞弊的指控成立，宣布英迪拉·甘地在未来6年中不得竞选公职。——编者注

法对水划定了很宽泛的范围，涵盖了"溪流、内陆水域、地下水、海水或潮汐水域"。但事实表明，这项法律难以实施，至今也是如此。污染管理机构并没有意愿也没有权力来起诉强势的地方实业家。在司法上，《水污染防治法》面临许多挑战，其中经常援引的依据是该法案侵犯了宪法规定的有关从事贸易或商业的权利。例如，1981年名为阿加沃尔纺织实业集团（Aggarwal Textile Industries）的律师们对拉贾斯坦邦污染管理委员会的裁决提出质疑，认为"防治水污染是一个涉及范围广泛的重大问题……通过某一个人来保护或控制由此人所建立的企业而导致的污染，实属勉为其难"。在大量类似的案例中，违反者都经许可继续从事对环境造成污染的活动。[52]

* * *

尽管对可持续性的问题有了新的认识，但印度应对粮食和人口危机的核心症结在于用水量大幅增加。20世纪初期那种无限扩张的信念再次复活。印度开展"绿色革命"的前提是扩大灌溉。但无论地表灌溉工程的规模多么庞大，可资利用的水资源依然不足。几百年来，印度干旱地区的农民深知，而且19世纪的英国管理者也认识到，南亚的地下水资源为抗旱提供了最直接的保障。南亚很多地区自古以来就有精巧有效的水井灌溉系统，但到19世纪，这些基础设施早已失修。地下水资源的优势在南亚非常突出：地下水就地可用，而且比起地表灌溉工程，其所需的基础设施要少得多；地下水不像水库，不会因为蒸发而大规模流失水分。地下水资源对季风失能的适应性更强。20世纪60年代前，地下水资源未能得以进行大规模、充分地调度使用以满足印度的粮食需求。管井的出现从根本上改变了这种状况。

管井技术简陋，很难称其为水利革命的先驱。管井由电动水泵驱动，一根长长的不锈钢钢管可以钻入地下的含水层。历史与建筑学家安东尼·阿恰瓦蒂（Anthony Acciavatti）认为管井技术是对诸如水坝、运河等具有里程碑意义的水利技术的"颠覆"。与水坝技术相比，管井技术"占地面积小，抽取水量大，可使农民获得前所未有的水资源自主权，也带来了三维混沌"。[53]

印度政府通过补贴用于集中开发地下水基础设施的建设费用来鼓励农民选用高产小麦和稻米品种。各地电力部门也降低了电费成本。到20世纪70年代，数百万农民广泛分布于全国各地，监测农民能源使用情况的成本高昂，难以承受，各地电力部门只能选择统一电价。这个做法促使农民尽可能多地使用电力来抽取地下水。结果是，用于农业上的电力消耗占比也从1970—1971年的10%上升到1995年的30%，而各地电力部门承担了巨额亏损。至2009年，地下水灌溉就已经占印度灌溉面积的60%，而地表水灌溉却只有30%。[54] 此时的印度和巴基斯坦都开始对地下

257

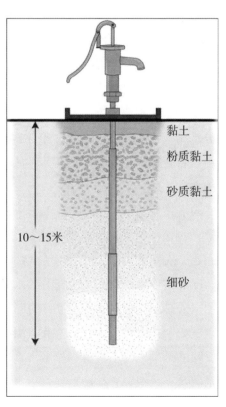

258

20世纪60年代风行印度的电动管井。插图由玛蒂尔德·格里马尔迪绘制提供。

水产生新的依赖，就像两国共享印度河一样。由于同样采用相同的杂交种子且大量使用化肥，巴基斯坦粮食安全对灌溉的依赖比之印度有过之而无不及。同时，地表水灌溉的占比一直呈下降趋势，尽管如此，大型水坝建设依旧如火如荼。即使在地下水已经提供了大比例的灌溉用水份额的情况下，大坝建设仍势不可当。大型水坝是人类利用技术征服大自然的体现，因而有巨大的权力象征意义。在印度独立后的30年里，工程和建设行业存在许多既得利益集团，他们致力于继续建造水坝。在整个20世纪70年代，水坝建设的社会和生态成本成倍增长；在下一章，我们还会看到这类成本引发了20世纪80年代广泛的抵制。

为印度水域制定的乌托邦式的技术规划随着人们对气候规模、威力和不可预测性认识的加深——似乎是无意识的——在20世纪70年代甚嚣尘上。虽然罗杰·雷弗勒是海洋学的先驱人物，也是20世纪60年代国际印度洋科学考察计划的设计师，但他在70年代看问题则更加实际。雷弗勒从斯克里普斯海洋研究所转到哈佛大学，成立了哈佛大学人口与发展研究中心。1975年，他与印度同事拉克西米纳拉扬（V. Lakshminarayana）合作撰写了一篇文章，讨论了所谓的"恒河抽水机"（Ganges Water Machine）的问题，表达了担忧："根深蒂固的文化、社会和经济问题会阻碍印度的农业现代化和更为充分的水资源利用。"他们所展望的是"引入必要规模的技术变革来打断传统和不公的枷锁，正是这些锁链如今把人民束缚在痛苦和贫困中"。在他们的心目中，技术反映的是季风降雨、喜马拉雅水系、地下水域等广泛而又相互联系的水利系统，并扩展到堤坝、水坝，尤其是大规模使用的地下水泵等网络体系。同年，资深灌溉专家拉奥发表文章，提出一项更为宏大的规划。他回到19世纪的灌溉先驱亚瑟·科顿爵士的梦想，建议通过运河网络把水从印度水量最丰沛的地区输送到最干旱的地区。[55]

印度20世纪70年代靠水驱动的发展路线在亚洲十分普遍。20世纪70年代，中国通过自己的"绿色革命"发展之路，使农业得到快速发展。中国在20世纪70年代空前的粮食增产是建立在遍及四面八方的农技站下沉到公社的基础之上的。中国政府与印度一样，对人口的快速增长与可用耕地的压力产生警觉。一如在印度，中国农民依靠大量化肥，采用高产的种子品种。20世纪70年代，中国小规模的化肥厂快速发展，遍及全国，形成分散的网络体系。水稻矮秆高产品种在20世纪70年代的中国普及尤为迅速，为增收奠定了基础。中国也和印度一样，20世纪70年代农业的发展依靠的是开采地下水。电动水泵在灌溉中起到了重要作用。1965年，中国拥有大约50万套机械化灌溉和排水设备；到1978年，中国的机械化灌排设备数量已超过500万台。[56]但从另外几个方面来看，中国粮食增产的途径与印度截然不同。遵循毛泽东思想，强调群众运动，中国的农业战略比印度拥有更为广泛的基础。历史学家舒喜乐（Sigrid Schmalzer）将此称为"方法的拼接"，即机械化作业与劳动密集型的梯田作业共存；化学肥料与传统的收集隔夜土壤和猪粪的做法相结合。[57]20世纪70年代以水、肥为动力的发展，为20世纪80年代中国农业的进一步扩张奠定了基础；但随着农村集体化运动的结束和市场化改革的起步，农村的不平等问题也出现了愈发扩大的趋势。

四

20世纪六七十年代，印度一直面临的水源分配不公问题加

剧；管井分布不均更加剧了这种局面。自20世纪60年代末起，随
着"绿色革命"的起步，印度西北部和东南部的干旱地区逐渐成
为农业发展的中心，这是开发地下水，加之电气化推动采用高
产种子的结果。相比之下，印度东北部的丰水地区却仍然依赖降
雨，采用的是效率相对低下的柴油泵来抽取灌溉用的浅层地下
水；那里仍然面临定期内涝的风险，同时又缺乏基础设施来储存
多余的水或通过地下水补给。[58] 在大型水坝能够通过水力发电生
产电力能源的地方，水泵却在消耗电力开采水源。

这些不平等现象在1970—1973年印度西部和中部连续3年干
旱的情况下表现出来，其中西部的马哈拉施特拉邦受害最严重。
位于华盛顿的世界银行存放的档案里，有一份关于马哈拉施特拉
邦旱情的50页电传稿；最上面草草手写着两个字："传阅"。这
份文件的撰写者是农业经济学家雷正琪（Wolf Ladejinsky），他
出生于一个乌克兰犹太家庭，1922年曾从苏联内战中逃到美国。
他曾在哥伦比亚大学学习，后就职于美国农业部的外事服务处，
最终成为亚洲农业问题专家。他曾在美国占领下的日本工作，监
督那里的土地改革，并在其中发挥了至关重要的作用，就像后来
在中国台湾一样。在麦卡锡时代，他受到怀疑，但艾森豪威尔总
统为之辩护，随着美国对南越干涉的不断深入，20世纪50年代，
他被指派去指导南越当地的土地改革。20世纪60年代，雷正琪与
世界银行合作，一直关注着亚洲的农村问题。他虽然并不倡导共
产主义，但又认为，在土地高度集中在少数人手里的社会，土地
改革非常重要。[59]

261　　　雷正琪曾多次到印度工作。1972年，世界银行派他来到印
度，调查马哈拉施特拉邦的旱情，这场干旱使印度再次陷入饥荒
危机。他在笔记的开头承认"这是一个作者试图控制自己情感

的情况"，他担心自己的"信誉会因夸大大自然无可辩驳的残忍——既没有降雨，也没有庄稼——而受损"。他认为："从历史的角度来看，马哈拉施特拉邦的挣扎都是追逐水资源的表现。"在回应19世纪末的一份英国评论时，他把季风拟人化为某种力量，称为"季风逃学"。他还描述了自浦那到乡村的行程；在那不久前，他途经一片景观，"为大自然的任性而战栗"。缺乏饮用水的问题随处可见。雷正琪发现，缺水比少粮问题更严重，缺水会令农民们离开家园，举家搬迁去寻找工作。他描绘了这样的景象：人们在饥荒救济营地围着水罐车，这些水罐车都是石油公司以慈善之名捐赠的。雷正琪认为，措辞很重要，地方邦政府和中央政府都不愿意使用"饥荒"这个词，因为这个词是过去黑暗的殖民历史的遗产，他们使用了更为温和的词语"匮乏"，但这却掩盖了危机的严重性。[60]

马哈拉施特拉邦的旱情表明，20世纪五六十年代的水利革命对印度许多农村地区助益甚少。经济学家让·德雷兹（Jean Drèze）[①]对旱情开展了细致的研究，发现在该地区只有8%的土地得到灌溉。德雷兹写道，对那些靠雨水灌溉的土地，"微薄的粗粮收成仍然是一场对季风的赌博，而在淡季，大地所展示的是一幅尘土飞扬的荒凉景象"。旱情使粮食的收成下降了14%；饥荒的威胁真实可见，而政府齐心协力避免了饥荒的发生，这堪称印度独立以来最有效的应对措施之一。印度食品公司（Food Corporation of India）组织调配来自印度其他地区的小麦，并经由遍及全邦的3万家商店通过补贴价销售。同时，一个大型的公

262

————————

① 印度经济学家，安拉阿巴德大学客座教授。与人合著有《不确定的荣耀》《饥饿与公共行为》等。——编者注

共工程计划创造了就业岗位；每天有多达200万人参与诸如路桥修建、挖掘水井等公共工程施工。这增加了地方的收入，反过来又推高了马哈拉施特拉邦的粮食价格，吸引了来自邦外的粮食供应。由于政府禁止在危机期间进行跨邦粮食交易，此类供应常常是非法的。这类非法供应虽然价格虚高，却有助于弥补粮食短缺。[61]

最终使马哈拉施特拉邦逃过一劫的，不是什么高新技术，而是印度出人意料的公共分配体系。这场干旱显示出水利工程所惠及的不过是零敲碎打而又分布不均的局部区域，也说明了公共政策和即时干预的重要性。但人们并未吸取这些教训。这场干旱并未削弱人们对这一观点——印度所需的是灌溉水源，此时它们来自更深层、更深层的地下——的信心。

五

由于国际印度洋科学考察计划以及之前在1957—1958年的"地球物理年"所收集到的数据，科学家对季风的认识在20世纪六七十年代取得了进展。如今，季风研究的核心主要体现在两个现象上。一是"湿润过程"，简单而言就是潜在热量的释放以及云层对辐射的影响。二是海洋与大气层的耦合。现在有一种新的认识，正如一位气象学家所说，季风系统形成了某种"看起来由不同部分组成的综合体：即两种流体——上层流动的空气，下层变化的海洋"。越来越复杂的计算机模型可以开启或关闭其中的任何一个过程，以便把不同的变量加以区分并对其进行研究。[62]

最重要的突破来自加利福尼亚大学洛杉矶分校的挪威气象学家雅各布·皮叶克尼斯，他是威廉·皮叶克尼斯的儿子。父子俩同在一个科研团队，曾在20世纪第二个10年内在卑尔根的监测站

厄尔尼诺

拉尼娜

下沉干燥气流
温度高于年平均气温
温度低于年平均气温

20世纪60年代，雅各布·皮叶克尼斯发现了"厄尔尼诺-南方涛动"现象。本插图显示的是"温度高"（厄尔尼诺）与"温度低"（拉尼娜）两种阶段。插图由玛蒂尔德·格里马尔迪绘制提供。

发现并命名了极锋现象（the phenomenon of polar fronts）。此时，264
雅各布·皮叶克尼斯利用国际地球物理年考察所获得的数据，测定了吉尔伯特·沃克在20世纪20年代担任印度气象局局长期间和之后首次观察到的现象的驱动机制。沃克将此现象称为"南方涛动"，指的是在达尔文岛和塔希提岛的两个监测站所测得的整个太平洋海域的海平面气压之差。但沃克未能测定这种气压波动的原因；皮叶克尼斯发现其中的奥秘在太平洋的海水之中。

皮叶克尼斯发现南方涛动的关键在于东太平洋海面温度的周期性变高，他把这种现象称为"厄尔尼诺现象"，与渔民对此类现象的命名保持一致。这种海面温度变高对全世界的气候产生影响。西太平洋靠近印度尼西亚的水域在大部分时候比东太平洋水域更暖，形成了东边的"信风"，但皮叶克尼斯发现这些信风不过是高纬度地区高空大气层中环流反转的外在表现。为了纪念吉尔伯特爵士，他将此命名为"沃克环流"。在"厄尔尼诺现象"中，东太平洋水域海面温度变高，气压差随之缩小；而由于"沃克环流"是由温差和气压差推动的，因此"沃克环流"就会减弱。海面风强度较弱，减少了对海水的搅动，导致较少的、深海处的、温度较低的海水涌向海面；使得东太平洋持续异常温暖，从而抵消了整个大洋通常情况下的东西温差，进一步削弱了"沃克环流"。[63]

这种对环流的干扰对西太平洋和印度洋、甚至是北大西洋的降雨都有影响。厄尔尼诺现象出现的年份，往往亚洲盛行的季风较弱、南美洲降水过多。皮叶克尼斯将这个完整的海洋-大气系统称为"厄尔尼诺-南方涛动"现象，其中厄尔尼诺属洋面温度持续偏高的阶段，而拉尼娜（La Niña，意为女孩）则是洋面温度持续异常偏低的阶段，没有表现出这两种极端现象的年份，称为"休止"阶段。拉尼娜现象的后果与厄尔尼诺现象相反，它扩大了东西太平洋之间的温差，也加强了"沃克环流"，给亚洲海岸地区带来比平时更多的降雨。

厄尔尼诺-南方涛动现象的发现标志着对亚洲季风在认识上有了突破。历史气候学家发现，许多亚洲历史上的严重干旱，包括导致19世纪70年代和90年代的饥荒以及本章前文论述过的1972—1973年的马哈拉施特拉邦干旱等都与厄尔尼诺现象的发生期重合。但厄尔尼诺-南方涛动与季风之间的因果关系很复杂。有证据表明，特别强悍或特别微弱的季风有可能预示着、而非跟随厄尔尼诺-南方涛动周期的相应阶段。热带气象学家彼得·韦伯斯特（Peter Webster）认为，查尔斯·诺曼德的观点有一定道理，那就是，印度的气候可以为世界其他地方的气候提供预测，而印度自身的气候相比起来却没有那么"顺从于"自己的预测。[64]诺曼德曾任印度气象局局长，这个观点是他在20世纪50年代退休之后、皮叶克尼斯发现厄尔尼诺现象之前提出的。

厄尔尼诺–南方涛动现象的发现为亚洲干旱的周期性带来了新的问题，正如我们所看到的那样，这个问题曾经在19世纪70年代引发大量讨论。它强化了从印度洋考察计划中得出的判断，即亚洲的气候极其复杂，与地球上很多地区的气候相互关联。厄尔尼诺–南方涛动现象是准周期性的，它虽然反复出现，但间隔存在变化，对其预测并非易事。20世纪70年代早期，对较短时间范围内的气候内部变化也有了新的认识。1971年，美国国家大气研究中心的罗兰德·马登（Roland Madden）和保罗·朱利安（Paul Julian）发现了后来所称的"马登–朱利安振荡"（Madden-Julian Oscillation，简称MJO）现象，即海面压力和风向在大面积区域内的振荡，其影响是全球性的。[65]"马登–朱利安振荡"现象具有明显的周期性；如气象学家亚当·索贝尔（Adam Sobel）所说的那样，这个现象是"跳出了气象学噪音的信号"。"马登–朱利安振荡"从西移到东，从印度洋移到太平洋，持续时间为30～60天，其强度每年不同。当它处于"活跃期"时，会带来大量降雨，提升热带气旋出现的概率；而在其"被抑制期"，则会扰乱季风的流动，甚至逆转风向，使天空万里无云。"马登–朱利安振荡"现象与北方的冬季尤为相关；但科学家们还在北方的夏季发现了另一个季节内振荡（Intraseasonal Oscillation，简称ISO），这种振荡是向北而非向东。这个现象被称为"北半球夏季热带大气季节内振荡"（Boreal Summer Intraseasonal Oscillation，简称BSISO），关于它与"马登–朱利安振荡"是否存在关联的问题依然存有争论，但也被认为对亚洲的夏季降雨量波动有着至关重要的影响。[66]20世纪80年代，进一步的研究揭示了这些季节内振荡背后的机制，尽管还存在一些不确定性。[67]季节内振荡能够较为有效地解释在任何季风期内季风活跃期与休止期的交替变化，这对农业有关键又直接的影响。

技术和认识上的进步并没有改变科林·拉马齐在国际印度洋科学考察计划结束时所下的结论，即从实用的角度而言，季风预测方面几乎没有什么进展。虽然从宏观层面来理解季风已经取得进步，但对亚洲农民来说，最重要的是特定季风期内的降雨节律，也即气象学家所谓的季风"活跃期"与"休止期"之间的关系。亚洲的农业与季风的节律如此息息相关，以至于对种植业来说，最具毁灭性的影响往往来自夏季降雨的突然中止，即使耕种过程中整体而言降雨充分，但天空突然之间大放光明，庄稼在其生命周期的关键阶段难以吸收所需的雨水来茁壮成长，终会导致歉收。

1979年，破译季风密码的行动得以进一步推动，这是"全球天气实验"（Global Weather Experiment）的一部分，即其中的印度洋部分，被称为"季风试验"（Monsoon Experiment，或简称MONEX）。该计划规模宏大，甚至超过20世纪60年代的国际印度洋科学考察计划，而且利用了卫星技术，装备更为齐全，其中包括3400个陆地监测站、800个高空天文台、9艘气象船、7000艘商用船和1000架用以监测记录的商用飞机、100架用于科研的飞机、50艘用于科研的船只、5颗气象卫星和300个气象气球。尽管有此等规模和令人炫目的先进装备，但是韦伯斯特指出，那些了解季风的更为传统的办法——水手们的本能知识，在1979年依然有效；他认为印度洋西北部海面上的那种老式独桅帆船（dhow）几百年来一直都在利用季风洋流，这种船只如今依然被广泛使用。[68]

＊＊＊

国际印度洋科学考察计划的气象组组长科林·拉马奇于20世纪70年代返回印度。他利用在当地执行任务的业余时间，变身历史学家，撰写了一篇简短而火药味十足的文章，评论了亨利·布兰福德之后的第二任印度气象局局长、自己的前任约翰·埃利奥特是如何未能预测1899—1900年那场毁灭性旱灾的。拉马奇一头扎进《印度时报》的档案中，撰写了一篇文章，对后续的饥荒做了有力的论述。他宣称："政府以宗教狂热为理由拒绝改变所尊崇的自由放任主义。"一如当时许多批评英国政策的评论家一般，他认为修建铁路既缓解了饥荒，又使饥荒恶化，因为铁路让投机商更加方便地把粮食运输到购买力更高的地区。他称赞印度政府为了保护国民免受饥荒威胁所作出的努力，但也指出，尽管付出了最大的努力，印度依然依赖粮食进口，与20世纪20年代以来的做法没有什么不同。他的结论并不乐观。他质问道："我们能够保证这类毁灭性的饥荒不会重演吗？"自印度独立以来，从未有过如1899年那么严重的干旱。他以如此语调结束文章，留下一个隐含的问题：如果那种毁灭级的干旱真的出现，会发生什么呢？[69]

但是如今另一种威胁正在显现。在实施"季风试验"的1979年，世界气象组织召开了第一届世界气象大会。大会宣言认为有必要去"预测和防范影响人类福祉的潜在、人为的气候变化"[70]。自20世纪80年代起，气候变化以及其他环境威胁，再加上与水相关的风险，正是几十亿亚洲人民所面对的局面。

269　　第九章　　风暴地平线

　　20世纪80年代，包括其纵向维度，亚洲水危机的影响已全方位显现。这10年中，卫星图像和遥感数据向科学家们揭示，从地下水到大气层，自然环境已经被人类活动彻底改变。甚至无须借助先进的技术，许多影响肉眼可见。人们所呼吸的空气和饮用水的品质在下降；人们对赖以生存、与生活息息相关的河流"被绞杀"的现状心知肚明。1984年，汇入印度母亲河恒河的化学污染物浓度之高，引发了一段水域起火，恒河成了一条火焰之河。

　　亚洲水域面临前所未有的水源需求，这些需求源自于两大重叠的社会进程。一个是始于20世纪50年代的人口增长。印度人口从1950年的不到3.7亿人增长到1980年的6.848亿人，增长了272　185%；仅在20世纪70年代，印度人口就增加了1.31亿。中国的人口增长速度相对较慢，但人口基数更大：从1950年的5.62亿人增加到1980年的将近9.88亿人，70年代的绝对增长人口数量接近1.66亿人。尽管到了20世纪80年代，印度和中国的人口增长速度都大幅放缓，尤其是两国强制施行了人口"控制"措施，但前几十年的增长所形成的累积效应依然很明显。与马尔萨斯预言家的担忧背道而驰，起初，非常低的人均收入水平限制着这种人口扩张对生物圈的影响，另外，这种影响还受制于印度和中国政府有意抑制消费的措施——以发展储蓄为未来工业发展投资储备。但20世纪80年代第二个重大转变开始了，亚洲最大的两个国家经济快速增长，走上了东亚、东南亚其他国家和地区

10多年前或更早时候走过的道路，只是规模完全不同。

倡导社会主义艰苦朴素的火种首先在中国点燃，而邓小平改革推崇的是"致富光荣"的理念。1978—2012年，中国经济年均增长率为9.4%，是"历史上主要经济体中持续增长速度最快的国家"。[1]印度经济增速相对较慢，但到了20世纪80年代，年均增长率也达到了约5%。国际货币基金组织提供紧急贷款以应对严重的外汇短缺之后，印度经济在经济学家曼莫汉·辛格（Manmohan Singh）的精心规划下，逐渐转向自由化：废除私人投资和贸易的繁琐规定，即所谓的"许可证准入制度"（License-Permit Raj）。印度经济随后开始高速发展，其经济增长率在90年代末开始回升；但随之而来的是急速增长导致的不平等加剧。以绝对值计算，印度仍然是世界上贫困人口最多的国家。[2]与中国相比，印度新繁荣所导致的生态威胁加剧了人们耳熟能详且常常与水或天气相关的极端贫困风险。印度人口绝大部分为农村人口，这种现象直到21世纪中期也没有改变。20世纪80年代，亚洲水资源状况恶化加剧，使更多印度和孟加拉国人民面临危险的挑战。

本章主要展示了自20世纪80年代始，亚洲水域如何服从于来自工业、农业和城市快速增长的需求。对地下水的开采超出了水循环系统补充地下含水层的能力限度。对能源的渴求重新点燃了人们对水力发电的兴趣。政府和私人投资者把关注的目光投向大江大河的上游。从20世纪80年代始，水利工程集中在喜马拉雅山脉地区。曾被人们看好的低地水坝在70年代已基本消失；山河陡峭的落差使大坝成为发电的理想场所。20世纪80年代以来，一批存在竞争的项目沿着河流上游竞相汇聚，潜在的冲突随之不断增加。各国具备了拒绝向下游国家供水的能力。这种实力并非是在

273

技术层面——因为筑坝技术相比20世纪50年代进步不大，而是在经济层面和基础设施建设层面，还有最关键的意志力上。南亚、东南亚和东亚之间的贸易曾在20世纪50—60年代衰退，贸易的复兴催生了对资源和水源的新需求。

生态不稳定这杯"鸡尾酒"的最后一种"原料"来自气候变化的加速影响。早在1982年，印度的环保活动家就提出了一个他们称之为"相当具有预言性的问题"：由于大气中二氧化碳含量增加，本世纪末可能发生全球气候变化。他们提出了一个暗淡的前景："很有可能的是……在印度发展了几个世纪的农业不得不作出改变，农作物产量比如今将更加难以保证。"[3]从那时起，科学界对人类活动引起气候变化这一现实已经普遍达成共识。[4]气候变化不再是一个"未来将面对"的问题，其影响就在此时、此地。气候变化的影响威胁着印度到中国一线的沿海地区。

气候变化对水的各种形式都产生影响：雨云以及喜马拉雅山脉的冰川、江河的流动以及海岸线的塑造、海平面高度以及气旋风暴强度等。[5]气候变化背后有复杂的历史背景。历史学家、马克思主义理论家安德烈亚斯·马尔姆（Andreas Malm）说道："气候变化的风暴力量来自过去无数的燃烧行为，准确地说——是过去两个世纪。"[6]而从另外一种意义上说，当前的危机也是历史的产物。气候变化对亚洲，尤其是对南亚的剧烈影响即将在整块由历史所形塑的土地上上演——由社会不平等的累积效应、20世纪中叶的边界、控制水源的基础设施所构成，还受到关于气候和经济的历史观念的影响。

一

经济学家安格斯·迪顿（Angus Deaton）认为，在亚洲过去逃离物质匮乏的"大逃亡"中，水是核心要素。[7]"绿色革命"所推动的农业集约化发展，即一系列高产种子和化肥的广泛利用，在大量水源的保障下，粮食得以大幅增产，这连上一代人都难以想象。1970—2014年，印度粮食产量增长了238%，同期人口增长了182%。这还是在用于耕种粮食的土地数量略有增加的情况下发生的。中国的增长更加惊人：粮食产量增加了420%，但耕地面积没有增加。[8]20世纪60年代，由于季风的影响，印度还向美国寻求大量粮食援助，但仅仅10年之后，印度就成了一个粮食过剩的国家。

尽管难以捉摸，但在印度精英阶层中，一种不可动摇的意识已经牢牢占据了位置：反复无常的季风威胁已经退去。作家兼报社编辑库什万特·辛格（Khushwant Singh）在1987年一篇有关印度文学中的季风的文章中表达了这种感受。库什万特·辛格征引了大量印度史诗和诗歌来说明几百年来季风对塑造印度文化情感发挥了多大的作用。但他得出结论，近几十年来，"印度正朝着摆脱对变化莫测的季风的依赖的方向迈开大步"。技术促成了这种变化：印度"修建了巨大的水坝，铺设了数千米的灌溉渠，挖掘了无数电动管井来为农业供水"。其带来的安全感使幻想破灭："印度人民无须再经历漫长的、痛苦的夏天，无须在长达几个月的灼热里苦苦等待第一片云彩到来。"季风已从印度文学中消失，"不再如以前那般激起诗人或小说家的想象"。[9]

那些更了解印度农村状况的人则有不同的看法。现代主义艺术家乔蒂·巴特（Jyoti Bhatt）曾在古吉拉特邦颇有影响力的

275

巴罗达学校接受训练，并深谙当地艺术传统。同年，他写道，尽管在天气预报方面有所进步，但要预测整个季风季节的特征仍然难以实现。在民俗文化中，除了在高雅的诗歌中，季风仍然保持着神秘的面孔。巴特描述了在干旱的卡奇、萨乌拉施特拉（Saurashtra）地区和古吉拉特邦一年一度的节日景象。这个节日是为了庆祝巴达利（Bhadali）的存在，她是牧羊人之女，也是天赋异禀、能预测雨水的神灵——她联结着焦急的期待。他写道，古吉拉特的村民"不停地观察和解释着周遭的各种预兆、迹象和实际表现"。他们依靠"祖辈积累的经验"决定每年何时播种。对于这些仪式在多大程度上帮助了农民，巴特并不清楚，但至少，他认为，这些仪式比"在小小的电视屏幕上，观看全印电视台（Door Darshan）基于印度国家卫星系统（INSAT）收集的数据播送的天气预报"要刺激。[10]

同样在1987年，哈里·T.大岛（Harry T. Oshima）重新审视了"亚洲季风"吹过的这个古老的地方，他的写作涉及的范围更广，而且用的是经济学语言而非诗歌。大岛出生在夏威夷，他的学位论文主题是亚洲新兴国家国民收入统计；他曾于20世纪50年代就职于联合国，70年代时担任洛克菲勒基金会驻菲律宾代表。[11]大岛发现，亚洲季风的整体性已经被水与生产力之间关系的转变所打破。大岛的叙述从一个永恒的愿景开始：从南亚到东亚的沿海和三角洲地区，降雨所具有的强烈季节性创造了一种共同的农业模式，即劳动密集型的水稻种植，高人口密度、以小型农场为主的模式。他还写道"季风经济"的"根本要义"是基于"和谐……妥协、节制、勤奋与合作"的精神。在这篇文章中，大岛呼应了早期的措辞，在气候与文化之间划了一条直线。但自1970年以来，这种传统的历史模式便被打破。该地区的收入水平出现了出乎意料的差异，在大岛看来，"几个方面的改变使东亚、东南亚和南亚……这3个基本区域变得泾渭分明"。大岛认为南亚的前景最不乐观：在那时的经济学家群体中普遍弥漫着对印度的悲观情绪。20世纪80年代末的南亚实际上是"亚洲季风"的遗迹；而在其他地方，工业发展、集约化的灌溉模式为逃离季风的影响提供了动力。[12] 到了20世纪80年代时，即使是在印度也显而易见，一些根本性的东西已经改变了。

* * *

印度的粮食生产要取得革命性的成就，首先取决于地下水。众所周知，印度早在19世纪末就开始使用电动泵抽取地下水；但直到20世纪60年代，电动泵的使用率依然很低。增长最多的是私人管井：1968年，印度全国在用管井有50万口，到1994年这个数字已经增长到500万。随着地下水开采量的增加，管井的深度也随之增加。与水坝和其他由公共资金资助修建的地表灌溉工程相比，管井的投资几乎完全来自私人。20世纪70年代，在英迪拉·甘地政府的领导下，通过提供补贴甚至免费用电，鼓励土地所有者利用地下水并安装管井。印度国家电力局可以制定电价，而许多地方电力局亏损巨大。地下水的使用没有监管。大农场主拥有资本投资技术，拥有大量土地，可从灌溉中获益，他们所挖的管井比周边的更深，所获得的地下水不仅供自己使用，甚至卖给他人。廉价电力促使农民尽可能多地开采地下水，而很少考虑到补充地下含水层的问题。印度地下水政策方面的权威专家特夏尔·沙阿（Tushaar Shah）将此现象描述为"一个以原子论方式管理、获取水源的灌溉体系，数千万个体水泵机主根据个人需求和意愿转移、使用地表水和地下水"。总的来说，印度自独立以来

277

增长的灌溉农田中，将近四分之三的灌溉水源来自地下，而农田的扩张大都发生在20世纪七八十年代。[13]

水资源开发热潮的影响在旁遮普邦最明显。早在20世纪第二个10年，旁遮普邦已是印度最发达的农业区；英国人精心修建的运河系统使这里干旱的土地非常高产。21世纪初，旁遮普邦仅占印度1.5%的面积，却生产了印度20%的小麦和42%的水稻。20世纪60年代后期，"绿色革命"前夕，旁遮普邦的管井数量为1.1万口，管井数量在接下来的40年里增长了100倍，增加到130万口。旁遮普邦三分之二的供水来自地下。但自20世纪70年代末以来，地下水位急剧下降。农耕过程中大量使用的杀虫剂污染了水源，使该地区居民癌症发病率大幅上升——这已是普遍的共识。印度西部另一个依赖地下水发展农业的地区是古吉拉特邦，从20世纪70年代末到80年代末，其地下水位每年下降1.4米，此后下降速度越来越快。[14]

如库什万特·辛格在20世纪80年代所看到的那样，如果季风不再激发印度诗人的灵感，那么开发地下水的基础设施就会成为该地区景观中不可避免的地域特征，并在南亚文学中留下它们的痕迹。巴基斯坦作家达尼亚尔·穆伊努丁（Daniyal Mueenuddin）在20世纪初出版的一篇极具感染力的短篇小说中，描述了旁遮普邦地区在印巴分治后属于巴基斯坦的地区景观——那里是巴基斯坦的农耕中心，这个国家比印度更依赖灌溉。小说主角是村里的电工纳瓦布丁（Nawabdin），他的特长就是"通过降低电表转动速度来骗过电力公司"[①]。由于电力是农业的命脉所在，这个

---

① 该小说译文参阅［巴基斯坦］达尼亚尔·穆伊努丁著：《电工纳瓦布丁》，《别人的房间，别样的景观》，杨立新、冷杉译，上海文艺出版社2014年版，第1页。——编者注

特长非同小可，"在木尔坦（Multan）后面的这片巴基斯坦沙漠里，管井日夜运转，纳瓦布的发现令贤者之石都黯然失色"。跟随穆伊努丁设定的情节，我们可以透过这个简单的细节瞥见一场宏大的农业变革。[15]

* * *

印度和中国有许多相似之处，都依赖地下水来保证粮食产量的增长；都容易因水源枯竭而受到影响；都在用水量方面进行经济地理意义上的划分；都经历了自20世纪80年代以来的巨大变迁。但是中国的增长速度远远快于印度，而印度在面对水源和气候方面的风险时更为脆弱，因为印度对农业的依赖更强、贫困程度也更高，以及贯穿本书的主题——季风的特殊性。

中国自20世纪70年代以来对地下水的利用虽说还没有像印度那样用量大得惊人，但也相差不大。

纵观历史，中国和印度在经济地理上都经历了类似的转变，地下水和其他灌溉资源是这一变化的驱动力。历史学家皮大卫（David Pietz）[①]指出，20世纪后半叶，中国"扭转了封建时代长期采用的粮食生产模式"。干燥的华北平原只拥有占全国22%的土地资源、全国4%的水资源，如今却生产了中国60%的小麦和40%的玉米，从而形成了水文学家所说的"虚拟水"[②]——以作物中的含水量来看，华北平原由缺水地区变成了水资源丰富的地

279

———————

① 美国亚利桑那大学东亚系教授，联合国教科文组织环境史主席。著有《黄河之水：蜿蜒中的现代中国》《工程国家：民国时期（1927—1937）的淮河治理及国家建设》。——编者注

② 指在生产产品和服务中所需要的水资源数量，即凝结在产品和服务中的虚拟水量，如1千克小麦含有1吨虚拟水。——编者注

区。[16]此现象在性质和时间上都与原本干旱的旁遮普邦成为"印度粮仓"的过程相似。正如经济学家哈里·T.大岛在20世纪80年代所指出的那样，在中国和印度经济规模出现明显转变之前，亚洲季风地区旧有的地理格局就已经被打破，而且首先是被新的水源打破。19世纪末以前，亚洲的农业财富均聚集于雨量充沛的地区，"亚洲季风"的实质就是季风气候下能达到的精耕细作的程度，以水稻种植为甚，这一点是显而易见的。在1960年后的四五十年——非常短暂的时间里，这种模式就已经被技术和化石燃料所逆转。

280　　可怕的矛盾在于，这种惊人的粮食生产力增长是以一种不可持续的方式实现的。在亚洲最依赖地下水资源的地区，地下水资源正面临着巨大的压力。一项利用美国宇航局"重力恢复和气候实验卫星（GRACE）"所获数据进行的研究结果表明，2002—2008年，印度西北部这个"绿色革命"的心脏地带，其地下水耗减量总计达到109立方千米，比印度最大水库的蓄水量还多。到2025年，印度人均淡水供应量预计将下降至1335立方米，而全球平均水平为6000立方米。自20世纪70年代以来，地下水一直是印度和中国粮食安全的基石，但这个基石还能支持多久呢？[17]

＊　＊　＊

印度地下水繁荣的可持续性只是更深层次的水源危机的一个方面。新型农业生产方式的一个后果是加剧了农村的不平等，这一点从"绿色革命"的最初几年就可以清楚地看出了。经济学家雷正琪在对1970—1973年马哈拉施特拉邦旱灾发表的评论中，说明了灌溉土地和非灌溉土地之间的巨大反差。20世纪80年代，旱地与湿地、雨水灌溉与地下水灌溉的田地之间的断层日积月累、不断加深。获取水源既是不平等的原因，也是不平等的表现。

20世纪80年代，人们逐渐意识到水资源分配不均的程度，从而激发了一场思想政治运动，对印度独立以来发展战略的中流砥柱提出了质疑。在20世纪五六十年代，经济政策上的分歧已很普遍，印度政府的政策制定者中，有的是坚定的计划主义者，有的持自由市场的观点。他们的分歧在于发展手段，而非发展目标。至20世纪60年代末，印度面临完全彻底的抉择。西孟加拉邦爆发了纳萨尔巴里运动，并很快蔓延到印度其他地区。运动由城市精英领导，他们深陷革命的乌托邦，认为只有通过暴力夺取地主阶级的财物才能带来实质性的变革。令人困惑的是，他们从中国获得灵感时，此时的中国农业早已改弦更张，开启了自己的"绿色革命"。有的人则寄望于印度的历史，希望从印度水源的历史中汲取经验，寻求替代的经济模式。

281

在20世纪80年代，对很多质疑印度政府设想的人来说，圣雄甘地是他们意见的思想来源。尽管这些甘地的拥戴者对经济政策的干预有限，但他们在印度独立后不断地催促印度政府更换发展模式——更加根植于印度乡村地区，而不那么拘泥于宏大的技术；他们呼吁采取全面发展的模式，强调社会与生态的平衡；他们的思想在甘地1946年发布的宣言之中有所概括："村庄的血液就是建造城市高楼大厦的水泥。我唯愿如今充斥城市动脉的血液再次注入乡村的血管之中。"20世纪70年代，"抱树运动"（Chipko Andolan）①兴起，一方面是人们担忧喜马拉雅山区森林环境恶化，另一方面是居住于森林附近的人争取其赖以生存的资

---

① 抱树运动是1973年4月在印度的喜马拉雅山区发起的一场非暴力社会生态运动。起因是原始森林被大量砍伐，当地妇女依赖的生计被剥夺。村民通过抱住大树的形式来阻拦砍伐行为。——编者注

源和权利。这场运动明显受到甘地非暴力运动的启发，妇女在其中发挥了主导作用。[18]

同一时期，甘地精神为印度的水资源问题提供了一种崭新的解决思路，那就是回到以前的"黄金时代"，即那种根植于印度农村的传统古法，具有本土化、可持续特点的水资源管理模式。就像甘地唤起了一种很大程度上神话般的概念，即视印度为乡村共和国之集合——他主要从西方作家那里汲取了这一概念，20世纪80年代的一些环保活动家让人们回想起以前那个兼具生态责任心和传统特色的印度。其实，这种想象与同时期的历史和考古研究中的景象鲜有相似之处，但这并不重要。考古学家凯瑟琳·莫里森（Kathleen Morrison）这样说道，"尽管我的研究已经拓展到追溯3000年前的农业史"，但"缅怀过去"的环保主义者所追求的"那种生活方式，我根本无法重现"。[19]

同样在这几十年中，对印度水资源实践的多样性及历史的研究则描绘了更为复杂的图景。水资源的管理往往与皇权的行使联系在一起。灌溉工程依赖强迫劳动建造，公共财产的使用权受到种姓社会等级制度的排斥和制约，甚至在19世纪前，公共用地分配都受制于这一制度。社群主义解决方案中的限价措施常常使不平等和种姓制度压迫现象合法化——包括尼赫鲁在内的许多独立后的印度缔造者都清楚地认识到这一点。印度达利特人的领袖、印度宪法的起草者阿姆倍伽尔并非是对乡村抱有幻想的人，他在1948年的制宪会议上说道："所谓的乡村，无非是个地方主义的水池，是无知狭隘和地方自治主义的巢穴。" 对印度历史的观点分歧提醒我们，水源问题不仅是公共史，也是学术史——在整个20世纪80年代，对过去水源管理的理想化叙事，对当下的争论来说，不仅具备修辞和战略方面的价值，还对未来的争论产生影响。[20]

即使这类叙事不过是有点用处的假象，但"回归到生态更为和谐的过去"这一构想还是引发了20世纪80年代初期印度一股正式的环保运动风潮。为这场环保运动奠定基调的文本就是《印度首部环境公民报告》（*First Citizen's Report on the State of India's Environment*），由阿尼尔·阿加瓦尔（Anil Agarwal）及其1980年在德里创建的印度科学与环境中心的同事共同完成。阿加瓦尔是当时印度最具影响力的环保主义者之一。1947年，阿加瓦尔出生在印度北部工业城市坎普尔的一个地主家庭，在坎普尔的印度理工学院学习机械工程。20世纪70年代，他作为科普记者供职于《印度斯坦时报》（*Hindustan Times*），这份工作使得他的写作引起了国际社会的关注。这份公民报告密切关注印度农村面临的水危机。几年后的1985年，该中心在一份报告中还强调了恢复和完善印度获取季风期水源的传统办法的重要性。报告作者阿加瓦尔和他的门生苏妮塔·纳拉因较为激进；在他们看来，只有振兴印度农村，才能扭转印度滑向生态退化和社会危机的颓势。在他们的描述中，印度的传统村庄是集"农、林、牧为一体的综合实体"，依靠河流、湖泊和森林等公用财产资源。他们声称，印度政府自上而下、依赖大技术的发展方式"撕裂了乡村的这种综合性特征"。这种观点更甚于阿连卡玛尔·穆克吉在20世纪20年代所提出的整体"乡村社会学"。阿加瓦尔和纳拉因还认为，"必须取消始于殖民时代的政府控制自然资源的做法"。他们提出的解决方案是在印度农村采取去殖民化措施，这是对19世纪中叶英国寻求印度水资源做法的逆转。[21]

283

环保活动家范达娜·席瓦（Vandana Shiva）对"绿色革命"的谴责最为广泛流传、最有影响力，她的号召也是基于提倡传统方式及本土知识的类似承诺。在20世纪80年代印度的争论中，希瓦观点鲜明，与众不同；到了20世纪90年代，她在反全球化运动中成为具有国际影响力的人物。希瓦既是一名物理学家，又是一名哲学家，1982年她在喜马拉雅山的台拉登镇（Dehra Dūn）成立了科学技术和自然资源政策研究基金会。1991年，她出版了《"绿色革命"的暴力》（*The Violence of the Green Revolution*）一书，开头几页对20世纪80年代进行了回顾，并将那个时代描述为"生态危机和自然资源破坏对生命保障系统产生威胁"的10年；她把目标对准"绿色革命"所带来的农业发展"奇迹"，强调了其中所付出的高昂代价。虽说这些代价已为公众所知，但希瓦强有力的论述使这些代价显得更加突出。她称旁遮普邦是一个"悲剧"，一桩"突破自然的限制和变化"的蠢事和寓言。她认为，高产种子、杀虫剂和用水越来越多，使旁遮普邦的"土壤染有病害，农作物虫害成灾，沙漠水涝形成流沙，农民负债累累，怨声载道"。希瓦质疑印度政府在解决社会和生态问题时总是难以摆脱对技术的依赖；和阿加瓦尔、纳拉因一样，她暗示印度并没有摆脱殖民主义的阴影。她把寻求水资源与强调环境保护相提并论，并将前者视为"多样性、权力分化、民主化"与"统一化、集中化和军事化"之间的一场斗争。[22]

希瓦的著作代表了印度新式的环保思想，但也反映了20世纪80年代一系列超越亚洲国境线的政治和思想联系。她的书由马来西亚槟城的"第三世界网络"（Third World Network）出版。该组织成立于1984年，是成立于1970年的槟城消费者协会（Consumers' Association of Penang）的分支机构，该协会是亚洲最早的压力集团之一，致力于一系列广泛的议题，从公平定价、住房到食品安全等问题均有所涉及。正是该组织的报告《马来西亚环境状况》（*State of Malaysia's Environment*）启发了阿尼尔·阿

5

加瓦尔在参加槟城会议后于印度也开展了类似的行动。"第三世界网络"标志着环境问题已完全进入亚洲活动家们共同关注的议题范畴。该组织把触角延伸到亚洲之外，覆盖了非洲和拉丁美洲的团体，并在欧洲和北美的环保积极人士及非政府组织中有许多盟友；它将对社会和经济正义的承诺与对可持续性的新关注结合起来。在"第三世界网络"的帮助下，希瓦的著作在亚洲内外的环保积极人士中拥有广泛的受众。希瓦的分析立足于更为广阔的亚洲社会，而不仅仅局限于旁遮普邦。虽然20世纪70年代联合国开展的国际经济新秩序主张并未持续发挥作用——这是因为英美两国在20世纪80年代里根和撒切尔的领导下转向私有化，使该行动被边缘化，但以全球南方（Global South）的名义提出的道德诉求依然存在。随着亚洲部分地区的经济开始迅速发展，这种思想继续影响着要求环境正义的运动，这些运动主要关注贫困加剧环境的脆弱性，不平等加剧环境危害的问题。[23]

285

20世纪90年代初，亚洲各地环保积极人士组成的网络，转而开始关注气候变化问题。在1991年发表的一个文本至今依然发挥着影响，这个文本以其最雄辩的表述最先提出"全球环保正义"的概念，它就是阿尼尔·阿加瓦尔和苏妮塔·纳拉因撰写的《不平等世界中的全球变暖问题》（*Global Warming in an Unequal World*）。他们开篇的第一句话极具力量且毫不委婉："印度和中国这样的发展中国家必须为地球变暖和破坏气候稳定分担责任……这种说法是典型的环境殖民主义论调。"他们指出，大气中的碳积累，其历史责任完全在于这个世界上的发达工业国家；他们痛斥了那些如今要求印度和中国减排的国家所表现出的虚伪，强调说，按人均计算，印度或中国的排放量微乎其微。他们得出结论："如今的第三世界需要富有远见卓识的政治领袖"来抵制西方政治领导人和环境保护主义者所提出的"把世界作为一个整体来管理"的观点——只要这个世界依然处于如此不平等和分裂的状态，这种观点便只不过是剥削的面具罢了。[24]

他们的这本小册子出版的时机正值印度实行经济自由化前夕：印度面临外汇危机，靠国际货币基金组织的紧急贷款才得以缓解，由此开始了一系列市场化改革。用小册子中的话来说，它完全属于那个行将结束的时代，但当时很少有人能看到这一点。让阿加瓦尔和纳拉因没预料到的是，在对全球资本主义实行新的开放政策后，印度的环境以及经济会发生极其迅速的改变。1991年，中国的经济转型正在顺利进行，但其巨大规模及其对世界的巨大影响只是日后才逐渐显现出来。这本小册子以充分的理由呼吁各国就气候和排放问题在国际谈判中建立一个反对强国的统一战线。不过，它忽略了亚洲日益严重的跨国境挑战，尤其是水资源领域的挑战。

* * *

各方就共同关注的环境问题开展思想交流的同时，也对深刻的地方性问题给予关注。印度的农村危机日益突出，似乎源于印度次大陆所独有的气候与社会特征，这对于19世纪的观察家而言并不陌生：水资源分配不平衡的问题非常深刻而突出，社会以及种姓等级制度所带来的不平等现象普遍存在，限制了人们获取水资源的机会。

记者帕拉古米·赛纳特（Palagummi Sainath）在20世纪80年代为孟买当地的小报《闪电追击》（*Blitz*）工作。1993年，他获得了《印度时报》的资助，选择到印度最贫困的地区考察。在几年的时间里，他的行程达10万千米，其中有5000多千米都是徒步完成。当时，都市受众正忙于经济扩张，有关印度农村贫困地区的报道越来越少，《印度时报》以连载的形式发表了赛纳特的报道。赛纳特希望突破媒体对"宏大事物"的关注，并突出"那些可能导致混乱又并非好新闻素材的长期趋势"。赛纳特的文章在1996年被结集出版，书名《谁不爱干旱？》（*Everybody Loves a Good Drought*）极具讽刺意味。赛纳特在自己与水相关的很多文章中让读者关注到，水源匮乏导致牟利机会出现，从而形成一个新型的"水霸"（water lords）集团。其实早些时候人们就已熟知赛纳特的观察：水的绝对短缺并非总是问题，水的分配才是。赛纳特他写道："简而言之，印度有几个地区雨量充沛，但当地的穷人却遭受严重旱情。"凭借他对印度农村的深刻洞察，赛纳特提出"农业干旱"和"气象干旱"是两个不同的概念；后者并不是前者的必要条件；有的旱灾"真实发生"，而有的旱灾则是"人为操纵"。[25]

印度农民承受着双重负担。印度60%的农田没有灌溉，长期以来许多农民只能依赖规律不定的季风。但是高强度的农耕活动本身也形成某种负担。从更长远的视角书写20世纪末的印度史，除了令人眼花缭乱的经济转型，还存在某种不太显眼、令人难以启齿的叙事。印度农民自杀现象泛滥，其规模可能在全世界都无可比拟。赛纳特是最先将此类沉默的危机置于公众视野的人之一。自20世纪90年代末始，据估计每年有1.7万名农民自杀，1997—2010年至少20万人自杀身亡。印度许多农民承受着难以忍受的压力，其根源在于他们由于购买种子、化肥、杀虫剂、抽取地下水的水泵燃料而欠下的债务不断增加。[26]

同时，水源的获取仍然是社会不平等最突出的指标。21世纪初，新德里社会学家贾恩沙姆·沙阿（Gyansham Shah）和他的同事们对印度农村地区的贱民习俗情况进行了一次全面调查，结果发现，印度农村的达利特人经常受到排斥，无法享受基本公共服务。他们发现，最重要的是截至当时，有些达利特人的水源获取渠道被完全切断。在受调查的村庄中，48%以上称存在这种现象。上层种姓普遍认为达利特人接触水源会造成水源污染，这导致通过暴力实施的系统性歧视。贾恩沙姆·沙阿和他的同事们记录的现象包括从绝对禁止达利特人使用管井和储水池，到其他人取完水后达利特人才可以通过有限的途径取水等行为。阿姆倍伽尔发起向马哈德水塘事件①90年后，此时印度水资源分配不平等的现象依然严峻。在印度，普遍的种姓歧视现象正是此类不平等现象比亚洲其他任何地方都更为严重的原因之一。[27]

赛纳特从印度农村地区发回报道的那个20世纪90年代，气候变化并非当时印度最为关注的问题。20年后，气候变化的迹象已无处不在，我们重新审视他的紧急报告，就能从中得知，气候变化加剧了自20世纪80年代以来，印度和亚洲其他地方早就相互交织的生态和经济危机。

二

如果说20世纪80年代由于对地下水不可持续性的使用，地下水位逐渐下降，那么亚洲的流动水位——河流的伤痕就更加清晰可见。河流是连接乡村与不断增长的城市发展需求之间的纽带。自19世纪末以来，河流的水利工程，如筑坝、改道、蓄水等，都是为水源的再次分配所作出的努力。20世纪对水力发电的"白色

---

① 1927年，阿姆倍伽尔发起运动，要求政府允许所有人，无论种姓高低，都能够享用公共饮用水，允许所有种姓进入寺庙祈祷。——编者注

黄金"的追求更加强化了这些措施。在印度和中国，河流资源的滥用在那时引发了人们新的环保意识，20世纪五六十年代的梦想让位于正在逐渐显现的噩梦。与20世纪初北美、欧洲和日本的环保运动相比，印度和中国的环保运动产生的背景截然不同。在亚洲，人们首先意识到匮乏和自然限制，然后才是考虑经济的快速发展，而非经济的快速发展让人们意识到环境问题。在大自然的威力面前，人们感到一种脆弱感，感到来之不易的成果会受到威胁，这使得印度和中国政府对关于水资源问题的大型技术解决方案采取强硬，甚至粗暴的辩护立场。

到20世纪80年代，印度的河流污染危机已是不争的事实。印度科学与环境中心的阿尼尔·阿加瓦尔及他的同事们在其有关印度环境的第一份报告中写道："印度的河流污染已经到了临界

289

印度始于20世纪80年代的河流污染已达危机程度。图片来自：Dominique Faget/ Getty Images

点。印度受污染的河流清单读起来就像长长的死人名单。"他们把神圣的恒河描述为"粪池网络"，并列出了一份对河流污染负有责任的产业名单："DDT工厂、制革厂、造纸厂和纸浆厂、石油化工和化肥厂、橡胶厂……"[28] 几年后，印度环保新闻先驱、印度科学与环境中心报告的撰稿人之一达里尔·德蒙特（Darryl D'Monte）宣称"对喜马拉雅山脉地带的生命支撑系统的破坏"造成了"全世界最大的生态危机"。[29]

1985年，参与公职竞选活动的律师梅赫塔（M.C. Mehta）开始涉足恒河相关事宜。梅赫塔出生于查谟和克什米尔邦的一个小村庄，曾在印度最高法院担任公益诉讼律师。1984年，他在参观泰姬陵时，发现曾经在20世纪80年代初光洁的泰姬陵大理石已被熏成黄色，他意识到附近工厂的污染对泰姬陵造成的危害。他对违规企业提起了公益诉讼。第二年，他又把注意力转向恒河的污染问题上。在一系列具有里程碑意义的案件中，梅赫塔通过诉讼成功地使300家工厂关闭，5000家工厂使用更符合环保要求的技术；法院命令250个市政当局建立污水处理厂。梅赫塔经手的都是1974年《水污染防治法》实施下最有影响力的案件；这些诉讼揭示了20世纪80年代印度河流受污染的程度。1988年，梅赫塔曾起诉工业城市坎普尔的所有制革厂老板。对此，印度最高法院在判决中指出："任何对河流的进一步污染行为，都会引发一场灾难。"他们注意到，不断有污水和化学废水被排入河流。在同年的另一起案件中，梅赫塔起诉了坎普尔市政府。他提交了工业毒理学研究中心（Industrial Toxicology Research Centre）的报告作为证据，该报告显示，恒河水完全不适合人类饮用。[30] 梅赫塔最后胜诉；排污企业均被勒令整改。但与印度河流污染的整体规模相比，这些仅仅只是一场巨大战争中的小胜。

＊＊＊

中国经济转型速度远比印度快得多，而河流也因此遭受了类似的伤害。20世纪80年代也出现了环保运动，水同样是人们最关心的问题。中国最早的民间环保组织之一"自然之友"，由梁从诫于1993年成立。梁从诫的祖父是19世纪末著名的改革家梁启超；他的父亲梁思成是一位建筑遗产保护主义者。梁从诫从20世纪80年代起对环境问题产生了浓厚的兴趣，发起过保护藏羚羊行动等。八九十年代，随着中国城市化飞速发展，水污染和水资源短缺的担忧与日倍增。[31]

20世纪90年代，在赛纳特对印度农村开展考察的同时，记者马军在香港《南华早报》上发表了一系列关于中国水资源状况的文章，并结集于他在1999年出版的《中国水危机》一书中，产生了深远影响。据他描述，"这条被中国人奉为母亲河"，即华夏文明摇篮的黄河，其流量从1972年开始减少。"1998年黄河无滴水入海的记录已达330天。"马军主张对河流的力量应有敬畏之情，应延续数百年来对河流的尊敬，因此他认为滥用中国河流资源的行为是"令人发指的暴行"。他呼吁，"让垂死的江河因我们这一代人的辛劳而再生，将是我们无上的光荣"。①

书中描述长江下游污染的段落最令人震惊，其语气和内容与印度环保主义者的书写不相上下。河上船来船往，排放"工业废水和生活污水"②。其中最糟糕的是那些来自城市的污染物。中国和印度一样，偶尔的清理取得小小的成就，却无法阻止铺天盖地的污染浪潮。[32]

291

292

---

① 马军著：《中国水危机》，中国环境科学出版社1999年版，正文第73、385页，序言第4页。——编者注

② 马军著：《中国水危机》，第156页。

* * *

面对多重水源危机，印度和中国政府又用回了自20世纪40年代以来他们一直青睐的解决办法：一次又一次地修建大型水利工程。大型水坝的修建加剧了生态破坏和社会危害，即使在地下水成为更重要的灌溉水源的情况下，大型水坝的建设规模仍在不断扩大。水坝修建淹没了森林和农田，也使数百万人流离失所。大型工程项目所造成的社会危害令人感到担忧，构成了除对水污染的担忧以外，环保行动主义的第二股力量。在这一点上，印度也是急先锋。20世纪80年代，印度反对大型水坝修建的抗议活动在规模和范围上都不断扩大。

讷尔默达河向西流经中央邦、马哈拉施特拉邦和古吉拉特邦，注入阿拉伯海。1978年，印度为修建浩大的讷尔默达河工程而寻求世界银行的援助，该项目计划在讷尔默达河流域修建30座大型水坝、135座中型水坝和3000座小型水坝。[33] 1985年，世界银行承诺为该项目提供4.5亿美元贷款，约占项目总成本的10%。自20世纪50年代以来，印度政府一直坚信该项目的收益将超过其成本，这一信心几乎从未动摇。据初步估计，届时将有7000户家庭会因此项工程流离失所。政府虽然制定了移民与复建计划，但按照惯例，计划只包括那些拥有正式土地所有权的人。随着流离失所人口规模的扩大以及环境破坏日益严重，人民的反抗情绪也随之高涨。到了20世纪80年代末，一群非政府组织——由人权组织、环保人士群体、学生和地方人民协会等组成的广泛联盟，形成了由社会活动家梅达·帕特卡尔（Medha Patkar）领导的"拯救讷尔默达运动"（Narmada Bachao Andolan，简称"NBA"）。帕特卡尔1954年出生于孟买，父母都积极参与民族主义和劳工运动，她在著名的塔塔社会科学研究所（Tata Institute of Social Science）学习社会工作，但因为开始更多地参与到很多讷尔默达河谷边缘群体的斗争中，她放弃了撰写自己刚刚开始的博士论文。在她的领导下，拯救讷尔默达运动借助甘地非暴力不合作的抗议力量，从中汲取了丰富的思想，坚持人民对山川土地拥有主权。其中最能引起共鸣的方式是"季风非暴力不合作运动"，即在季风期间，河水上涨时，开展无声示威活动，河水慢慢地将抗议者淹没，直至抗议者们站在齐腰深的水里，这种运动形式象征性地诉诸气候和季节的力量，而这正是大坝这些水利工程试图摧毁的。[34]

拯救讷尔默达运动成功地获得了国际社会的支持。美国环保协会（Environmental Defense Fund）的洛里·尤德尔（Lori Udall）参与了这场运动。帕特卡尔于1987年会见了世界银行代表，拯救讷尔默达运动的国际支持者们对世界银行不断施压，迫使世界银行于1991年开始调查讷尔默达项目的情况。世界银行于1993年决定撤回对讷尔默达大坝项目的资助，这是拯救讷尔默达运动取得的一项胜利，也标志着世界银行改变了此前对大型水坝项目不加批判的支持的做法。[35]但印度政府的立场则鲜明而强硬。除了非暴力抵抗运动外，拯救讷尔默达运动也诉诸法庭：运动在早期取得了一些成功，但自20世纪90年代后期始，由于印度最高法院作出了支持项目继续进行的裁决，运动遭遇了一系列失败。世界银行撤资使得印度政府下定决心为讷尔默达大坝项目寻找私人投资。印度总理莫迪（Narendra Modi）在担任古吉拉特邦首席部长时就曾经大力支持讷尔默达大坝项目，谴责环保人士是"反对发展"和"宣扬错误信息之运动"的传播者。莫迪于2017年秋季宣布萨达尔萨洛瓦大坝（Sardar Sarovar Dam）正式启用时，煞费苦

环境活动家、拯救讷尔默达运动领导人梅达·帕塔卡尔加入了反对在印多尔附近的比布利亚汉纳水库（Pipliyahana Reservoir）修建法院大楼的抗议活动。图片来源：《印度斯坦时报》/Getty Images

心地指出："不管有没有世界银行，我们都靠自己的力量完成了这项庞大的工程。"[36]

　　印度独立后热衷于建设大型水坝，而抵制讷尔默达大坝的运动使人们开始关注大型水利工程对环境和社会所造成的危害。科学家与环保活动家在20世纪八九十年代所开展的研究表明，这些问题积累在一起造成了十分恶劣的影响。在印度独立后的头20年里，据估计有50万公顷的森林因大坝而被淹没；随着诸如讷尔默达河和戈达瓦里河沿岸同样争议颇多的安得拉邦的博勒沃勒姆大坝（Polavaram Dam）这类越来越大型的水坝项目的开工、启用，森林水土流失的状况在20世纪七八十年代也加剧了。同时，大坝本身存在设计缺陷，没有将河流所携带的泥沙量纳入考量。建筑师们低估了问题的严重性，携带大量泥沙的河水渐渐使水库淤积堵塞。巴克拉水电站和希拉库德水库是独立后最早修建的两座大坝，由于淤积量超过预期规划，使用寿命大大缩短。大型水坝所带来的另一大问题是水涝，水分超过了农田所能吸收的限度，导致土壤贫瘠。据估计，栋格珀德拉水库的修建造成3.3万公顷的生产用地被毁。在这里，我们可以看到一种反差：印度干旱地区抽取地下水致使地下水位降低，而大型水坝渠首附近水源充足的地区却因水太多而被影响。水坝扰乱了水源生态，也为水媒、虫媒疾病的滋生创造了条件。围绕印度和其他地方大型水坝的大量研究表明，由于大型水库和运河为疟蚊的繁衍提供了必要条件，疟疾的发病率显著上升。[37]

　　与此同时，大型水坝对社会造成的破坏也有增无减。据最全面的估计，自印度独立以来，因水坝而流离失所的人数达到4000万。造成最多生命财产损失的工程修建于20世纪80年代：讷尔默达项目中最大的两座水坝——萨达尔萨洛瓦大坝和讷尔默达水库各导致20万人流离失所。流离失所者中有很大一部分是被边缘化的阿迪瓦西人，他们几乎没有能力同政府争取充分的赔偿。[38]这些因水资源开发项目而产生的内生性难民的命运，往往没有留下记录。类似赛纳特这样的记者以及拯救讷尔默达运动这样的环保行动披露了这些人的部分情况。小说家阿兰达蒂·洛伊（Arundhati Roy）[①]就印度热衷于修建大型水坝而付出深刻代价

　　① 第一个获得全美图书奖、布克奖的印度作家，代表作为《微物之神》。——编者注

的主题撰写了一篇发自肺腑的文章，虽然其论辩风格招致人们的批评，但这篇文章为她带来了大量国际读者。[39] 其他人则以小说的形式对他们所遭受的痛苦加以描写。高产的作词人瓦伊拉穆图（Vairamuthu）曾为7000多首泰米尔电影歌曲作词，他在2001年创作了一部小说《旱地传奇》（Kallikaatu Ithihaasam），并于2003年获得了印度顶级文学奖项：印度挲诃德耶学院奖（Sahitya Akademi award）。瓦伊拉穆图以童年时代的某段历史为背景，探讨以谋求发展之名而被迫流离失所的人所经受的痛苦。20世纪50年代，泰米尔纳德邦南部有14个村庄因建造马杜赖的瓦盖大坝（Vaigai Dam）而被淹没，童年的瓦伊拉穆图就住在其中一个村庄。在千禧年，有关水坝与人们流离失所的争论在印度甚嚣尘上，引发了人们的愤怒，因而他的作品受到广泛关注，引起了人们的强烈共鸣。[40]

* * *

讷尔默达大坝项目被撤回之后，1997年世界银行资助成立了世界水坝委员会（World Commission on Dams），负责评估过去半个世纪全球水坝建设的效益和成本。委员会成员既有建筑水坝的坚定拥护者，也有反对者，包括梅达·帕特卡尔。但委员会在2000年发布的报告中对大型水坝的批评比大部分批评者所期待的还要猛烈得多。据委员会测算，每座水坝的修建费用比预算平均多出56%，而所供应用于灌溉的水量和水力发电量则比所承诺的要少。委员会对大坝环境影响的评估结果也同样很不乐观。水力发电替代化石燃料，具有保护生态的优势，不失为一个选择，但委员会的研究对此观点提出了质疑，指出大型水坝的蓄水库会导致其中的植被腐烂，释放出大量温室气体。委员会还指出了大坝建设的生态后果，这些也是印度学者和环保主义者长期以来所强调的，即大坝改变了河流流量，损害了水生环境；大坝扰乱了洄游鱼类的迁徙路径；大坝拦截了淤泥，导致下游土壤肥力减退。[41]

世行水坝委员会的顾问之一拉马斯瓦米·耶尔（Ramaswamy Iyer）是一位公务员，在20世纪80年代中期担任过印度水资源部部长。耶尔具有知识分子的严谨和为人诚实的个性，这体现在他愿意改变自己的想法上。作为水资源部部长，他认为大型水坝的价值是毋庸置疑的。他在推动政府批准建设讷尔默达大坝过程中起到重要作用。但到20世纪80年代后期，"对环境和大量流离失所民众的新忧虑"影响了他的观点。他回忆道，20世纪80年代末，对环境的考虑开始影响政府的决策，但反对修建大坝的民众力量越来越大，以至于在20世纪90年代出现了他所谓的"启蒙撤退"的现象。印度官员和决策者们逐渐对梅达·帕特卡尔以及她所代表的一切表现出敌意，尤其是世界银行停止资助讷尔默达大坝建设项目之后。印度政府对世界水坝委员会的回应置若罔闻，对一连串有关大型水坝建设产生有害后果的论据充耳不闻。耶尔转向研究历史以求启发，他的文章考据严谨，分析鞭辟入里。他觉察到，根本问题在于水利工程的深厚传统，这一传统可以追溯到亚瑟·科顿时代；这本身就是西方水利工程传统对印度的馈赠，对此耶尔并不反对，"但这其中也潜藏着对大自然普罗米修斯般的态度"，对此他愈发认为这一传统存在问题。耶尔所称的"巨型主义之魔咒"也为这种传统增添了一个独特的后殖民注解。[42]

印度政府不仅没有从修建大坝中抽身，反而就此在进入21世纪后加倍努力，着手制订了人类历史上代价最高昂和规模最大的修建计划之一，旨在把印度的河流连接起来。该计划试图通过修建1.4

297

万千米的运河来衔接37条河流，输送1700亿立方米的水资源至印度各地，项目预算在800亿美元以上。该计划预计带来的好处包括额外增加30千兆瓦至35千兆瓦的发电量，以及更为优良的灌溉用水。这项衔接河流的计划源自19世纪亚瑟·科顿的梦想。往近一点说，它源自灌溉工程师拉奥的创意，他曾与坎瓦尔·塞因和科尔萨（A. N. Kholsa）一道在印度独立后发起建设水坝的革命。在2000年及其后10年里，这个设想吸引了印度民族主义政党人民党所主导的联合政府的关注。2012年，印度最高法院裁定，该计划事关"国家利益"，应尽早实施完成。环保主义者们对该项目的后果及其对早已脆弱不堪的水文系统可能造成的破坏感到忧心忡忡。[43]

直到2015年去世前的几年里，拉马斯瓦米·耶尔对这个计划还在持续提出据理力争的批评。他写道："这个项目的本质就是想重新规划我国的整个地理现状，所蕴含的无非是'征服自然'这个老掉牙的狂妄思路。"他认为，引水工程是建立在将印度水文状况简单化之上的危险想法；甚至把印度简单地划分为"水源富余区"和"水源匮乏区"而罔顾当地生态的做法也十分荒谬。耶尔认为其中还存在更深层次的问题："河流并非人工产物，而是自然现象，是整个生态系统中不可分割的一部分，与相应社区的文化、社会、经济和精神生活密不可分。"[44]耶尔对水生态的看法与印度政府的理念背道而驰，但与本书多处观点相呼应。这种观点支持着许多地方性倡议——抵制修建大型水坝的强大破坏力，如在干旱的拉贾斯坦邦，当地人通过小心谨慎的措施，利用小型而又简单的谷坊①体系，恢复古老的灌溉系统，便是一例。[45]

---

① 谷坊是在易受侵蚀的沟道中，为了固定沟床而修筑的土、石建筑物。高度一般为1～3米，最高5米，主要作用在于防止沟底下切及泥沙灾害等。——编者注

　　然而，尽管如此，"巨型主义"的思想依然占据上风。在本书写作之时，河流衔接项目又重新得到重视，尽管它比计划又推迟了几年，且是否能够实现还尚无定论。在中国，类似的项目则有了长足进展。中国的引水工程目标是通过大规模地重新分配水源来消除整个国家水资源分布不均衡的现象。连接中部的丹江口水库和北京的南水北调（中线）工程于2014年正式通水，这是世界上前所未有的最昂贵的基建工程。现在北京三分之二的自来水来自几近1200千米之遥的丹江口水库。南水北调的另一条线路，即利用古老的大运河的"东线"引水工程（一期）于2013年正式通水。南水北调工程的西线工程最为宏大，计划横跨青藏高原，将黄河与长江的源头衔接起来，由于争议较大，目前仍处于项目论证阶段。[46]

299

　　大坝对生态和社会造成的影响都被一一记录在案；在过去的10年里，前沿的科学研究表明，综合来看，世界各地的大坝对地球产生了根本性的地质影响。20世纪后半叶大规模的水利工程正在改变着世界上人口最稠密的河流三角洲的形态。数千年来，河流带来沉积物，它们淤积成土地并扩充了这些三角洲的面积，如今，河流的泥沙却有近三分之一被水坝拦截。据估计，水库使得世界主要河流的水量增加了6~7倍，而如今流入大海的水量却要少得多。曾经滔滔的印度河，与黄河一样，在抵达阿拉伯海时已经变成了涓涓细流，人们在河流上拦水筑坝、改道分流，形成了一张运河网，其中有许多是由英国人在19世纪末首次修建的。即使是在我们考虑气候变化和海平面上升的影响之前，水利工程也已经使沿海居民点，尤其是特大城市，面临相比以往更大的洪水风险。[47]

      ＊ ＊ ＊

  随着气候变化带来的负面影响越来越明显，在亚洲政治博弈和战略冲突中，水资源的地位越来越关键。在生态不确定性和战略竞争这一大环境下，喜马拉雅地区是世界上水坝建设项目最集中的地方。从历史的角度来看，这里是19世纪以来人类全面征服水资源的最后疆域。自19世纪80年代起，欧洲和印度探险家到达亚洲大江大河位于喜马拉雅山脉的源头时，就了解到喜马拉雅水系与季风之间的相互作用是亚洲水源供给的关键所在。在那个时代，随着领土边界更加清晰明朗，人们隐约意识到，争夺水资源的战争可能已经蓄势待发。即使在第二次世界大战后，帝国主义在亚洲被推翻，有关跨界河流的矛盾也只是在印巴分治时直接出现。早在1960年，印度情报人员对中国计划修建雅鲁藏布江大坝的报道嗤之以鼻，认为中国既没有劳动力，又缺乏基础设施来实现这个计划。

  当时印度的观点并没有错。但情况在20世纪80年代发生了巨大变化。正是在这10年间，中国政府对大坝建设的雄心指向了亚洲河流源头所在地——青藏高原。公路和铁路的建设也使西藏到低地和河谷的距离已经变得不那么遥远。最重要的是，中国快速增长的经济水平激发了对能源的需求，以及对依赖进口石油的忧虑，而山河的水电潜力则有望满足这些需求。[48] 只要亚洲大江大河的源头喜马拉雅山脉仍然远在天边、令人生畏，那么谁在形式上控制这些河流就无关紧要了；但如果要"驯服"奔腾之水，是谁将其置于自己的控制之下就至关紧要了。

  就在本人撰写本书的当下，印度、尼泊尔、不丹和巴基斯坦各国计划在喜马拉雅地区修建400多座大型水坝，其中许多工程已经在进行之中。在中国那边，也就是诸多河流的发源地，中国还计划再修建100座大坝。

如果这些项目完成，那么喜马拉雅地区的河流沿岸每隔32千米就会有一座大坝，这里将会成为世界上水坝最密集的地区。在这里，公共利益与私人利益相互交织，争相利用来自高山的水源。整个地区都对能源有强烈的需求，谁来建造大坝、就谁的条款开展谈判，体现出地缘政治竞争的色彩。众多水坝沿同一条河谷排列建设，给下游的居民造成了严重威胁。印度的加尔各答港自20世纪中叶以来一直饱受泥沙严重淤塞之苦，出于重振该港的部分原因，印度于1975年修建法拉卡堰（Farakka Barrage），将恒河水引至帕吉勒提（Bhagirathi）-胡格利河，孟加拉国就法拉卡堰的影响提出了抗议。法拉卡堰使得流向孟加拉国的河水流量减少，对土壤肥力、灌溉和人民健康都产生了影响。随着上游水坝项目数量的增加，孟加拉国面临的风险也成倍增加。[49]

一方面，眼下的大坝建设浪潮与20世纪五六十年代有所不同，其融资方式发生了变化。20世纪90年代前，印度与中国的大型水坝建设主要依靠政府资金，印度还从世界银行等国际金融机构获得额外资金；1961年中苏关系破裂之前，中国的大坝建设受益于苏联的援助。而印度大坝建设的新浪潮在很大程度上依赖的是私人资本。印度国家水电公司（National Hydroelectric Power Company）和东北电力公司（North Eastern Electric Power Company）等公共部门在印度大坝建设中发挥着重要作用；但像塔塔电力公司（Tata Power，20世纪初建造了印度最早的水电大坝之一）和信实能源公司（Reliance Energy）等私营公司同样发挥了重要作用。随着国际组织不再资助大型水坝，印度各邦政府转向从国内市场筹集资金。但最大的变化是中国的角色转变。20世

302

纪90年代末和21世纪初，中国的筑坝工业成为世界同行业的中流砥柱之一。鉴于中国大坝建设规模之宏大，其工程专业知识水平可与西方世界的任何国家媲美；而且配备有相应的资金支持。截至2008年，有10家中国公司参与建设尼泊尔的13个大坝项目和巴基斯坦的9个大坝项目，其中许多项目由中国国有和股份制商业银行提供资金扶持。1954年，印度主要水利工程师访问中国时，发现中国工程师依赖苏联的技术，只能勉强凑合、临时发挥。但到20世纪末，中国的水坝建筑工业已经走在世界前列。[50]

正是发展之迫切，使得人们对于在喜马拉雅地区新建大坝所产生的影响以及潜在风险置若罔闻。许多项目的环境评估充其量也不过是走走过场。这些大坝工程与地缘政治和安全考虑相交织，加之政府担心民众对修建大坝提出抗议——这种现象不仅遍及印度，而且在邻国也越来越普遍——在这种情况下，政府对这些修建计划采取相当高的保密措施，甚至跨境河流流量的数据也被政府列为国家机密。即便喜马拉雅山区的人口不像河谷地区那样密集，20世纪修建大型水坝产生的诸如土地被淹没、人口迁移等问题也很可能在喜马拉雅山区出现。与低地相比，高原上的大型水库并不常见，但河流改道会对依赖河流生存的生命产生重大影响。山区物种栖息地丧失，棕熊、雪豹、麝、黄鳍结鱼和雪鳟鱼等已经因此受到威胁。遥远的大城市买走了大型水坝生产的大部分电力，而许多当地人的生计却处于水火之中。位于印度阿萨姆邦东北部的下苏班萨里水电站项目（Lower Subansari Hydroelectric Project）是印度最具争议的水电站之一。由于水电站的修建影响了当地乡村船只的通行，这些船只承载着大量的贸易商品，当地的抗议活动使水电站的修建一再停滞。林地因建设水电站而被淹没，当地人失去了主要的柴火来源。历史学家罗汉·德苏扎（Rohan D'Souza）形容布拉马普特拉河是一个"移动的内陆海洋"，依靠自给自足的渔业和漫滩农业，而修建大坝使这一体系面临威胁。如今人们熟悉的淤塞问题威胁着许多水坝。不仅如此，这里还是地球上最活跃的地震带之一，里氏8.0级以上的地震并不少见。[51]

303

＊ ＊ ＊

对大坝、喜马拉雅地区和居住在河流下游的数十亿人来说，气候变化带来的影响最为严重。气候变化影响喜马拉雅冰川的方式有两种：一是改变降雪模式；二是加速冰雪融化过程。研究结果显示，情况很复杂——并非所有冰川都在消退，更严重的是，监测冰川的观察站很少，对冰川所开展的长期研究也很少。虽然自20世纪90年代以来，中国一直在开展对喜马拉雅山脉的研究，但喜马拉雅山脉印度一侧的研究几乎没有科学家触及。联合国政府间气候变化专门委员会（IPCC）有关喜马拉雅冰川融化速度的报告写得较为粗糙，气候变化怀疑论者借用这点来诋毁该组织的工作。但自19世纪中叶以来，全球变暖已导致喜马拉雅山冰川衰退，即便这种衰退还没有蔓延至整个山系，在最近几十年里，其速度不断加快，这是一项沉重的共识。许多模型预测，由于冰川融化，河水流量将在短期内增加，导致更严重的洪水频发，甚至可能导致令大坝倒塌的灾难。几乎没有人认为喜马拉雅山脉地区的大型水坝设计考虑到了气候变化的不确定因素。鉴于极端降雨的可能性增加，危险会更大——正如我们将看到的，这是很有可能的。科学家预测，到了大约21世纪中叶，即2050年或2060年，喜马拉雅山脉主要河流的旱季流量将显著下降。流量减少不仅将使许多计划中的水坝失去效用，也会使许多人的生命和生计岌岌

304 　可危。13多亿人的供水直接依赖喜马拉雅山脉水系；30亿人依靠喜马拉雅山脉水系所提供的食物、水源和能源。由于冰川变暖直接导致的河流流量以及河流动向的改变，威胁着相当一部分人类的生存。[52]

三

　　季风是贯穿本书的线索，也是本书结论之所在。

　　20世纪末热带气象学研究有了突破，从厄尔尼诺-南方涛动的准周期性到由马登-朱利安振荡引起的季节内变化，它们从不同的时间维度上揭示了季风内部变化的规模和复杂性。近年来，科学研究的重点一直集中在气候变化的人为影响与季风的自然变化之间如何以某种危险而又不可预测的方式相互作用上。

　　如我们所见，驱动季风的根本力量是陆地和海洋之间的热力差异，以及水分的可利用程度。气候变化影响着风和雨的形成。由于洋面变暖，季风吹向印度次大陆时将携带更多水分。但如果洋面升温比陆地快（这种情况会在赤道水域发生），那么这会缩小驱动风的温差，从而削弱这一水循环。简单地说，许多气候模型预测，这些过程中的第一个环节将会占据主导地位：温室气体排放将使某些地方"湿上加湿"。也就是说，按此预测，潮湿的季风地带会迎来更多的降雨量。正如气象学家早已认识到的那样，季风现象错综复杂。但越来越清楚的是，季风降雨不仅受到全球变暖的影响，而且还受到区域范围内变化的影响，包括诸如机动车、农作物秸秆燃烧、家庭火灾等气溶胶排放以及土地用途

305 　的变化。厘清和理解这些全球和区域层面上对季风模式的影响，是气候科学当前所面临的紧要任务。到目前为止，事实已经证

明，通过模型预测季风比预测全球气温等其他方面更加困难。[53]

　　印度气候与降雨的详细记录使得科学家们能够细致地重构过去60年里的季风模式。这些记录本身就是印度气象学历史的产物，可追溯到19世纪末亨利·布兰福德和他的同事们所做的努力。这些数据所呈现的图景非常复杂，在某些方面甚至令人惊讶。1950年以来，印度夏季平均降雨量下降了7%左右。但该趋势背后的缘由是什么？[54]降雨量下降的原因在于印度独立以来选择的发展模式。也就是说，对该现象的解释属于经济史的范畴。

　　20世纪90年代末，监测船只在印度洋北部监测到异常高的气溶胶浓度。卫星图像上显示出一个遍及恒河平原和印度洋的"污点"，研究人员称之为褐云，这是对这阵雾霾最准确的描述，尽管不带诗意。1999年1—3月，在美国加州拉霍亚（La Jolla）斯克里普斯研究所的印度籍海洋学家维拉巴德兰·拉马纳坦（Veerabhadran Ramanathan）的带领下，一个大型调查小组开始在卡希杜（Kaashidhoo）天文台基地读数，着手研究这片褐云，卡希杜岛是位于马尔代夫群岛最偏远的岛屿之一。参与研究的科学家之一，荷兰大气化学家保罗·克鲁岑（Paul Crutzen），也在大约同一时间创造了"人新世"这个词来指代一个新的地质时代，在这个时代里，人类活动是影响环境演化的重要力量。[55]

　　这项研究发现，雾霾是由硫酸盐、硝酸盐、黑炭、灰尘和飞灰以及自然产生的气溶胶（包括海盐和矿物粉尘）组成的有害混合物。人口稠密的恒河平原和印度西北部的人为活动直接产生了黑炭、硫酸盐和烟尘。这一地区，多达80%的人口仍居住在农村，许多农村家庭不能通电，褐云中的大部分黑炭是由印度主要用于做饭的家庭燃烧生物质——木材、农作物秸秆、粪便和煤炭产生的。剩下的部分则来自露天焚烧。家庭使用的炉灶效

306

率低下，燃烧不完全，产生大量烟尘。除了对区域气候可能产生的影响外，这些排放物还对人体有害。据估计，印度每年有超过40万人的早逝是室内污染所致。褐云中的黑炭、硫酸盐和其他气溶胶结合，加之恒河平原工业密集、采掘活动频繁，因此额外受到的影响也更大。自19世纪末以来，由于焦达那格浦尔（Chota Nagpur）地区拥有丰富的煤炭和矿藏，印度恒河平原一直是印度采掘业的核心地区。沿着亚穆纳河再往前，德里地区是印度发展最快、也是绝对规模最大的都市区之一。自20世纪70年代以来，随着印度人口的增长、经济的发展、地区内和地区间发展不平等的扩大，污染排放量呈指数级增长。恒河平原的境遇更是雪上加霜：能源密集型经济增长导致的硫黄、碳和二氧化氮排放，外加数百万人由于没有电力供应而使用更为廉价、肮脏的燃料而排放的黑炭。[56]

　　所有这些因素都在改变着季风的模式。气溶胶吸收太阳辐射，使到达地球表面的太阳辐射减少。这也让陆地温度降低，陆地和海洋之间的温差变小，削弱了维持夏季风的大气环流。印度次大陆上空的环流变化反过来又影响了紧密联系的空海互动，这一复杂的互动将亚洲大陆与印度洋联系起来，其内部早已发生了大量的内在变化。由于亚洲季风与地球其他地区气候的联系形式，南亚和中国上空的气溶胶有可能产生全球性的影响。当所有这些影响与全球变暖对海洋和大气的影响相叠加，气候的不稳定性就会成倍增加。气溶胶的影响非但不能简单地抵消温室气体的影响，反而会使情况变得更为复杂。[57]

　　导致区域性气候变化的另一个因素是土地利用方式的快速变迁。在过去的150年间，亚洲大部分地区的森林覆盖率急剧下降。印度农业产量的增长，以及灌溉用水的增加，都影响了土壤的含水量及其吸收或反射热量的能力。农作物反射的太阳辐射要比森林多，相比之下，森林更容易吸收太阳辐射；种植农作物的土地反射性更强，使土地温度下降，再次削弱了温差，影响大气环流和降雨。热带气象学家迪普蒂·辛格（Deepti Singh）指出，气候模型常常无法预测季风的动态，部分原因是它们过于抽象，无法将"该地区复杂的地形、温度和湿度梯度考虑在内，而这些因素都可能会影响季风环流"。这些模型忽略的恰恰是那些景观及微观气候的细节，而一个世纪前的气象学家们对后者非常感兴趣，在绘制印度气候详细的地方及区域地图时，早将这些细节一一描绘。[58]

留给我们的是再痛苦不过的讽刺。20世纪后半叶，为了确保印度免受季风变化无常带来的各种影响，印度当局采取了许多诸如密集灌溉和种植新作物的措施，但这些措施却产生了一连串意想不到的后果，并破坏了季风本身的稳定性。当20世纪早期的地理学家写下"亚洲季风"时，他们认为季风是至高无上的，塑造了数亿人的生活，人们和季风相依为命。如今，"亚洲季风"的含义完全不同了，在人类的干预下，季风越来越难以预测。

* * *

从某种层面上讲，从20世纪50年代开始，季风变化的历史是关于印度韧性的故事。自20世纪40年代以来，印度经历的旱灾比之前半个世纪还多：仅半个世纪就经历了许多破坏力极强的饥荒。即使是从较短的时间范围内看，也有旱灾变多的迹象。2014—2015年，印度连续两年遭遇干旱，其严重程度堪比1965年和1966年的季风灾害，正如我们所看到的，印度只有依靠大量的外部援助才能克服旱灾带来的影响，当年英迪拉·甘地政府就为

308

此背负了不小的压力。2014—2015年，农业产量没有明显下降，人们认为这是得益于事前有完整的规划，也将其归功于20世纪七八十年代在气象学认知和技术进步的推动下，变得更加准确的气候预测。诸如马登-朱利安振荡和北半球夏季热带大气季节内振荡这样的季节内振荡变得更容易预测，2～4周这一时间尺度上的预测取得进步。在过去几十年里，除了普遍的干旱趋势外，季风也变得更加极端。表面上看，印度的降雨总量减少了，其实降雨都转而以暴雨的形式出现。1981—2000年，雨季降水更加剧烈，旱灾也更加频繁，但情况并不严重。[59] 从19世纪开始，印度气象学得到了长足发展，这得益于印度对到访孟加拉湾地区的可怕气旋的认识和预测，正如在菲律宾和中国沿海地区，台风的威胁刺激了研究的开展一样。预测气候变化对气旋发展的影响，就和模拟季风的完整进程一样充满不确定性。同样的反作用力也在起作用：理论上说，海洋变暖可能会导致更多的气旋产生，但如果海洋变暖的速度比陆地快，就不会使气旋产生。不过，可以明确的是，孟加拉湾的气旋在近几十年来强度与日俱增，世界其他地区的气旋风暴，如大西洋的季风等强度也在加剧。在孟加拉湾，科学家们预测，到21世纪，气候变化将引起更为强大的气旋出现，但发生频率不会增加；不过，阿拉伯海将会出现更多的气旋，虽然在那里气旋现象并不多见。[60]

孟加拉国的热带风暴所波及的人数之多，在全世界都首屈一指。19世纪六七十年代，孟加拉东部地区（当时属于英属印度）发生了破坏力极强的气旋风暴，刺激了气象科学的发展。在20世纪后半叶，气旋风暴更加频繁，但破坏力一如既往。过去50年中，全球大约40%的风暴潮袭击了孟加拉国，1970年和1991年发生的两次气旋风暴造成的死亡人数是最多的。20世纪亚洲地区发生的10次最严重的风暴中，有5次是发生在孟加拉国。[61]但是在过去的20年里，孟加拉国气旋风暴致死率急剧下降。2007年袭击孟加拉国的气旋风暴"锡德"（Cyclone Sidr）与1970年的"博拉"旋风（Cyclone Bhola）一样严重——就两者的风速和降雨量而言，前者死亡人数较之前却减少了100倍。约有50万人死于1970年的气旋风暴，而在2007年，这个数字还不到5000人。在某种程度上，这得益于天气预报相关设施和技术的进步。在日本卫星的协助和美国国家海洋和大气管理局（US National Oceanic and Atmospheric Administration）的数据支持下，孟加拉国气象部门追踪孟加拉湾气旋发展的能力有了显著提高。1991年发生的那场可怕的气旋风暴之后，孟加拉国政府开始建造数以千计的气旋风暴避难所，这些避难所拯救了数百万人的生命。气旋风暴警报变得更加有效，这在很大程度上得益于手机的普及，就连那些最为贫穷的村庄也有人使用手机。景观上的改变也起到了一定的作用。沿海堤坝可以阻挡洪水，但它们对当地生态的影响还存在较大争议。孟加拉国政府制订了一项大范围的红树林再造计划，此举有助于恢复孟加拉国部分低洼海岸，也是孟加拉当局最有效的自然防洪措施之一。[62]但在孟加拉国，就像印度和东南亚其他地区一样，使人们免受热带风暴侵袭影响的实际成果要与一系列新生的风险相抗衡，这些新风险包括天气将变得更加极端和难以预测、沿海建设不受约束、人口密度不断增加以及社会不平等现象急剧恶化。

　　人们正在着手进行季风不稳定性的研究，试图找到导致季风越来越不稳定、越来越极端的原因。原因很可能是全球变暖、区域气候变化和自然变化在多种层面、不同时间尺度上的相互作用。孟加拉湾海洋学研究的最新成果表明，海洋本身的化学性质

310

对气候有很大影响。由于从喜马拉雅山脉流下了大量的淡水进入孟加拉湾，而且孟加拉湾比其他任何水域的降雨都要多，所以孟加拉湾海水的含盐量比大多数水体都要低。这对海洋环流、温差以及海洋和大气的相互作用都有影响，但关于发挥作用的力量仍有待深入研究。[63] 一些孟加拉湾海洋学研究者从十分久远的历史中寻找有关未来的线索。在20世纪末，卫星的出现让人们对气候动力有了新的认识；现在，海床是下一个研究前沿。2015年，长约143米的"决心"号（JOIDES Resolution）海洋钻探船，配备了高达60.96米的钻井塔，从孟加拉湾海底采集了沉积物岩芯。科学家们找到了1500万年前季风活动的记录，这些记录埋藏在被称为浮游生物有孔虫的微生物沉没化石中，这些微生物曾经栖息在表层水中，现在被掩埋起来。该项目旨在通过研究季风对温度、盐度、海平面和大气中的碳的历史变化和反应，利用这些"深厚"的历史数据来预测在全球变暖下季风未来的动向。讽刺的是，"决心"号曾经是一艘石油钻井船，现在变为服务于更环保的海洋调查，不过这也许是正确之举。[64]

* * *

2005年7月26日，孟买发生强降雨，降水强度为944.88毫米，降雨从下午两点半持续到晚上七点半。城市三分之一的地方被淹没。移动网络崩溃。机场因跑道进水而关闭。近15万人滞留在孟买庞大的通勤铁路网的各个车站，铁路网陷于停滞状态。近1000人死亡，数万人无家可归。面对如此大的降雨量，政府完全措手不及，尽管如此规模的倾盆大雨在孟买历史上并非完全没有先例。但在民众眼里，这是大自然的反常行为，抑或是神明的惩罚。

但是，该市非政府组织召集的一个公民委员会在报告洪水灾情时，得出了不同的结论。他们称孟买是自己惹祸上身。经过几十年持续的经济增长和发展，孟买的天然排水管道所剩无几。混凝土覆盖了原本的天然排水管道。水无法排出。天然排水管道本来建在潮汐滩涂上，现在被垃圾堵塞。纸面上的环境法规，并未能约束那些未被政府批准的建设项目大肆发展，在这座城市，优质房地产的开发价值比纽约或香港还高。早在1930年，马希姆湾（Mahim Creek）的红树林沼泽地面积已达约2.8平方千米，如今由于公路建设和城市发展，这座城市已经失去了这块陆地和海洋之间的天然缓冲地带。[65]

　　风暴除了造成毁灭性打击，还向人们发出不容忽视的警告。如果像科学家预测的那样，这场"百年一遇"的风暴在未来很可

312

2005年7月26日孟买遭遇洪水。图片来自《印度斯坦时报》/Getty Images。

313 能以每10年或每20年一次，或更高的频率发生，那么孟买和许多依水而建的城市都将受到致命的威胁。海洋再次威胁着沿岸城市，这些威胁不再仅仅源于自然规律，从区域性转变成全球性的人类活动也是威胁加剧的原因。

阿米塔夫·高希在关于气候变化创作的非虚构作品《大混乱》（*The Great Derangement*）中，用有力的笔触勾勒了大风暴袭击孟买时惨不忍睹的场面。高希让我们想象着孟买发生超级风暴的情景：

> 此时，海浪从孟买两边的海岸线灌入孟买南部；不难想象，风暴潮的两个锋面将会相遇并合并。这样一来，孟买南部的山丘和岬角将再次成为岛屿，在汹涌的海面上浮现。

高希认为，面对"超乎想象的大"灾难，大多数国家和大部分人一样，应对时都受"习惯动作的惯性"引导。[66]

近年来，有人认为，人们应该适应沿海地区的自然液压风险——更不用说这些风险是如何随着气候变化而恶化的，这种观点已经影响到建筑和设计领域。孟买建筑师和城市理论家阿努拉达·马图尔（Anuradha Mathur）和迪利普·达库尼亚（Dilip da Cunha）坚持认为，殖民和后殖民时期的实践在陆地和水域之间划了一条明确的界线，这源于对流动的沿海景观的根本性误读。他们认为，季风期的孟买需要"以横截面的深度"来看待，而不是从地图和规划这两个维度来观察。当季风来临时，"时间太短，水又太多，无法通过地图上划定的路线有序地离开"。在他们的设想中，季风中的城市在陆地和水域的边界上变成了一个流动的、易变的有机体，因"天上的季风雨云穿过迷宫般的湾流，到达地下的含水层网络"的相互作用下形成。他们认为，只有我们认识到这一点，并据此设计、适应它，我们才能与风险共存，而不是试图通过工程来规避风险。[67]

在一个世纪前亨利·布兰福德、伊丽莎白·波格森和鲁奇·拉姆·萨尼那个时代传承下来的传统中进行研究，印度气象学家对印度眼下面临的气候风险的成因产生了独特的理解。他们认为，无论降雨模式发生多大变化，季风总是会给南亚带来风险；如今情况不断恶化的根本原因在于那些愚昧鲁莽的政策。

这个问题是我在与拉加万的谈话中发现的。拉加万曾是印度气象部门的高级官员，退休后在金奈生活，我们在他的家中会面。他的父亲是泰米尔纳德邦农村干旱区的一个大农场主。拉加万从小就对水和农作物有深厚的了解；早在他成为气象学家之前，他就熟知季风的节律。在马德拉斯大学获得物理学学位后，拉加万收到了3份工作邀请：一份来自全印广播电台，一份来自审计长办公室，一份来自气象部门。尽管对气象学知之甚少，但他还是选择了气象部门，部分是由于在气象部门他将有机会使用在大学的工程展览会上看到的无线电探空仪这种最新技术。冷战最激烈的时期，拉加万以政府奖学金的形式被公派前往美国学习雷达技术。1957年，德里的萨夫达君机场（Safdarjung Airport）采购了印度有史以来第一台雷达，拉加万负责雷达运作。1972年，他回到马德拉斯，负责那里的雷达气象监测工作，那里的气象中心配备了从日本购买的气旋风暴预警雷达。当时，印度对进口和外汇实行严格限制，经过与海关的长期协商，雷达才得以运达。那一年，一场严重的气旋风暴袭击了沿海城镇古德洛尔（Cuddalore）。这是印度首次在气旋风暴逼近时使用雷达追踪到的气旋；由于有准确的信息和早期预警，伤亡人数被降到了最低。拉加万说，就在那时，"我意识到我在为社会作贡献"。

但在20世纪80年代，随着预警能力的提高，印度所能预测到的极端天气也成倍增加。拉加万说，原因是人为造成的，不是气候造成的。他告诉我，生活在印度沿海地区的数百万人之所以处于危险之中，是因为政府、规划者、开发商和公民完全忽视了南亚沿海地区面临的常规性气候风险。他说："一次又一次，我们把自己推入危险的泥潭。"他认为工程并不能消除气旋风暴的风险，充其量只能做好预防。他认为对风暴采取早期预警才行得通，而唯一的办法是耐心地监测孟加拉湾天气锋面的发展。他退休后的任务是编制泰米尔语的气候学术用语词典；正如19世纪末殖民时期的气象学家那样，他不厌其烦地收集当地谚语。他定期向学校和居民社区宣讲气候和天气知识。他描述了城市自然排水系统和风暴防御系统的破坏情况。他告诉我，早在20世纪40年代，他还记得曾看到金奈的库姆河（Cooum River）交通繁忙，河上还有从安得拉运盐的船只；如今那里已经变成了一个"粪坑"。"多到令人发狂的塑料垃圾"堵住了下水道；红树林遭破坏后，人们失去了抵御风暴潮的天然屏障。他说："我们自己要对这场危机负责。"

拉加万先生说话温和，但判断非常谨慎而准确；我们谈话时，他经常会起身到书架上翻找某本书，或者查阅他多年来保存的剪报。我们见面后的第二天，他给我发来了一份他为最近一次演讲做的幻灯片演示稿。他所表达的情感毫不含糊：季风气候的风险被忽视，对此，他既悲伤又愤怒。他的观点基本是对天气和气候的看法，关于适应已知和可感受到的风险，很少是关于如何控制它们的。印度气象学家对认识季风的长期探索，继续影响着他们对变化的气候所作出的回应。

315

＊＊＊

在很大程度上，人们并未从目前表现出来的情况中吸取经验教训。面临风暴威胁的城市就像一条环绕着亚洲海岸线的"项链上的珠子"。一项研究预测，到2070年，遭遇极端天气风险人口最多的10个城市中，有9个城市将位于亚洲，迈阿密是唯一的例外。这份名单包括印度的加尔各答和孟买，孟加拉国的达卡，中国的广州和上海，越南的胡志明市和海防，泰国的曼谷和缅甸的仰光。[68] 这些城市都将面临未知风险，这些风险来自海洋与陆地、亚洲海洋上风和雨的相互作用。就在孟买暴发洪水两年后，雅加达市，这个印度尼西亚的首都因建筑物重量、地下水的开采和海平面的上升而下陷，是世界上下沉速度最快的城市。雅加达每年下沉7.62～15.24厘米。2007年的风暴冲垮了为保护城市而修建的海堤。海水淹没了半个城市。34万人流离失所。在雅加达和亚洲各大沿海城市，气候变化加剧了一系列本就严重的灾难：由房地产投机和中产阶级新消费形式推动的仓促发展、卫生保健基础设施的崩溃、防范措施和预防措施的缺乏，所有这些都是各国深刻的社会和经济不平等的表现。放眼全球，很少有比地势低洼的孟加拉国更为直接的受害者了。[69]

四

对水的斗争已经突破了亚洲的各国边界。喜马拉雅山脉的河流流经许多国家，然后流入大海，但人们在河流上筑坝、改道，河流极易受到山上覆盖的冰川的影响。全球变暖是历史上化石燃料燃烧排放的结果，这最初是由世界上的富裕国家和发达国家长期排放造成的，但自20世纪80年代以来，中国和印度的排放量也越来越大。全球变暖与区域气候变化相互作用，并构成影响。恒河平原或中国工业高速发展地区气溶胶排放的影响已经超越了印度和中国的国界，气溶胶形成了诸多覆盖在印度洋上空的褐云，影响了远方的降水。气候变化造成污染源与其后果之间的时间差，同时也以共同风险和相互依存的形式创造了新的紧密联系。喜马拉雅山作为"亚洲水塔"，既代表着连接亚洲大部分地区的液压系统的规模，也昭示着亚洲人民因这一水源源头的不稳定而面临的巨大威胁。到20世纪60年代，海洋本身就被视为是一种领土形式。孟加拉湾是19世纪最早的季风科学实践地；今天依旧如此。但它是一种非常不同的空间。这里是拥挤的。这里是充满争议的。这里由海洋上的边界隔开，就像在陆地上那样。[70] 即使是有关季风海洋学研究方面的国际合作也必须面对海上边界的现实。2013—2015年，科学家组织了一个主要项目，开始调查孟加拉湾及其在季风环流中的作用；该项目汇集了美国、印度和斯里兰卡的科学家。他们的研究船在孟加拉湾游荡了两年，对海洋盐度、温度、洋流和化学成分进行了大规模的测量。然而这些年来，他们的航行图上密集的航线被细线分割，细线标明了领海和专属经济区的范围；有些如缅甸边界这样的地方由于政治原因，船只不得越过。[71]

如果说海上的边界都严禁穿越，那么陆地上的边界则更是如此。在亚洲历史上，人类经常临时迁移，这是在极端天气下的生存方式之一，但迁移距离有长有短。对于那些受到气候变化和水源造成的风险威胁的地区，边界的存在成为人群流动的障碍。如今的法律和政治辩论中，"气候难民"一词被多次提及。红十字会多次强调，"民粹主义的'气候难民'一词具有强烈的误导

性"：移民因环境而起，其中"又掺杂了经济、社会和政治因素 318
的共同作用，并与现有的脆弱性相关"，而且"在概念上很难确
定一个环境或气候移民的确切类别"。[72] 将"气候移民"从广泛
的区域流动模式的讨论中分离出来并不正确。

　　一些关于气候和移民的宣言中，总有一种奇特的历史共性。
在19世纪，许多观察家也认为，跨印度洋的人口流动背后受到气
候因素驱动，不过不是气候变化，而是气候本身的自然波动。[73]
如今，用带有流动寓意的隐喻描述移民仍然很普遍：这种语言关
乎"洪水""潮汐""波浪"和"流动"。现在孟加拉湾的许多
移民来自曾经流动的地方和社区。这一点也不奇怪。那些受到环
境灾难威胁最为严重的地方——沿海地区和大河三角洲，其人口
迁移的历史也最为悠久。但其他一些受影响地区的人口因为家族
间关系并不紧密，认知、经验和获得信贷的机会寥寥无几，所以
没法迁移。被迫留在原地和强制迁移同样危险，创伤也同样严
重。自20世纪中叶以来，对移民的管理已经加强，并且有可能进
一步加强：例如，印度对从孟加拉国来的"非法移民"的过度反
应，导致印度加大了印孟边界的安保力度，尽管还是有许多人出
于搏命心理而冒着生命危险越过边界。气候变化的影响虽然缓
慢，但可能会让人们陷入困境、束手无策，引发"气候难民"的
浪潮。[74]

　　世界银行最近的一项研究表明，跨境移民虽然受到了很多
关注，但在本国境内移动的人数远远多于跨境移动的人数。在未
来30年里，绝大多数因气候变化而流离失所的人将在其本国内迁
移，据估计，仅在南亚就有4000万人，全球这样的移民会有1.43
亿人。[75] 世界银行以气候政策文件中常见的中立语言得出结论，
南亚的"几个气候移民迁入、迁出的热点地区都在越境区域"， 319

这些地区"必须探索机遇，应对挑战"。[76] 但这究竟意味着什么呢？这意味着，那些生活受到干旱或洪水威胁的人所面临的选择，将受到边界的限制，就像受到贫困、性别、种姓或发展机会寥寥的限制一样。这意味着，离他们最近的避难所，如果需要跨越边界，那就可能根本不能算是一个避难所。这意味着，许多对人们来说具有社会、文化或生态意义的路线，内嵌于家族史的路线，过去并不总会被边界分割开的路线将被封锁。这意味着，那些被迫跨越封闭边界、寻求安全的人将面临前所未有的风险。

* * *

考虑到边界的存在，是否有可能通过更密切的区域合作来应对水问题和气候变化威胁的未来呢？即使有的话，也很可能在规模和雄心上都很有限。现有的区域组织：东南亚国家联盟（即东盟，ASEAN），成立时间更晚且规模更小的环孟加拉多领域经济技术合作倡议（BIMSTEC），都更关注发展基础设施和促进贸易。尽管它们也关注环境保护问题，但并不把环保看作头等大事。政策文件往往将"气候"作为一种隐喻提及，如经常说希望创造一个"有利于投资的气候"。[77] 新基础设施建设项目即便威胁到生态和社会，也仍在几乎不顾一切地继续进行，就像孟加拉湾沿岸的大量港口项目一样，只有遭到公众的强烈抗议才停工。然而，20世纪后半叶确实出现了管理跨境水域问题的协定和机构，但协定力度和机构建设仍亟待加强。尽管条约确实存在缺陷，但印巴两国在世界银行的协调下，于1960年签署的《印度河条约》（Indus Treaty）在很大程度上还是起到了作用。彼此敌对的印度和巴基斯坦在大多数情况下合作管理这条他们共有的河流，尽管印巴关系不时出现紧张局面。湄公河委员会，由联合国在20世纪

50年代组建，持续时间比冷战更长。尽管该委员会常常未能阻止沿河地区那些不计后果的开发，但中国越来越多地参与委员会讨论，这表明各国也在更加认真地对待它们面临的共同威胁。

但是，最有希望解决共同风险的举措可能在于科学和公民社会领域。从一开始，亚洲的气象科学就是一项全球性的事业。19世纪末，跨越帝国边界的天文台和科学家们就在交换数据、交流理论和报告。但这并不是说气象科学与政治毫无关系——这是不可能的。19世纪，气象学的发展与帝国的利益紧密相连。但是，气象科学作为一种想象亚洲的方式，使亚洲超越国境线的限制，成为一个广阔、相互联系的气象空间，这个空间里，亚洲各地通过海洋、空气和陆地等每一个维度联系在一起。气象学家发现菲律宾和印度面临相同风暴的威胁。随着对气候联系的认识加深，各国就算不能协同应对，也开始共享预警信息。在民族国家的时代，科学家之间的跨国合作一直在继续，且比以往任何时候都更加重要。即使像环孟加拉多领域经济技术合作倡议这样的组织也会因其成员国之间的政治关系紧张而遇到阻碍，但它在协调、共享预警以加强灾害防备方面确实取得了微小却切实的成果。[78] 随着卫星技术的进步和运算模型的改进，气象学家预测风暴的能力得到了提高，现在广大公众也更容易获取到这些信息——移动电话在整个南亚无处不在；甚至最小型的渔船现在都配备了全球定位系统（GPS）。

最近为加强跨境合作以解决亚洲水资源问题而做出的一些最有希望的尝试都集中在信息共享方面。正如我们所见，有关喜马拉雅水系的水文数据仍然受到严格保密。总部设在伦敦和新德里的非政府组织"第三极"（The Third Pole）汇编了尽可能多的关于河流流量和气候趋势的信息，"第三极"致力于理解和沟通

321

亚洲国家面临的跨境水资源问题，他们尤为关注喜马拉雅山脉的河流。该组织利用开源数据，创建了一个新地图平台，可以共享有关河流流量和水电、冰川和地下水的数据。现在，记者、活动人士和学者都可以随时使用这些数据。他们绘制的喜马拉雅地图跨越了国境，旨在强调人类共同的生态挑战。风险可视化有助于激发更为协调的合作来应对风险；甚至可能激起一种新的团结意识，而这种团结来源于共同的脆弱感。为了汇集信息，他们已经开始动员所谓的"民间科学家"公众参与。印度的一个组织"季节观察"（Season Watch）鼓励其成员，包括学童在内，提交详细的每日气象监测报告，从而将当地季节性周期变化的记录与区域、全球范围的变化联系起来。[79] 这种做法还延伸到对地方档案的保护。世界气象组织多次强调"数据救援"的重要性，即恢复降雨量和温度的记录和日志——它们通常是手写的，保存在当地资料库中，但可能面临物理降解。对寻找长期气象变化模式的气象学家来说，这些数据是非常宝贵的资料。正如我们在本书中所看到的，正是这些资料档案，充分证明了在早期，不仅是风暴和洋流，科学信息也同样跨越了国界。

自20世纪80年代起，亚洲各地的环保人士之间也开展了密切的合作。他们汇集信息，共同开展活动，并认识到环境恶化是人们共同面临的威胁，这包括但不限于气候变化的问题。历史学家杜赞奇（Prasenjit Duara）[①] 从他所谓的"亚洲网络"中看到了希望，这是一个非政府组织的网络，这些组织有的出于宗教动机，有的完全是世俗组织，它们走到一起，共同面对水源和气候

---

① 新加坡国立大学莱佛士人文教授，芝加哥大学荣休教授。代表作为《文化、权利与国家：1900—1942年的华北农村》《从民族国家拯救历史：民族主义话语与中国现代史研究》。——编者注

问题。实际上，环保行动有时从真正意义上突破了国境限制。此外，还存在着一个意识层面的障碍。如我们所见，环保行动的感召力往往在于能够唤起人们对特定景观的依恋情感。无论是在印度还是亚洲其他地方，历史叙事都是环保主义兴起的基础，但是环保主义者所呼唤的过去具有深刻的地方性；他们的叙事把早期的生态纯洁与殖民主义和现代性的掠夺相提并论。民族主义的呼唤一直都是、到现在仍是环保主义者动员、获取公众支持的强有力方式。但它却使跨境合作的开展变得愈发困难。[80]

遇上环境危机时，以地方历史和民族性的方式来应对显得势单力薄。这点从地图上，或者从亚洲所面临的、与水有关的、风险规模惊人的图表中一眼就能看出来。很显然，这些风险不分国界。新型环境史，应是关乎亚洲奔腾水域联系更加密切和广泛的历史，它应能填补这一领域的文化和政治意义，同时展示，亚洲的山川河流和季风景观不仅是自然景观，而且构成了移民空间、贸易区域和朝圣之路。

纵观历史，水既连接着亚洲，也分化着亚洲。一直以来，河流与海洋既是贸易通道，也是各国的势力范围。19世纪，欧洲列强主导世界，亚洲的水文地理支撑着许多商品贸易，推动了全球工业资本主义的发展。威胁沿海地区的风暴总是能越界过境，而不同的政府所采取的应对措施各不相同。20世纪中期，随着整个亚洲国家和地区间的联系出现裂痕，几十年的民族主义和战争的冲突，水源都受到更为严格的、领地性质的管控。几乎所有亚洲的新型民族国家都想方设法尝试控制水源的大胆之举，其中的原因之一就是要在后殖民时代取得自给自足的地位，而在冷战时期，它们的自主权因超级大国的图谋不轨而备受质疑。它们之所以这样做是因为水源匮乏、饥荒和痛苦的记忆还历历在目。尤其

322

323

是印度，对季风的恐惧和季风对人类生活的巨大影响力刺激着人们。印度前总理英迪拉·甘地曾经说过："对我们印度人来说，匮乏等同于一场没有正中目标的季风。"这种与巨大自然力量战斗的意志启发了她，也鼓舞着很多人，在绝望与乐观之间挣扎，而科学技术则是解脱的关键。[81] 随着时间的推移，对自给自足的坚持，加之持续不断的危机感，导致印度裹足不前，对反复尝试征服自然的后果视而不见。如今，政府无力跨越国界进行思考，而这种无力已经危及人民的生活，也剥夺了政治的想象力。

倘若本书中有一条一以贯之的教训的话，这个教训就是：水源管理从来不是，也不可能是个纯粹的技术或科学问题，它也不可能在纯粹的国家层面上解决。有关水源分配及管理的理念深受以下因素影响：文化价值观、正义观以及对大自然和气候的认识和恐惧——包括自古以来对季风的恐惧、对季风越来越任性的恐惧。了解塑造亚洲的季风和山川河流，这样的较量仍在继续。

尾声：水边的历史与记忆

小说家扎迪·史密斯（Zadie Smith）[1]曾经写道，"人们用 **325**
科学和意识形态的语言描述当今气候的状况，却几乎看不到一点
从个人内心出发的言辞"，没有任何词语能够把握气候变化带来
的失落感。史密斯还写道："天气变了，并不断处于变化中，因
这变化，众多看似不起眼的东西……正在消失。"[1][2]面对令人生
畏的气候变化规模，许多应对具有深厚的地方特色。印度农民
紧紧遵循气候的规律，改变着他们播种的时节。[2]但是，天气的
变化也带来了一种迷失感——方位感的迷失。在我撰写本书的8
年中，所到之处，人们都在讲述关于天气的故事——天气与以往
是怎样的不同。在很多情况下，这些话题都是由曾经熟悉，而如
今已面目全非的特定景观引发的。2012年，我在泰米尔纳德邦旅 **326**
行的路上，遇到一位居民，他长期居住在坦贾武尔，他对我说：
"看那儿，我小的时候河是满的，但现在完全干了。"

人们所面临的气候变化带来的威胁是方方面面的。季风的
变化对赖之生存的每一种生命形式都会产生影响。在喀拉拉邦
北部瓦亚纳德（Wayanad）的古鲁库拉（Gurukula）[3]植物保护区
里，苏普拉巴·塞尚（Suprabha Seshan）与她的同事们培育着原

---

① 英国作家。代表作为《改变思想》《白牙》《使馆楼》等。——编者注
② 中文译文引自［英］扎迪·史密斯著：《感受自由》，张芸译，上海译文出
版社2021年版，第14—15页。——编者注
③ 印度的宗教讲习学校，也被称作"灵师学校"。——编者注

产于西高止山脉生态系统的濒危植物，这支位于印度西部的山脉在夏季季风期间获得的降雨量最为密集。塞尚写道，"我们把这些植物称为'难民'"，很多都是从已经被砍伐的森林中抢救出来的。"天气问题常是我们演讲的重要内容。"园丁们依赖对天气的直观知识来开展工作。但这种模式已经发生改变。塞尚说："从我到这儿工作，约摸24年了，常常听人们说起季风变得如何不对劲了，与从前完全是两回事。从科研数据中，我们也发现了这一点，但对我们来说，更关键的是，我们是从保护区里的动植物行为中感知到这一点的。"在这里，气象研究的结果与本地的所见所闻一致。每个人都确信，西南季风已经减弱，而且变得更加难以预测了。塞尚还写道，这些天气的信号"迷惑了"本地物种。气温太高，有的高山物种难以生存，且气温升高还会导致新的病害出现。塞尚得出结论："我担心，季风及其'愤怒'和野蛮的力量，不会再出现。"[3]

＊＊＊

印度东南沿海地区也有许多不可逆转的变化的迹象。前几年，在本地治里附近的一个小村庄，我遇到渔民拉特楠（Rathnam）先生，他50多岁，家里世代都是渔民。我俩坐在一条狭长的海滩上，海滩两边都是花岗岩砌成的海堤。他说："要不是这些海堤，海水早就把住的地方淹没了。"海滩在过去的20年间已经受到侵蚀，最明显的是本地治里新建的大型港，离海岸只有几分钟的路程。本地治里港的建成标志着印度港口建设热潮的开始，目前在印度东西沿岸地区有几十个港口在规划建设中。这些港口盯上了印度洋沿海地区蓬勃发展的商业机遇，印度洋沿岸在20世纪下半叶衰落之后，近期又再次热闹起来。这些港口促成了海岸线的剧烈变化。拉特楠先生指着海滩说："那些停船的地方，曾经都是房屋。看，你现在还看得见房子的地板。"我看见几块小碎片从土中冒出来，它们算是沿海地区环境史的小小档案吧。

房屋的遗骸，记录了海岸侵蚀的景象。图片由作者本人提供。

拉特楠先生确信大海已经发生了变化——超出了肉眼所能看到的，不仅仅是海滩明显变化的形状和范围。他还说，天气不可"预测"，"如今，季节已经说明不了什么了"。他确信季风正在转变，在他的叙事里，自2004年印度洋发生那次海啸起，"一切都改变了"。这场海啸是由海底地震引起的地质现象，但对拉特楠先生来说，它仿佛是一种根本性变化的先兆。他停了一会儿，突然又说："我已经看不懂大海了。"那是他一生中曾经那么亲密而又本能地了解的大海。我问他未来会发生什么。他说："什么也不会，再也没鱼可抓了。"

328

在新建港口的侵蚀下，本地治里附近一块海滩越来越窄。图片由作者本人提供。

气候变化并不是导致他痛苦最显著或最直接的原因。在这里，和亚洲别处一样，气候变化的影响加剧了一场早已积重难返的危机，这场危机是不计后果的发展和迅速恶化的不平等社会的产物。权力集中在少数高度资本化的大型拖网渔船船主手中，威胁着拉特楠先生的生计。能捕的鱼越来越少，原因就是近期报道的"1965—1998年渔船数量毫无控制的增长"。渔获量直线下跌，而且在种类构成上也发生了变化：捕食性鱼类越来越少，在市场上获得高价的鱼类也变少了。收入直线下降将许多小户渔民推向了债务深渊。由金奈出发的海岸高速公路干道的发展刺激了房地产投机行为的激增，助长了无视沿海地区法规的房地产建设浪潮。潮汐般的废旧塑料，工厂和发电厂流出的废水漂入海洋里。令以上种种挑战更加复杂的情况是，气候变化本身的影响也日趋显露。孟加拉湾不断上升的洋面温度已经超出了许多水生生物的生存极限。[4]

那天我在海滩上问了拉特楠先生许多问题，其中一个是："住在这所房屋里的人家后来怎么样了？其他像他们一样的家庭呢？"我已经料想到他的部分答案，很多年轻人都搬到那些欣欣向荣的城市里了，尤其是像金奈那样的城市。

但另外一部分答案却让我始料未及。凭借我过去10年对跨印度洋移民的研究，我感觉一张熟悉的移民地图正展现在我的眼前。拉特楠先生告诉我，村里除了最穷的人家外，每家至少都有一个人待在海外。类似的情况也发生在邻近的村子。古老的移民路线如今得以重新复活，村里的许多子侄辈去往新加坡、马来西亚的工地上干活。其他一些人则是沿新近开辟的移民路线，在波斯湾的渔船队工作。本地治里曾是英属印度境内由法国统治的殖民飞地，殖民时期的联系依然在塑造着本地治里人的生活轨迹，这不禁使一位老渔民回想起那段"法国时光"，然后一一列举了自己家族里现在生活在巴黎的亲人。旧有的地理格局仍在发挥影响。在印度南部的这一地区，人们经历并想象着故乡所发生的气候变化，并将其与一系列遥远的地方联系起来；家族迁移作为支撑和保障未来生活的方式，重新活跃起来。但是，国境线比以往愈发难以跨越。每天都有为生计奔劳的印度南方渔民误入斯里兰卡的领海捕鱼；许多渔民因此遭到斯里兰卡海岸警卫队的逮捕、拘留。

330

人们对气候变化的体验不仅体现在空间上，也体现在时间上。他们或利用对过往季节的记忆，或通过一些从现在看来预示着未来的"划时代"的风暴来紧紧关注变化。但他们也通过景观的蛛丝马迹、对古屋和老邻居的记忆来关注变化。那些往昔的时光就像碎砾一样被镶嵌在水边。

致 谢

我于2012—2015年为本书所做的研究通过欧盟第七框架计划（Seventh Framework Programme，编号FP/2007–2013/ERC Grant Agreement 284053），获得了来自伦敦大学伯克贝克学院（Birkbeck College）欧洲科学研究委员会（European Research Council）的资助。自2015年来，我的研究也得到了哈佛大学文理学院的支持，在此向迈克尔·史密斯（Michael Smith）、妮娜·齐普瑟（Nina Zipser），以及劳拉·费希尔（Laura Fisher）等各位院长表示感谢，他们为我提供的资源使得本研究得以开展。最近我还受益于印孚瑟斯科学基金会（Infosys Science Foundation）和麦克阿瑟基金会（MacArthur Foundation）的资助，他们特别的慷慨使本项目能够顺利收尾。我还要感谢卡罗尔·理查兹（Carol Richards）及已故的戴维·理查兹（David Richards）对历史与经济研究中心（Center for History and Economics）所给予的慷慨支持。

许多档案管理员和图书管理员非常优秀，没有他们，本书的研究也难以完成。在美妙的哈佛大学图书馆系统内，我要特别感谢贝克图书馆（Baker Library）的弗雷德·伯奇斯特德（Fred Burchstead）、拉莫娜·伊斯兰（Ramona Islam）、理查德·勒萨热（Richard Lesage）、劳拉·利纳尔（Laura Linard），以及地图收藏馆的所有人。多年来，英国国家图书馆（British Library）亚非研究阅览室的工作人员为我的多个研究项目提供帮助。在印度，我要向德里的印度国家档案馆（National Archives of India）和尼赫鲁纪念馆（Nehru Memorial Museum）的工作人员、印度科学与环境中心图书馆的基兰·潘迪（Kiran Pandey）、金奈的泰米尔纳德邦档案馆（Tamil Nadu State Archives）的工作人员、孟买的马哈拉施特拉邦档案部（Maharashtra State Archives Department）的工作人员致以谢意。此外，还要感谢格林尼治的国家海事博物馆（National Maritime Museum）、华盛顿的世界银行档案馆（World Bank Archives）、仰光的缅甸国家档案馆（National Archives of Myanmar），以及科伦坡的斯里兰卡国家档案馆（National Archives of Sri Lanka）的工作人员。

在我撰写这本书的这些年中，数字化技术发生了革命性变化。曾经需要我花费几周乃至几个月的时间来查找的资料，如今都可以在网上便利地查阅。对研究南亚史的历史学家来说，戈卡莱政治经济学院（Gokhale Institute of Politics and Economics）图书馆的数字化工作是尤为特别的宝藏。这个杰出的机构所收集的报告、专题文件和论文等跨越了一个世纪，如今可供世界各地的历史学家使用。这是一项真正的公共服务。印度国家档案馆也正在开启其雄心勃勃的数字化计划，只是于本人而言稍嫌有迟，本书没能用到那些数字化的材料，但未来开展研究时或许能够得以一用。

本书写作过程中我获益于多方出色的研究协助。感谢斯内阿（Sneha），她不知疲倦地在德里的印度国家档案馆寻找资料；还有两位哈佛大学的本科生艾莎·沙阿（Aaisha Shah）和埃利·拉萨特-古特曼（Ellie Lasater-Guttman），他们帮我找到了不少文本和视觉材料。

本书写就过程中，许多人分享了自己的故事和回忆，本人由衷感激。印度的许多气象学家毕其一生，致力于认识季风，我要特别感谢兰詹·凯尔卡（Ranjan Kelkar）、拉加万以及拉马南（S. R. Ramanan），他们不吝时间，与我交谈长达几个小时。他们还与我分享了尚未公开发表的成果，帮我查阅了位于金奈的区域气象中心（Regional Meteorology Centre）图书馆、位于浦那的印度气象局图书馆的丰富资料。我还要感谢许多人，他们更愿意与我进行非正式的交流，或是希望匿名。倘若没有向泰米尔纳德邦和本地治里地区的很多渔民、农民、官员请教，我对水、气候等情况的了解将更为贫乏。我要特别感谢拉贾马尼坎（R. Rajamanickam），他为我介绍了本地治里周边的沿海居民，并为我安排好了一些初步的采访，使我深受启发。书写气象史的工作远离了本人的专业领域，而我深深的谢意要献给从事热带气象和气象科学研究的同事们所给予的建议。埃默里大学（Emory University）的彼得·韦伯斯特教授、哈佛大学地球与行星科学系的马雷娜·林（Marena Lin）博士对我的问题不吝赐教，并与我分享了自己尚未发表的成果；我特别感激哥伦比亚大学的亚当·索贝尔教授，他阅读了本书两章的初稿，提出了宝贵的反馈意见，澄清了我模糊的认识，令我免于许多差错。

　　我的作品经纪人唐·费尔（Don Fehr）非常优秀，在整个研究过程中一直给予我支撑和鼓励，他促成了我与基础读物出版社（Basic Books）的布莱恩·蒂斯特博格（Brian Distelberg）和企鹅出版社的西蒙·温德尔（Simon Winder）组成的编辑"梦之队"的合作。布莱恩对我那松散的初稿提出了全面又深刻、富有见地的意见，促使我加强了书中的论证，使本书的结构更加紧凑。西蒙的编辑非常高明，对书中我一直回避的地方不断打磨，并提出了许多富有成效的建议，让我对书中内容进行比较和联系。最后一版书稿经罗杰·拉布里（Roger Labrie）精心而又周到的编审、比尔·沃霍普（Bill Warhop）敏锐的修订处理，增益良多。梅丽莎·韦罗内西（Melissa Veronesi）得体又高效地监制了本书的生产过程。

＊　＊　＊

　　回顾从事研究的15年，我从艾玛·罗斯柴尔德（Emma Rothschild）这位学者身上所学到的东西，无人能出其右，如今我与之共事，关系密切，人生快意，莫此能比；也无人能够像她一样支持和启发我的研究；比之于当初初次踏上她家的门槛、成为她的研究生之日，如今的我更加倚重她的建议。

　　我在伦敦大学伯克贝克学院教书9年，本书的撰写就是从那时开始的。我要感谢以前在伯克贝克学院的同事，尤其是钱达克·森古普塔（Chandak Sengoopta）和希拉里·萨皮尔（Hilary Sapire）。自2015年来到哈佛大学以后，我又欠下了许多"债"。我很幸运地得到了3位杰出的系主任的支持：艺术与人文学部的戴安娜·索伦森（Diana Sorensen）和继任的罗宾·凯尔西（Robin Kelsey），以及社会科学学部的克劳迪恩·盖伊（Claudine Gay）。托马斯·斯凯里（Thomas Skerry）为我就职哈佛大学提供了很多便利。在南亚研究系，谢里尔·亨德森（Cheryl Henderson）的友好和高效使得一切进展顺利；我还要感谢帕里马尔·帕蒂尔（Parimal Patil）在担任系主任期间所给予的支持。在历史系，我很幸运能与罗博·钟（Rob Chung）、金伯利·理查兹·奥哈甘（Kimberly Richards O'Hagan）及其团队一起共事。我感谢大卫·阿米蒂奇（David Armitage）和丹·斯梅尔（Dan Smail）在担任系主任期间所给予的善意。在历史与经

334

济研究中心，与艾米莉·戈蒂耶（Emily Gauthier）和珍妮弗·尼克森（Jennifer Nickerson）共事确实很愉快，她们的奉献维系着该中心惊人的智识群体。同时，我也要对哈佛大学亚洲研究中心（Harvard Asia Center）、魏德海国际事务中心（Weatherhead Center for International Affairs）、哈佛大学国际与区域研究学会（Harvard Academy for International and Area Studies）以及哈佛大学环境中心（Harvard University Center for the Environment）的工作人员表达谢意。

　　我还要感谢以下哈佛大学的朋友和同事们，感谢他们的热情与友情，感谢他们的各种帮助：苏加塔·鲍斯（Sugata Bose）、阿兰·布兰特（Allan Brandt）、理查德·德拉西（Richard Delacy）、郭旭光（Arunabh Ghosh）、戴维·琼斯（David Jones）、加布里埃拉·索托·拉韦亚加（Gabriela Soto Laveaga）、肯尼思·麦克（Kenneth Mack）、杜尔巴·米特拉（Durba Mitra）、乔纳森·里普利（Jonathan Ripley）、查尔斯·罗森伯格（Charles Rosenberg）、阿马蒂亚·森（Amartya Sen）、阿贾塔·苏布拉曼尼安（Ajantha Subramanian）、宋怡明（Michael Szonyi），以及凯伦·索恩伯（Karen Thornber）。

335　　来到哈佛最大的快乐莫过于能够有机会与一群出色的学生一同学习了。我的本科生们积极变革的承诺、他们的勇气与才华，使我在如今沉闷的时代对未来保持乐观。我还有幸与许多优秀的研究生合作，如穆·班纳吉（Mou Banerjee）、阿尼克特·德（Aniket De）、董钰婷（Yuting Dong）、希琳·哈姆扎（Shireen Hamza）、尼兰·霍贾（Neelam Khoja）、基兰·固玛（Kiran Kumbhar）、林蕾（Lei Lin）、阿穆莉娅·曼达瓦（Amulya Mandava）、齐齐·曼戈肖（Tsitsi Mangosho）、米尔恰·拉亚努（Mircea Raianu）、普里亚沙·萨克塞纳（Priyasha Saksena）、汉娜·谢泼德（Hannah Shepherd）以及来自哈佛大学校外的杰克·洛夫里奇（Jack Loveridge）、卢卡什·米勒（Lucas Mueller）。我要特别感谢在最近3年里与我合作最密切的4位同学：迪韦亚·钱德拉穆利（Divya Chandramouli）、哈迪普·迪隆（Hardeep Dhillon）、莎拉·肯尼迪·贝茨（Sarah Kennedy Bates）、伊丽丝·耶尔卢姆（Iris Yellum），我从他们身上所学到的东西，远比他们从我这里学到的多得多。

尽管以下各位已分散在世界各地，但我永远感谢他们的友情：伊莎贝尔·霍夫迈尔（Isabel Hofmeyr）、马娅·亚桑诺夫（Maya Jasanoff）、金秀（Diana Kim）、萨米特·曼达尔（Sumit Mandal）、马赫什·兰加拉詹（Mahesh Rangarajan）、泰勒·舍曼（Taylor Sherman）、岛津直子（Naoko Shimazu）、本亚明·西格尔（Benjamin Siegel）、卡维塔·西瓦罗摩克里希南（Kavita Sivaramakrishnan）、格伦达·斯卢加（Glenda Sluga）、埃里克·塔利亚科佐（Eric Tagliacozzo）以及文卡塔查拉帕蒂（A. R. Venkatachalapathy）。他们每个人都是克己慎独、慷慨大方、与人为善的典范。在此，我也要特别感谢蒂姆·哈珀（Tim Harper）。

我想要感谢谢玛·阿拉维（Seema Alavi）、米希尔·巴斯（Michiel Baas）、阿比吉特·班纳吉（Abhijit Banerjee）、里图·贝拉（Ritu Birla）、安妮·布莱克本（Anne Blackburn）、迪佩什·查卡拉巴提（Dipesh Chakrabarty）、乔雅·查特吉（Joya Chatterji）、罗希特·德（Rohit De）、杜赞奇、大卫·恩格曼（David Engerman）、阿米塔夫·高希、拉马钱德拉·古哈（Ramachandra Guha）、安妮·汉森（Anne Hansen）、娜姆拉

塔·卡拉（Namrata Kala）、阿卡什·卡普尔（Akash Kapur）、阿迪勒·哈桑·汗（Adil Hasan Khan）、苏尼尔·吉尔纳尼（Sunil Khilnani）、T. M. 克里希奈（T. M. Krishna）、迈克尔·拉芬（Michael Laffan）、梅丽莎·莱恩（Melissa Lane）、大卫·卢登（David Ludden）、阿玛拉·马哈德万（Amala Mahadevan）、罗乔娜·马宗达（Rochona Majumda）、法里娜·米尔（Farina Mir）、中沟和弥（Kazuya Nakamizo）、迈克尔·翁达杰（Michael Ondaatje）、普拉桑南·帕塔萨拉提（Prasannan Parthasarathi）、贾纳维·法尔吉（Jahnavi Phalkey）、吉安·普拉卡什（Gyan Prakash）、斯里纳特·拉加万、巴瓦尼·拉曼（Bhavani Raman）、乔纳森·瑞格（Jonathan Rigg）、哈里特·里特沃（Harriet Ritvo）、沈丹森（Tansen Sen）、城山智子（Tomoko Shiroyama）、姆里纳利尼·辛哈（Mrinalini Sinha）、维妮塔·辛哈（Vineeta Sinha）、萧凤霞（Helen Sin）、K. 西瓦拉马克里希南（K. Sivaramakrishnan）、斯姆里提·斯里尼瓦（Smriti Srinivas）、茱莉亚·史蒂芬斯（Julia Stephens）、胁村孝平（Kohei Wakimura）、罗兰·温兹汉默（Roland Wenzlhumer）、妮拉·维克拉玛辛哈（Nira Wickramasinghe），他们的对话、想法令我受益并呈现在这部作品中。我和世界各地的许多人一样，对克里斯托弗·贝利的去世表示哀悼，他仍是我们的指路明灯。

* * *

336   本书是我为人父母以来写就的第一本书，但若无许多人出于本职的帮助，我自己的工作也难以开展。我对马萨诸塞州剑桥市的拉德克利夫幼托中心那些富有创造力和育人精神的教师们充满敬意，向马琳·博伊特（Marlene Boyette）、珀尔·克贝尔（Pearl Kerber）、陈渊源（Uyen-Nguyen Tran）的关怀表达深深谢意。感谢那些将马萨诸塞州剑桥市变得对我来说像家的人们：对我们自始至终热情备至的伊恩·米勒（Ian Miller）、克拉泰·赫伯特（Crate Herbert）；普里扬卡·尚卡尔（Priyanka Shankar）；我亲切的邻居们；拉德克利夫的家长们，尤其是劳拉·缪尔（Laura Muir）、丹尼·帕林（Danny Pallin）；还有剑桥联谊会的所有人。

　　我的多次个人转型都得到家人的支持。芭芭拉·菲利普斯（Barbara Phillips）总是如此为人着想和体贴，她经常不得不搁置自己的计划，不远万里来照看孩子。梅加·阿姆瑞斯（Megha Amrith）担起了诸多"角色"，她是灵感之源，善于倾听，提出可靠的建议，她也是一位美妙的旅伴，对孩子们慈爱有加，是充满热情的姑母。这些年里，我们还感到幸运的是，安德烈·维尔纳（Andreas Werner）及其父母也加入了我们的家庭。贾伊拉姆·阿姆瑞斯（Jairam Amrith）和尚塔·阿姆瑞斯（Shantha Amrith）给了我一切，也继续一如既往地支持我所做的一切。

　　没有鲁思·科菲（Ruth Coffey）的爱与慷慨，我如今所取得的成绩将无从谈起。本书就是起源于10年前与鲁思的对话，那时她正在伦敦攻读环境管理的硕士学位；这些对话在与鲁思一起到南亚和东南亚的考察行程中不断得以发展。过去几年，我由于科研多次离家出差，照看孩子的额外负担压在她一人身上，而她则无怨无悔，一边在英国从事法律工作，一边在哈佛大学教授法律，还同时开展着诸多项目的研究。与4岁孩子相处的日常，充满了许多超级英雄的故事，鲁思是我所知悉的最伟大的超级英雄。

336 　　本书撰写初期，西奥多出生了，之后，他就跟随我，千里迢迢去探寻水源的故事。他每天给我带来无比的欢乐，使我感到充实和幸福。在我写完本书最后几行的时候，他已经学会认字。有一天，他问我是否已经写完，还建议我下一本书应该写给孩子。本研究项目接近尾声之时，莉迪娅来到了这个世界，她使我的生活更加充实，更加充满无尽的美妙。谨以此书献给他们两个，以我的爱和感激。

档案与馆藏资料来源

伦敦大英图书馆（BRITISH LIBRARY, LONDON）

英国东印度公司控制委员会记录（East India Company Board of Control Records）

英国东印度公司工厂记录（East India Company Factory Records）

经济事物部记录（Economic Department Records）

海事记录（Marine Records）

公共司法事务部记录（Public & Judicial Department Records）

政治机密记录（Political & Secret Records）

官方系列出版物（Official Publications Series）

格林尼治国家海事博物馆（NATIONAL MARITIME MUSEUM, GREENWICH）

英属印度蒸汽动力航行公司文件（British India Steam Navigation Company papers）

伊洛瓦底江船运公司文件（Irrawaddy Flotilla Company papers，目录未编）

新德里印度国家档案馆（NATIONAL ARCHIVES OF INDIA, NEW DELHI）

税收农业局（Department of Revenue and Agriculture）

税收农业商业局（Department of Revenue, Agriculture and

Commerce）

教育卫生与土地局（Department of Education, Health and Lands）

工业与劳动部气象处（Department of Industries and Labour: Meteorology）

内务局司法处和公共处（Home Department, Judicial Branch & Public Branch）

气象部（Meteorological Department）

外务部（Ministry of External Affairs）

灌溉部（Ministry of Irrigation）

各邦事务部（Ministry of States）

政治局（Political Department）

金奈泰米尔纳德邦档案馆（TAMIL NADU STATE ARCHIVES, CHENNAI）

渔业局（Fisheries Department）

公共事务局（Public Works Department）

孟买马哈拉施特拉邦档案局（MAHARASHTRA STATE ARCHIVES DEPARTMENT, MUMBAI）

公共事务局：《1868—1909灌溉档案资料》（Public Works Department: Irrigation, 1868–1909）

印度浦那气象局（INDIA METEOROLOGICAL DEPARTMENT, PUNE）

若干种类报告、图表及回忆录（Miscellaneous reports, charts,

and memoirs）

华盛顿特区世界银行档案（WORLD BANK GROUP ARCHIVES, WASHINGTON, DC）

《1953—1957年印度达莫达尔流域多用途工程的行政、通信与谈判记录》（Damodar Multi-Purpose Project, India：Administration, Correspondence, and Negotiations, 1953–1957）

《1973—1985年印度针对易受干旱地区工程往来信函》（Drought Prone Areas Project, India：Correspondence, 1973–1985）

《1949—1960年印度河盆地争议、总体协商及往来信函》（Indus Basin Dispute, General Negotiations and Correspondence, 1949–1960）

《1961—1992年印度北方邦管井工程往来信函》（Uttar Pradesh Tube Wells Projects, India：Correspondence, 1961–1992）

注　释

第一章　塑造现代亚洲

1.　E. M. Forster, *A Passage to India* (London: Edward Arnold, 1924), 116: Pranay Lal, *Indica: A Deep Natural History of the Indian Subcontinent* (New Delhi: Allen Lane, 2017), 258.

2.　Norton Ginsburg, ed., *The Pattern of Asia* (New York: Prentice-Hall, 1958), 5–6.

3.　V. Ramanathan et al., "Atmospheric Brown Clouds: Impact on South Asian Climate and Hydrological Cycle," *Proceedings of the National Academy of Sciences* 102 (2005): 5326–5333.

4.　Asia Society, *Asia's Next Challenge: Securing the Region's Water Future, a Report by the Leadership Group on Water Security in Asia* (New York: Asia Society, 2009), 9; C. J. Vörösmarty et al., "Global Threats to Human Water Security and River Biodiversity," *Nature* 467 (September 30, 2010): 555–561; Chris Buckley and Vanessa Piao, "Rural Water, Not City Smog, May be China's Pollution Nightmare," *New York Times,* April 11, 2016; Malavika Vyawahare, "Not Just Scarcity, Groundwater Contamination Is India's Hidden Crisis," *Hindustan Times,* March 22, 2017.

5.　Intergovernmental Panel on Climate Change, *Climate Change 2014; Impacts, Adaptation, and Vulnerability* (Geneva: IPCC, 2014); World Bank, *Turn Down the Heat: Climate Extremes, Regional Impacts, and the Case for Resilience* (Washington, DC: World Bank, 2013); Deepti Singh et al., "Observed Changes in Extreme Wet and Dry Spells During the South Asian Summer Monsoon," *Nature Climate Change* 4 (2014): 456–461.

6.　Benjamin Strauss, "Coastal Nations, Megacities, Face 20 Feet of Sea Rise," Climate Central, July 9, 2015, 转引自 www.climate central.org/news/nations-megacities-face-20-feet-of-sea-level-rise-19217, 查阅日期为 2018 年 1 月 12 日。

7.　Mike Davis, *Ecology of Fear: Los Angeles and the Imagination of Disaster* (New York: Metropolitan Books, 1998); David Blackbourn, *The Conquest of Nature: Water, Landscape, and the Making of Modern Germany* (New York: W.W. Norton, 2006).

8.　Dipesh Chakrabarty, "The Climate of History, Four Theses," *Critical Inquiry* 35 (2009): 197–222.

9.　Amitav Ghosh, *The Great Derangement: Climate Change and the Unthinkable* (Chicago: University of Chicago Press, 2016).

10.　Karl Wittfogel, *Oriental Despotism: A Comparative Study of Total Power* (New Haven, CT: Yale University Press, 1957).

11.　有关长时段中国政府史的学术研究概述，可参阅 Mark Elvin, *The Retreat of the Elephants: An Environmental History of China* (New Haven, CT: Yale University Press, 2004); 还可以参阅 Peter Perdue, *Exhausting the Earth: State and Peasant in Hunan, 1550–1850* (Cambridge, MA: Harvard University Press, 1986), 以及 Kenneth Pomeranz, *The Making of a Hinterland: State, Society, and Economy in Inland North China, 1853–1937* (Berkeley: University of California Press, 1993)。印度方面的主要著作包括 Dharma Kumar, *Land and Caste in South India: Agricultural Labour in the Madras Presidency During the Nineteenth Century* (Cambridge: Cambridge University Press, 1965); C. J. Baker, *An Indian Rural Economy: The Tamilnad Countryside, 1880–1955* (Oxford: Clarendon Press, 1984), 以及 Sugata Bose, *Agrarian Bengal: Economy, Social Structure and Politics, 1919–1947* (Cambridge: Cambridge University Press, 1986)。

12.　Marc Bloch, *The Historian's Craft*, trans. Peter Putnam (New York: Knopf, 1953), 26.

13.　Fernand Braudel, "Histoire et sciences sociales: la longue durée," *Annales, economies, sociétés, civilisations* 13 (1958), 725–753; K. N. Chaudhuri, *Trade and Civilisation in the Indian Ocean: An Economic History from the Rise of Islam to 1750* (Cambridge: Cambridge University Press, 1985), 相关论述可参阅 Braudel, p. 23。

14.　"抽样工具" 源自 Charles E. Rosenberg, *Explaining Epidemics and Other Studies in the History of Medicine* (Cambridge: Cambridge University Press, 1992), 279。

15.　Kenneth Pomeranz, "The Great Himalayan Watershed: Water Shortages, Mega-Projects and Environmental Politics in China, India, and Southeast Asia," *Asia Pacific Journal: Japan Focus* 7 (2009): 1–29.

16.　Raj Patel and Jason W. Moore, *A History of the World in Seven Cheap Things: A Guide to Capitalism, Nature, and the Future of the Planet* (Berkeley: University of California Press, 2017), 44–63.

17.　Eric Hobsbawm, *The Age of Capital, 1848–1875* (London: Weidenfeld and Nicolson, 1975), 48.

18.　Ramachandra Guha, *India After Gandhi: The History of the World's Largest Democracy* (London: Harper Collins, 2007).

19.　Peter D. Clift and R. Alan Plumb, *The Asian Monsoon: Causes, History and Effects* (Cambridge: Cambridge University Press, 2008), vii.

20.　Sunita Narain, Science and Democracy Lecture, Harvard University, December 4, 2017.

21. Gilbert T. Walker, "The Meteorology of India," *Journal of the Royal Society of Arts* 73 (1925): 838–855, 转引自 Charles Normand, "Monsoon Seasonal Forecasting," *Quarterly Journal of the Royal Meteorological Society* 79 (1953): 463–473, 469; A.Turner and H.Annamalai, "Climate Change and the South Asian Monsoon," *Nature Climate Change* 2 (2012): 587–595。

22. Bob Yirka, "Earliest Example of Large Hydraulic Enterprise Excavated in China," phys.org/news/2017-12-earliest-large-hydraulic-enterprise-excavated.amp, 查阅日期为 2017 年 12 月 15 日。

第二章　水与帝国

1. "Madras Government request the Court of Directors' sanction for the expenditure of 5000 rupees on deepening the Pamban Channel between India and Ceylon," October 1833–March 1835Board's Collections: British Library [hereafter BL] India Office Records [hereafter IOR], F/4/1523/60207.

2. H. Morris, "A Descriptive and Historical Account of the Godavery District in the Presidency of Madras," (1878): BL, IOR, V/27/66/18.

3. E. Halley, "An Historical Account of the Trade Winds and the Monsoons, Observable in the Seas Between and Near the Tropicks, with an attempt to assign the physical cause of the sail winds," *Philosophical Transactions of the Royal Society of London* 16 (1686): 153–168.

4. 有关季风最清晰的论述可参阅 Peter J. Webster, "Monsoons," *Scientific American* 245 (1981): 108–119; 以及 Peter D. Clift, R.Alan Plumb, *The Asian Monsoon: Causes, History and Effects* (Cambridge: Cambridge University Press, 2008)。

5. Jos Gommans, *Mughal Warfare: Indian Frontiers and Highroads to Empire, 1500–1700* (London: Routledge, 2003), 第一章: Jos Gommans, "The Silent Frontier of South Asia, c. AD 1100–1800," *Journal of World History* 9, no. 1 (1998): 1–23。

6. Victor Lieberman, *Strange Parallels: Southeast Asia in Global Context, c. 800–1830, vol. 2, Mainland Mirrors: Europe, Japan, China, South Asia, and the Islands* (Cambridge: Cambridge University Press, 2009), 632–636.

7. Diana Eck, "Ganga: The Goddess in Hindu Sacred Geography," in *The Divine Consort: Radha and the Goddesses of India*, ed. John Hawley and Donna Wulff (Boston: Beacon Press, 1982), 166–183; Diana Eck, *India: A Sacred Geography* (New York: Harmony, 2012); Anne Feldhaus, *Connected Places: Religion, Pilgrimage and the Geographical Imagination in India* (New York: Palgrave Macmillan, 2003).

8. Karl Wittfogel, *Oriental Despotism: A Comparative Study of Total Power* (New Haven, CT: Yale University Press, 1957); Kathleen D. Morrison, "Dharmic Projects, Imperial

Reservoirs, and New Temples of India: An Historical Perspective on Dams in India," *Conservation and Society* 8 (2010): 182–195; Kathleen D. Morrison, *Daroji Valley: Landscape, Place, and the Making of a Dryland Reservoir System* (New Delhi: Manohar Press, 2009).

9. Peter Jackson, *The Delhi Sultanate* (Cambridge: Cambridge University Press, 1999); Sunil Kumar, *The Emergence of the Delhi Sultanate, 1192–1286* (New Delhi: Oxford University Press, 2007).

10. James L. Wescoat Jr., "Early Water Systems in Mughal India," Attilo Petruccioli ed., *Environmental Design: Journal of the Islamic Environmental Design Research Centre* 2 (Rome: Carucci Editions, 1985), 51–57.

11. *Babur Nama*, trans. Annette Susannah Beveridge (New Delhi: Penguin, 2006), 93, 264–265. 有关莫卧儿王朝时期灌溉情况的后续讨论，可参阅 Irfan Habib, *The Agrarian System of Mughal India (1556–1707)* (London: Asia Publishing House, 1963), 24–36。

12. Muzaffar Alam and Sanjay Subrahmanyam, eds., *The Mughal State, 1526–1750* (New Delhi: Oxford University Press, 1998); Lieberman, *Strange Parallels*, 636–637.

13. John F. Richards, *The Mughal Empire* (Cambridge: Cambridge University Press, 1995): Lieberman, *Strange Parallels*.

14. Gommans, *Mughal Warfare*.

15. Gommans, *Mughal Warfare*; *The Akbarnama of Abu'l Fazl*, vol. 3, trans. H. Beveridge (Calcutta: Asiatic Society, 1910), 135–136.

16. Irfan Habib, *An Atlas of the Mughal Empire* (New Delhi: Oxford University Press, 1982), 根瑠杰城见插图 8B。

17. Prasannan Parthasarathi and Giorgio Riello, "The Indian Ocean in the Long Eighteenth Century," *Eighteenth-Century Studies* 48 (Fall 2014): 1–19.

18. Anthony Reid, "Southeast Asian Consumption of Indian and British Cotton Cloth, 1600–1850," in Giorgio Riello and Tirthankar Roy ed., *How India Clothed the World: The World of South Asian Textiles, 1500–1850,* (Leiden: Brill, 2009), 31–52.

19. Armando Coresao, trans., *The Suma Oriental of Tomé Pires* (London: Hakluyt Society, 1944), 3: 92–93.

20. Sinappah Arasaratnam, *Merchants, Companies and Commerce on the Coromandel Coast 1650–1740* (New Delhi: Oxford University Press, 1986), 98–99.

21. Sanjay Subrahmanyam and C. A. Bayly, "Portfolio Capitalists and the Political Economy of Early Modern India," *Indian Economic and Social History Review* 25 (1988): 401–424; Richards, *The Mughal Empire*; Alam and Subrahmanyam, eds., *The Mughal State*; "特大水泵"引自 Lieberman, *Strange Parallels*, 694–696。

22. David Ludden, "History Outside Civilisation and the Mobility of South Asia," *South*

Asia 17 (1994): 1–23.

23. H.V.Bowen, John McAleer, and Robert J.Blyth, *Monsoon Traders: The Maritime World of the East India Company* (London: Scala, 2011).

24. C.A.Bayly, *Indian Society and the Making of the British Empire* (Cambridge: Cambridge University Press, 1988).

25. C. A. Bayly, *Rulers, Townsmen and Bazaars: North Indian Society in the Age of British Expansion* (Cambridge: Cambridge University Press, 1983), 1; Murari Kumar Jha, "The Rhythms of the Economy and Navigation along the Ganga River," in Satish Chandra and Himanshu Prabha Ray ed. *From the Bay of Bengal to the South China Sea* (New Delhi: Manohar, 2013), 221–247.

26. James Rennell, *Memoir of a Map of Hindoostan; or, The Mogul Empire* (London: M. Brown, 1788), 280.

27. T. F. Robinson, "William Roxburgh, 1751–1815: The Founding Father of Indian Botany" (PhD dissertation, University of Edinburgh, 2003).

28. "A Meteorological Diary, & c. Kept at Fort St. George in the East Indies. By Mr William Roxburgh, Assistant-Surgeon to the Hospital at Said Fort. Communicated by Sir John Pringle, Bart. P.R.S.," *Philosophical Transactions of the Royal Society of London* 68 (1778): 180–193.

29. Robinson, "William Roxburgh."

30. Alexander Dalrymple, ed., *Oriental Repertory* (London: G.Biggs, 1793–1797), 2: 58–59.

31. 正式记录见 Fort Saint George, February 8, 1793, Madras Public Consultations, January 28–March 8, 1793, British Library IOR, P/241/37。

32. Letter from William Roxburgh to Joseph Banks, August 30, 1791: BL, IOR, European Manuscripts, EUR/K148, ff. 243–247; Andrew Ross cited in Robinson, "William Roxburgh," 224n4.

33. William Roxburgh, "Remarks on the Land Winds and their Causes," *Transactions of the Medical Society of London* (1810), 189–211.

34. Richard H. Grove, *Green Imperialism: Colonial Expansion, Tropical Island Edens and the Origins of Environmentalism, 1600–1860* (Cambridge: Cambridge University Press, 1995), 399–400.

35. Richard Drayton, *Nature's Government: Science, Imperial Britain, and the "Improvement" of the World* (New Haven, CT: Yale University Press, 2000).

36. Letter from William Roxburgh to Andrew Ross, February 14, 1793, in Dalrymple, *Oriental Repertory*, 73.

37. Dalrymple, *Oriental Repertory*, 56; Robinson, "William Roxburgh," 引文见第 237–238, 241 页。

38. Jurgen Osterhammel, *The Transformation of the World: A Global History of the Nineteenth Century*, trans. Patrick Camiller (Princeton, NJ: Princeton University Press, 2014), 656; E. A. Wrigley, *Energy and the English Industrial Revolution* (Cambridge: Cambridge University Press, 2010), 91–112; Terje Tvedt, *Water and Society: Changing Perceptions of Societal and Historical Development* (London: I.B. Tauris 2016), 19–44.

39. Joseph Dalton Hooker, *Himalayan Journals: Notes of a Naturalist in Bengal, the Sikkim and Nepal Himalayas, the Khasia Mountains & c.* (London: J. Murray, 1854), 1: 87.

40. James Ranald Martin, *Notes on the Medical Topography of Calcutta* (Calcutta: G.H. Huttmann, 1837), 90–93; 有关气候与种族问题，可参阅 David Arnold, *The Tropics and the Traveling Gaze: India, Landscape and Science, 1800–1856* (Seattle: University of Washington Press, 2005)。

41. Arthur Thomas Cotton, "Report on the Irrigation, & c., of Rajahmundry District" [1844], House of Commons Sessional Papers, XLI (1850), 引文见科顿爵士的报告第 4—5 页。

42. Cotton, "Report on the Irrigation, & c., of Rajahmundry District," 13.

43. Arthur Cotton, "On a Communication between India and China by the line of the Burhampooter and Yang-tsze," *Journal of the Royal Geographical Society* 37 (1867): 231–239, 引文见第 232 页。

44. 有关他们之间博弈的详细情况，可参阅 Alan Robertson, *Epic Engineering: Great Canals and Barrages of Victorian India*, ed. Jeremy Berkoff (Melrose, UK: Beechwood Melrose Publishing, 2013)。

45. Anthony Acciavatti, *Ganges Water Machine: Designing New India's Ancient River* (New York: Applied Research and Design Publishing, 2015), 120.

46. James L. Wescoat Jr., "The Water and Landscape Heritage of Mughal Delhi," 2016 年 6 月 22 日见于 www.delhiheritagecity.org/pdfhtml/mughal/ JW-the-water-and-landscape-heritage-of-mughal-delhi-Oct8.pdf。

47. Henry Yule, "A Canal Act of the Emperor Akbar, with some notes and remarks on the History of the Western Jumna Canals," *Journal of the Asiatic Society of Bengal* 15 (1846).

48. Proby Cautley, "On the Use of Wells, etc. in Foundations as Practiced by the Natives of the Northern Doab," *Journal of the Asiatic Society of Bengal* 8 (1839): 327–340.

49. Proby Cautley, *Report on the Central Doab Canal*, BL, IOR, V/27/733/3/1.

50. G. W. MacGeorge, *Ways and Works in India: Being an Account of Public Works in that Country from the Earliest Times up to the Present Day* (London: Archibald Constable & Company, 1894), 153.

51. B. H. Tremenheere, "On Public Works in the Bengal Presidency," *Minutes of Proceedings of the Institute of Civil Engineers* 17 (1858): 483–513.

52. Proby T. Cautley, *Report on the Ganges Canal Works: from their Commencement until the Opening of the Canal in 1854*, 3 vols. (London: Smith, Elder & Co, 1860), 3: 2.

53. Jan Lucassen, "The Brickmakers' Strike on the Ganges Canal in 1848–1849," *International Review of Social History* 51 (2006) supplement: 47–83.

54. Ganges Canal Committee, *A Short Account of the Ganges Canal* (Calcutta: Ganges Canal Committee, 1854), 3; 印地语版见 *Ganga Ki Nahar Ka Sankshepa Varnana* (Agra: Ganges Canal Committee, 1854)。

55. "Short Account of the Ganges Canal," *North American Review*, October 1855, 81.

56. David Washbrook, "Law, State and Agrarian Society in Colonial India," *Modern Asian Studies* 15, no. 3 (1981): 648–721; 梅奥勋爵的话见 David Ludden, *India and South Asia: A Short History* (London: Oneworld, 2014), 150。

57. David Mosse (with assistance from M. Sivan), *The Rule of Water: Statecraft, Ecology, and Collective Action in South India* (New Delhi: Oxford University Press, 2003), 29; Terje Tvedt, "'Water Systems': Environmental History and the Deconstruction of Nature," *Environment and History* 16 (2010): 143–166, 引文见第 160 页。

58. Amitav Ghosh, "Of Fanas and Forecastles: The Indian Ocean and Some Lost Languages of the Age of Sail," *Economic and Political Weekly*, June 21, 2008, 56–62.

59. Henry T. Bernstein, *Steamboats on the Ganges: An Exploration in the History of India's Modernization through Science and Technology* (Bombay: Orient Longmans, 1960), 7–8, 13–16.

60. "Impediments to the Traffic on the Ganges and Jumna, arising from the number of customs chokeys," (February 5, 1833), BL, IOR, F/4/1506.

61. Bernstein, *Steamboats*, 28–31.

62. Bernstein, *Steamboats*, 84–99.

63. David Arnold, *Science, Technology and Medicine in Colonial India* (Cambridge: Cambridge University Press, 2000).

64. Bernstein, *Steamboats*, 99.

65. William Cronon, *Nature's Metropolis: Chicago and the Great West* (New York: W.W. Norton, 1991), 74; Richard White, *Railroaded: The Transcontinentals and the Making of Modern America* (New York: W.W.Norton, 2011).

66. Ian Kerr, *Engines of Change: The Railroads That Made India* (Westport, CT: Praeger, 2007).

67. 由达尔豪西侯爵记录，于 1853 年 4 月 20 日向法庭委员会所出示，见 S. Settar ed., *Railway Construction in India: Select Documents* (New Delhi: Indian Council of Historical Research, 1999), 2: 23–57。

68. MacGeorge, *Ways and Works*, 221.

69. Karl Marx, "The Future Results of the British Rule in India," *New York Daily Tribune*, August 8, 1853; Edwin Merrall, *A Letter to Col. Arthur Cotton, upon the Introduction of Railways in India upon the English Plan* (London: E. Wilson, 1860), 引文见第 8 页和第 47 页。

70. MacGeorge, *Ways and Works*, 422–426, 引文见第 426 页。Ian J. Kerr, *Engines of Change: The Railroads That Made India* (Westport, CT: Praeger, 2007).

71. C. H. Lushington, 引自 Tarasankar Banerjee, *Internal Market of India, 1834–1900* (Calcutta: Academic Publishers, 1966), 90–91。

72. 引自 Banerjee, *Internal Market*, 323; Dave Donaldson, "Railroads of the Raj: Estimating the Impact of Transportation Infrastructure," (working paper, MIT/NBER, 2010); Robin Burgess and Dave Donaldson, "Railroads the Demise of Famine in Colonial India," (working paper, LSE/MIT/NBER, 2012)。

73. 有关固化的问题，可参阅 Joya Chatterji, "On Being Stuck in Bengal: Immobility in the 'Age of Mobility,'" *Modern Asian Studies* 51 (2017): 511–541; 引自 Arnold, *Science, Technology and Medicine*, 110。

74. MacGeorge, *Ways and Works*, 220–221, 358; Madhav Rao, 引自 Kerr, *Engines of Change*, 4。

75. Arnold, *Science, Technology, and Medicine*.

76. MacGeorge, *Ways and Works*, 328–331; Kerr, *Engines of Change*, 47–51.

77. Rudyard Kipling, "The Bridge Builders," in *The Day's Work* (New York: Doubleday & McClure, 1899), 3–50.

78. W. W. Hunter, *Statistical Account of Bengal* (London: Trubner & Co., 1877), 14: 31. 关于铁路与疟疾传播的关系，见 Iftekhar Iqbal, *The Bengal Delta: Ecology, State, and Social Change, 1840–1943* (Basingstoke: Palgrave/Macmillan, 2010), 117–139。

79. *New York Observer and Chronicle,* December 8, 1864.

80. J. E. Gastrell and Henry F. Blanford, *Report on the Calcutta Cyclone of the 5th of October 1864* (Calcutta: O.T. Cutter, 1866), 11, 31–32.

81. Gastrell and Blanford, *Calcutta Cyclone*, 139.

82. Gastrell and Blanford, *Calcutta Cyclone*, 109, 127.

83. Henry Piddington, *The Sailor's Horn-Book for the Law of Storms* (London: John Wiley, 1848); 有关风暴波浪的描述，可参阅 Henry Piddington, *The Horn-Book of Storms for the Indian and China Seas* (Calcutta: Bishop's College Press, 1844), 20。

84. Gastrell and Blanford, *Calcutta Cyclone*, 11–13.

85. Gastrell and Blanford, *Calcutta Cyclone*, 4.

86. Gastrell and Blanford, *Calcutta Cyclone*, 70.

87. Gastrell and Blanford, *Calcutta Cyclone*, 14–15.

88. Gastrell and Blanford, *Calcutta Cyclone*, 108.

89. Hooker, *Himalayan Journals*, 1: 97.

第三章 这片干热大陆

1. Mike Davis, *Late Victorian Holocausts: El Niño Famines and the Making of the Third World* (London: Verso, 2001); 有关中国的饥荒问题，可参阅 Kathryn Edgerton-Tarpley, *Tears from Iron: Cultural Responses to Famine in Nineteenth-Century China* (Berkeley: University of California Press, 2008)。

2. *The Constitution of the Poona Sarvajanik Sabha and its Rules* (Poona, 1870); 引自 S. R. Mehrotra, "The Poona Sarvajanik Sabha: The Early Phase (1870–1880)," *Indian Economic and Social History Review* 9 (1969): 293–321; C. A. Bayly, *Recovering Liberties: Indian Thought in the Age of Liberalism and Empire* (Cambridge: Cambridge University Press, 2012)。

3. Poona Sarvajanik Sabha, "Famine Narrative, No. 1," October 21, 1876.

4. *Medical and Sanitary Report of the Native Army of Madras, for the Year 1875* (Madras: Government Press, 1876), 49; *Report of the Indian Famine Commission*, 2 vols. (London: HM Stationery Office, 1880); William Digby, *The Famine Campaign in Southern India* (London: Longmans, Green & Co., 1878), 1: 6; W. W. Hunter, *The Indian Empire: Its People, History and Products* (London: Trubner & Co., 1886), 542. 关于当前气象科学的观察，见 Edward R. Cook et al., "Asian Monsoon Failure and Megadrought over the Last Millennium," *Science* 328 (2010): 486–489。

5. Arup Maharatna, "Regional Variation in Demographic Consequences of Famines in Late 19th Century and Early 20th Century India," *Economic and Political Weekly* 29 (June 4, 1994): 1399–1410; Arup Maharatna, *The Demography of Famines: An Indian Historical Perspective* (New Delhi: Oxford University Press, 1996); Tim Dyson, "On the Demography of South Asian Famines, I," *Population Studies* 45 (1991): 5–25.

6. Richard Strachey, "Physical Causes of Indian Famines," May 18, 1877, *Notices of the Proceedings of the Meetings of the Members of the Royal Institution of Great Britain* 8 (1879): 407–426.

7. "The Famine, Letter from the Affected Districts," *The Examiner*, March 24, 1877, 363.

8. Digby, *Famine Campaign*, 1: 67–68, 1: 155–156.

9. Digby, *Famine Campaign*, 1: 174–175.

10. J. Norman Lockyer and W. Hunter, "Sun-Spots and Famines," *The Nineteenth Century* (November 1877), 601.

11. Strachey, "Physical Causes," 411.

12. Mark Elvin, "Who Was Responsible for the Weather? Moral Meteorology in Late Imperial China," *Osiris* 13 (1998): 213–237; Richard White, *The Republic for Which*

It Stands: The United States During Reconstruction and the Gilded Age, 1865–1896 (New York: Oxford University Press, 2017), 425–427.

13. "The Causes of Famine in India," *New York Times* (*NYT*), August 25, 1878, 6.

14. "The Famine: Letter from the Affected Districts," *The Examiner,* March 24, 1877, 363.

15. "Causes of Famine," *NYT,* August 25, 1878.

16. Villiyappa Pillai, *Panchalakshana Thirumukavilasam* [1899] (Madurai: Sri Ramachandra Press, 1932).

17. W. G. Pedder, "Famine and Debt in India," *The Nineteenth Century* (September 1877).

18. Digby, *Famine Campaign,* 1: 172–174.

19. Letter from Sarvajanik Sabha Rooms to S. C. Bayley, Additional Secretary to the Government of India, April 1, 1878, in Poona Sarvajanik Sabha, *Journal* 1 (1878).

20. "Letter from the Affected Districts" (1877), 363.

21. Richard H. Grove, *Green Imperialism: Colonial Expansion, Tropical Island Edens and the Origins of Environmentalism, 1600–1860* (Cambridge: Cambridge University Press, 1995); Diana K. Davis, *The Arid Lands: History, Power, Knowledge* (Cambridge, MA: MIT Press [2016]).

22. 引自 Davis, *Arid Lands,* 83。

23. "Causes of Famine," *NYT,* August 25, 1878.

24. Philindus, "Famines and Floods in India," *Macmillan's Magazine,* November 1, 1877, 236–256; George Perkins Marsh, *Man and Nature, or, Physical Geography As Modified by Human Action* (New York: Scribner, 1865).

25. "Famine Narrative no. 1," October 21, 1876, in Poona Sarvajanik Sabha, *Journal* 1.

26. Ramachandra Guha, "An Early Environmental Debate: The Making of the 1878 Forest Act," *Indian Economic and Social History Review* 27 (1990): 65–84.

27. Valentine Ball, "On Jungle Products Used as Articles of Food in Chota Nagpur," in *Jungle Life in India: Or, the Journeys and Journals of an Indian Geologist* (London: Thos. De La Rue & Co., 1880), 695–699.

28. George Chesney, "Indian Famines," *Nineteenth Century* 2 (Novem- ber 1877): 603–620.

29. Digby, *Famine Campaign,* 1: 148–150.

30. Florence Nightingale, "A Missionary Health Officer in India," *Good Words,* January 20, 1879, 492–496.

31. "Causes of Famine," *NYT,* August 25, 1878.

32. Dadabhai Naoroji, *Poverty of India* (London: Vincent Brooks, Day and Son, 1878), 42–43, 66.

33. See especially Davis, *Late Victorian Holocausts.*

34. Chandrika Kaul, "Digby, William (1849–1904)," *Oxford Dictionary of National Biography.*

35. *Report of the Indian Famine Commission, Part 1, Famine Relief* (London: Stationery Office, 1880): 9–10; Jean Drèze, "Famine Prevention in India" (working paper 45, WIDER: United Nations University, Helsinki, 1988), 45.

36. "Wasting Public Money," *The Economist,* July 4, 1874.

37. *The Black Pamphlet of Calcutta. The Famine of 1874. By a Bengal Civilian* (Calcutta: William Ridgeway, 1876).

38. Digby, *Famine Campaign,* 1: 48.

39. "Letter from the Affected Districts," (1877), 363.

40. Edgerton-Tarpley, *Tears from Iron,* 152–153.

41. Lance Brennan, "The Development of the Indian Famine Code," in *Famine as a Geographical Phenomenon,* ed. Bruce Currey and Graeme Hugo (Dordrecht: D. Reidel, 1984), 91–112.

42. Drèze, "Famine Prevention in India."

43. On Caird, see Peter J. Gray, "Famine and Land in Ireland and India, 1845–1880: James Caird and the Political Economy of Hunger," *Historical Journal* 49 (2006): 193–215.

44. W. Stanley Jevons, "Sun-Spots and Commercial Crises," *Nature* 19 (1879): 588–590; Lockyer and Hunter, "Sun-Spots and Famines."

45. *Report of the Indian Famine Commission, Part 1,* 7.

46. *Report of the Indian Famine Commission, Part 2, Measures of Protection and Prevention* (London: Stationery Office, 1880), 9.

47. *Report of the Indian Famine Commission, Part 2,* 150–151.

48. Ira Klein, "When the Rains Failed: Famine, Relief, and Mortality in British India," *Indian Economic and Social History Review* 21 (1984): 185–214, 引文见第 185 页。

49. *Report of the Indian Famine Commission, 1898* (London: Stationery Office, 1898); *Report of the Indian Famine Commission, 1901* (London: Stationery Office, 1901).

50. George Lambert, *India, the Horror-Stricken Empire: Containing a Full Account of the Famine, Plague, and Earthquake of 1896–7; including a Complete Narrative of the Relief Work through the Home and Foreign Commission* (Elkhard, IN: Mennonite Publishing Co., 1898).

51. 引自 C. S. Ramage, *The Great Indian Drought of 1899* (Boulder, CO: Aspen Institute for Humanistic Studies, 1977), 4。

52. Vaughan Nash, *The Great Famine and Its Causes* (London: Longmans, Green and Co., 1900), 11–14, 18–19, 27, 47.

53. Jon Wilson, *The Chaos of Empire: The British Raj and the Con- quest of India* (New York: Public Affairs, 2016), 341–347; Georgina Brewis, "'Fill Full the Mouth of Famine': Voluntary Action in Famine Relief in India, 1896–1901," *Modern Asian Studies* 44 (2010): 887–918.

54. Davis, *Late Victorian Holocausts,* 22, 9.

55. Sanjoy Chakravorty, *The Price of Land: Acquisition, Conflict, Consequence* (New Delhi: Oxford University Press, 2013), 88.

56. Robin Burgess and Dave Donaldson, "Railroads and the Demise of Famine in Colonial India" (working paper, 2012), 见 http: //dave-donaldson.com/wp-content/uploads/2015/12/Burgess_Donaldson_Volatility_Paper.pdf。

57. Jurgen Osterhammel, *The Transformation of the World: A Global History of the Nineteenth Century,* trans. Patrick Camiller (Princeton: Princeton University Press, 2014), 208–209.

58. Mike Davis, *Ecology of Fear: Los Angeles and the Imagination of Disaster* (New York: Metropolitan Books, 1998).

第四章 含水大气层

1. J. Elliott, *Vizagapatam and Backergunge Cyclones* (Calcutta: Bengal Secretariat Press, 1877), 165–167. 作者姓名最常见的拼法是 Eliot，本人书中也使用该拼法，但在这本书中的拼法为 Elliott。

2. Elliott, *Vizagapatam,* 158, 182.

3. Elliott, *Vizagapatam,* 159.

4. Elliott, *Vizagapatam,* 183.

5. Paul N. Edwards, "Meteorology as Infrastructural Globalism," *Osiris* 21 (2006): 229–250; 有关英国在这方面的作用，可参阅 Katharine Anderson, *Predicting the Weather: Victorians and the Science of Weather Prediction* (Chicago: University of Chicago Press, 2005)。

6. Luke Howard, *Essay On the Modification of Clouds* [1803], 3rd ed. (London: John Churchill & Sons, 1865); Jean-Baptiste Lamarck, "Nouvelle définition des termes que j'emploie pour exprimer certaines formes des nuages qu'il importe de distinguer dans l'annotation de l'état du ciel," *Annuaire Météorologique pour l'an XIII de la République Française* 3 (1805): 112–133; H. Hildebrandsson, A. Riggenbach, and L. Teisserenc de Bort, eds., *Atlas International des Nuages* (Paris: IMO, 1896); 更为深入的相关讨论，可参阅 Lorraine Daston, "Cloud Physiognomy: Describing the Indescribable," *Representations* 135 (2016): 45–71, 以及 Richard Hamblyn, *Clouds: Nature and Culture* (London: Reaktion, 2017)。

7. University of Madras, *Tamil Lexicon* (Madras: University of Ma- dras, 1924–1936), 219, 1680; William Crooke, *A Glossary of North Indian Peasant Life*, ed. Shahid Amin (New Delhi: Oxford University Press, 1989), 附录，"A Calendar of Agricultural Sayings"；C. A. Benson, "Tamil Sayings and Proverbs on Agriculture," *Bulletin*, Department of Agriculture, Madras No. 29, New Series (1933), 第 144, 163, 168, 213, 311 段。本人对译自泰米尔语的文本进行了修订。

8. Henry F. Blanford, "Winds of Northern India, in Relation to the Temperature and Vapour-Constituent of the Atmosphere," *Philosophical Transactions of the Royal Society* 164 (1874): 563.

9. India, Meteorological Department, *Report on the Meteorology of India in 1876* (Calcutta: Office of the Superintendent of Government, 1877).

10. India, Meteorological Department, *Report on the Meteorology of India in 1877* (Calcutta: Office of the Superintendent of the Government, 1878).

11. "Administrative Report of the Meteorological Reporter to the Government of India, 1884–85," BL, IOR, V/24/3022, 引文见第 5—14 页。

12. Kapil Raj, *Relocating Modern Science: Circulation and the Construction of Knowledge in South Asia and Europe, 1650–1900* (Basingstoke: Palgrave/Macmillan, 2007); Mandy Bailey, "Women and the RAS: 100 Years of Fellowship," *Astronomy & Geophysics* 57 (February 2016): 19–21.

13. *Memoirs of Ruchi Ram Sahni: Pioneer of Science Popularisation in Punjab,* ed. Narender K. Sehgal and Subodh Mahanti (New Delhi: Vigyan Prasar, 1997), 15–17.

14. *Memoirs of Ruchi Ram Sahni,* 16.

15. Henry F. Blanford, *Meteorology of India: Being the Second Part of the Indian Meteorologist's Vade-Mecum* (Calcutta: Government Printer, 1877), 48.

16. Henry F. Blanford, *A Practical Guide to the Climates and Weather of India, Ceylon and Burmah and the Storms of the Indian Seas* (London: MacMillan and Co., 1889), 42.

17. Blanford, *Meteorology of India,* 144–145.

18. Blanford, *Meteorology of India,* 48.

19. Blanford, *Practical Guide,* 64.

20. Henry F. Blanford, *The Rainfall of India,* India Meteorological Memoirs vol. 3 (Calcutta: Government Printer, 1886–1888), 76.

21. Blanford, *Rainfall of India,* 79–81.

22. Henry F. Blanford, "On the Connexion of the Himalaya Snowfall with Dry Winds and Seasons of Drought in India," *Proceedings of the Royal Society of London* 37 (1884): 3–22.

23. 图书馆馆藏书目，可见 "Administration Report of the Meteorological Department in Western India for the year 1880–81," BL, IOR, V/24/3023。

24. Blanford, "On the Connexion of the Himalaya Snowfall."

25. Richard Grove, "The East India Company, the Raj and El Niño: The Critical Role Played by Colonial Scientists in Establishing the Mechanisms of Global Climate Teleconnections, 1770–1930," in Richard Grove, Vineeta Damodaran, Satpal Sangwan ed. *Nature and the Orient: The Environmental History of South and Southeast Asia,* (New Delhi: Oxford University Press, 1998), 301–323.

26. John Eliot, *Climatological Atlas of India* (Edinburgh: J. Bartholomew & Co., 1906), xi–xii.

27. *Dictionary of National Biography,* 1912 supplement (London: Smith, Elder & Co., 1912).

28. *Memoirs of Ruchi Ram Sahni,* 23.

29. John Eliot, *Handbook of Cyclonic Storms in the Bay of Bengal* (Calcutta: Bengal Secretariat Press, 1890).

30. Rev. Jose Algué, *The Cyclones of the Far East,* 2nd ed. (Manila: Philippines Weather Bureau, 1904), 219.

31. Robert Hart, "Documents Relating to 1. The Establishment of Meteorological Stations in China; and 2. Proposals for Cooperation in the Publication of Meteorological Observations and Exchange of Weather News by Telegraph along the Pacific Coast of Asia" [1874], 见 Robert Bickers and Catherine Ladds ed. *Chinese Maritime Customs Project Occasional Papers,* no. 3, (Bristol: University of Bristol, 2008); 更深入的讨论, 可见 Robert Bickers, " 'Throwing Light on Natural Laws' : Meteorology on the China Coast, 1869–1912," in Robert Bickers and Isabella Jackson ed. *Treaty Ports in Modern China: Law, Land, and Power,* (London: Routledge, 2016), 179–200。

32. Agustín Udías, "Meteorology of the Observatories of the Society of Jesus," *Archivum Historicum Societatis Iesu* 65 (1996): 157–170; James Francis Warren, "Scientific Superman: Father José Algué, Jesuit Meteorology, and the Philippines under American Rule, 1897–1924," in Alfred W. McCoy and Francisco A. Scarano ed. *Colonial Crucible: Empire in the Making of the Modern American State* (Madison: University of Wisconsin Press, 2009), 508–522.

33. *Cosmos,* no. 1091 (1906), 717–719: 引自 Warren, "Scientific Superman," 515。

34. Algué, *Cyclones,* 3.

35. Algué, *Cyclones,* 219–229; Eliot, *Handbook of Cyclonic Storms.*

36. Charles Normand, "Seasonal Monsoon Forecasting," *Quarterly Journal of the Royal Meteorological Society* 79 (1953): 463–473; Eliot, *Climatological Atlas,* xiii.

37. Eliot, *Climatological Atlas.*

38. *The Imperial Gazetteer of India,* rev. ed. (Oxford: Clarendon Press, 1901), 5–6, 19–22.

39. Sven Hedin, *Trans-Himalaya: Discoveries and Adventures in Tibet* (New York:

Macmillan, 1909), 1: 279, 1: 284.

40. Halford Mackinder, "The Geographical Pivot of History," *Geographical Journal* 4 (1904): 421–444.

第五章　为水而战

1. Italo Calvino, *Invisible Cities,* trans. William Weaver [1974] (London: Vintage, 1997), 17.

2. Dadabhai Naoroji, *Poverty and Un-British Rule in India* (London: Swan, Sonnenschein & Co., 1901), 648–653.

3. M. G. Ranade, *Essays in Indian Economics: A Collection of Essays and Speeches* (Bombay: Thacker & Co., 1899), 引文见第 66 页。

4. R. C. Dutt, *Open Letters to Lord Curzon on Famines and Land As- sessments in India* (London: K. Paul, Trench & Trübner, 1900), 引文见第 1, 17 页 ; R. C. Dutt, *The Economic History of India in the Victorian Age* (London: K. Paul, Trench & Trübner, 1904), 172。

5. Mary Albright Hollings, *The Life of Colin Scott-Moncrieff* (London: J. Murray, 1917), 298.

6. Bernard S. Cohn, *Colonialism and Its Forms of Knowledge: The British in India* (Princeton, NJ: Princeton University Press, 1996); Nicholas B. Dirks, *Castes of Mind: Colonialism and the Making of Modern India* (Princeton, NJ: Princeton University Press, 2001).

7. *Report of the Indian Irrigation Commission, 1901–1903* (London: HM Stationery Office, 1903), 1: 2–4; Hollings, *Colin Scott-Moncrieff,* 299.

8. *Report of the Indian Irrigation Commission,* 1: 5–14.

9. *Report of the Indian Irrigation Commission,* 1: 16, 1: 124–125.

10. Letter from W. C. Bennett, Director of the Department of Agriculture and Commerce, North-West Provinces and Oudh, to the Secretary, Board of Revenue, NW Provinces, May 27, 1883, Maharashtra State Archives Department, Mumbai [hereafter MSA], Public Works Department: Irrigation Branch [hereafter PWD: Irrigation], v. 406 (1868–1890), M167–169.

11. Bennett to Board of Revenue, NW Provinces, May 27, 1883, MSA, PWD: Irrigation, v. 406, M167–169.

12. Letter from W. W. Goodfellow, Superintending Engineer, Belgaum to the Secretary to the Government, Public Works Department, Bombay, October 17, 1883, MSA, PWD: Irrigation, v. 406, M199.

13. V. Sriram, "Made in Madras," *The Hindu,* November 16, 2014.

14. Letter from A. Chatterton to the Secretary to the Commissioner of Revenue Settlement,

Department of Land Records and Agriculture, May 23, 1905, MSA, PWD: Irrigation, v. 272 (1904–1909), M164–165.

15. Letter from A. Chatterton to the Director of Agriculture, Poona, July 15, 1906, MSA, PWD: Irrigation, M199–215.

16. "in reality part of the great desert"：in James Douie, "The Punjab Canal Colonies," 这篇 在 1914 年 5 月 7 日发表于英国皇家艺术协会的演讲稿见 *Journal of the Royal Society of Arts* 62 (1914): 611–623, 引文见第 612 页；"irrigation was not designed"：in E. H. Calvert, *The Wealth and Welfare of the Punjab* (Lahore, 1922), 123。

17. Douie, "Punjab Canal Colonies," 614.

18. Mrinalini Sinha, *Colonial Masculinity: The 'Manly Englishman' and the 'Effeminate Bengali' in the Late Nineteenth Century* (Manchester: Man- chester University Press, 1995).

19. Douie, "Punjab Canal Colonies," 615–616.

20. M.W. Fenton, Financial Commissioner, in 1915: 引 文 见 Indu Agnihotri, "Ecology, Land Use, and Colonisation: The Canal Colonies of Punjab," *Indian Economic and Social History Review* 33 (1996): 37–58。

21. 引自 David Gilmartin, *Blood and Water: The Indus River Basin in Modern History* (Berkeley: University of California Press, 2015), 168。

22. Gilmartin, *Blood and Water,* 175–176.

23. Thomas Gottschang and Diana Lary, *Swallows and Settlers: The Great Migration from North China to Manchuria* (Ann Arbor: University of Michigan Press, 2000).

24. John F. Richards, *Unending Frontier: An Environmental History of the Early Modern World* (Berkeley: University of California Press, 2003).

25. Hung Chung Chang, "Crop Production in China, with Special Reference to Production in Manchuria" (Master of Science thesis, University of Michigan Agricultural College, 1922).

26. Indu Agnihotri, "Ecology, Land Use, and Colonisation: The Canal Colonies of Punjab," *Indian Economic and Social History Review* 33 (1996): 37–58.

27. Petition from Sakharam Balaji, undated (ca. 1903), MSA, PWD: Irrigation, v. 124, "Petitions" (1899–1903).

28. "The humble memorial of the inhabitants of the within mentioned villages in the Belgaum Taluka, of the Belgaum District," [undated, 1903], MSA, PWD: Irrigation, v. 124, "Petitions" (1899–1903).

29. J. Sion, *Asie Des Moussons,* book 9 of the *Géographie Universelle,* ed. P. Vidal De La Blanche (Paris: Librairie Armand Colin, 1928), 2: 363.

30. Matthew Gandy, *The Fabric of Space: Water, Modernity and the Urban Imagination*

(Cambridge, MA: MIT Press, 2014), 114–119; Ira Klein, "Urban Development and Death: Bombay City, 1870–1914," *Modern Asian Studies* 20 (1986): 725–754; Hector Tulloch, *The Water Supply of Bombay* (Roorkee: Thomason College Press, 1873).

31. Indian Industrial Commission, *Report* (Calcutta: Government Print- ing, 1918).

32. Indian Industrial Commission, *Report,* 57–62.

33. M. Visvesvaraya, *Memoirs of My Working Life* [1951] (New Delhi: Government of India Publications Division, 1960), 9.

34. M. Visvesvaraya, *Reconstructing India* (London: P.S. King & Son, 1920), 127.

35. Visvesvaraya, *Memoirs,* 115–124.

36. S. Muthiah, "Madras Miscellany," *The Hindu,* November 24, 2014.

37. 节录自 1899 年官方有关扩展农业部门必要性的记录，见 *Madras Fisheries Bureau,* Bulletin No. 1; F. A. Nicholson, "The Marine Fisheries of the Madras Presidency," 文章在 1909 年拉哈尔工业会议上宣读，收录于 BL, IOR, V/25/550/3。

38. F. A. Nicholson, *Note on Fisheries in Japan* (Madras: Government Press, 1907).

39. James Hornell, *A Statistical Analysis of the Fishing Industry of Tuticorin,* Madras Fisheries Bulletin vol. 11, report no. 3 (Madras: Government Press, 1917). 另一视角的阐述见尼科尔森和霍内尔深刻的讨论，见 Ajantha Subramanian, *Shorelines: Space and Rights in South Asia* (Stanford: Stanford University Press, 2009), 107–124。

40. Edward Buck, "Report on the Control and Utilization of Rivers and Draignage for the Fertilization of the Land and Mitigation of Malaria" (1907), MSA, PWD: Irrigation, v. 267 (1904–1909).

41. Christopher J. Baker, *An Indian Rural Economy: The Tamilnad Countryside, 1880–1955* (Oxford: Clarendon Press, 1984); Sugata Bose, *Peasant Labour and Colonial Capital: Rural Bengal Since 1770* (Cambridge: Cambridge University Press, 1993); "债务如潮 (tide of indebtedness)" 是一位驻达卡的殖民政府官员所使用的词语，转引自 Bose; Haruka Yanagisawa, *A Century of Change: Caste and Irrigated Lands in Tamilnadu, 1860s–1970s* (New Delhi: Manohar, 1996)。有关雨水充足农业的低产量问题，可参阅 Latika Chaudhary, Bishnupriya Gupta, Tirthankar Roy, and Anand V. Swamy, eds., *A New Economic History of Colonial India* (New York: Routledge, 2016), 100–116。

42. Royal Commission on Agriculture in India, *Abridged Report* (Bombay: Government Central Press, 1928), 5.

43. *Report of the United Provinces Provincial Banking Enquiry Committee, 1929–30* (Allahabad: Government Press, 1930), 2: 119, 234.

44. *Report of the United Provinces Provincial Banking Enquiry Committee, 1929–30* (Allahabad: Government Press, 1930), 3: 137.

45. Royal Commission on Agriculture in India, *Evidence Taken in the Bombay Presidency,* vol. 2, part 1 (London: Stationery Office, 1927), 342.

46. J. S. Chakravarti, "Agricultural Insurance," *Agricultural Journal of India* 12 (1917): 436–441, 引述自第 436–437 页 ; J. S. Chakravarti, *Agricultural Insurance: A Practical Scheme Suited to Indian Conditions* (Bangalore: Government Press of Mysore, 1920). 有关查克拉瓦蒂先知先觉的评价出自 P. K. Mishra, "Is Rainfall Insurance a New Idea? Pioneering Work Revisited," *Economic and Political Weekly* 30 (1995): A84–A88。

47. Indian Industrial Commission, *Report,* 4.

48. P.A. Sheppard, revised by Isabel Falconer, "Walker, Gilbert Thomas," *Oxford Dictionary of National Biography*, https: //doi.org/10.1093/ref: odnb/36692.

49. G. I. Taylor, "Gilbert Thomas Walker, 1868–1958," *Biographical Memoirs of Fellows of the Royal Society* 8 (1962): 166–174.

50. D. R. Sikka, "The Role of the India Meteorological Department, 1875–1947," in *Science and Modern India: An Institutional History, c.1784–1947,* ed. Uma Das Gupta (New Delhi: Pearson, 2010), 第 14 章。

51. Gilbert T. Walker, "The Meteorology of India," *Journal of the Royal Society of Arts* 73 (July 1925): 838–855, 引文见第 839 页。

52. Gilbert T. Walker, "Correlation in Seasonal Variations of Weather, VIII. A Preliminary Study of World-Weather," *Memoirs of the Indian Meteorological Department* 24, part 4 (1923): 75–131, 引文见第 75 页。

53. Michael Bardecki, "Walker Circulation," in *Encyclopedia of Global Warming and Climate Change*, ed. S. George Philander, 2nd ed. (New York: Sage, 2005), 1: 1073.

54. Gilbert T. Walker, "On the Meteorological Evidence for Supposed Changes of Climate in India," *Indian Meteorological Memoirs* 21, part 1 (1910): 1–21.

55. Gilbert T. Walker, "Correlation in Seasonal Variations of Weather, II," *Indian Meteorological Memoirs* 21, part 2 (1910): 21–45, 引自 J. M. Walker, "Pen Portraits of Past Presidents—Sir Gilbert Walker, CSI, ScD, MA, FRS," *Weather* 52 (1997): 217–220, 引文见第 219 页。

56. Richard W. Katz, "Sir Gilbert Walker and a Connection Between El Niño and Statistics," *Statistical Science* 17 (2002): 97–112.

57. Walker, "Correlation, VIII" (1923), 109.

58. Walker, "Meteorology of India," 843.

59. Gilbert T. Walker, "Correlation in the Seasonal Variations of Weather," *Quarterly Journal of the Royal Meteorological Society* 44 (1918): 223–234; Gilbert T. Walker, "The Atlantic Ocean," *Quarterly Journal of the Royal Meteorological Society* 53 (1927): 71–113, 引文见第 113 页。

60. Priya Satia, "Developing Iraq: Britain, India and the Redemption of Technology in the First World War," *Past and Present* 197 (2007): 211–255.

61. Walker, "Meteorology of India," 849.

62. Taylor, "Gilbert Thomas Walker," 171.

63. Gilbert T. Walker, Review of *Climate Through the Ages: A Study of Climatic Factors and Climatic Variations* by C.W.P. Brooks, *Quarterly Journal of the Royal Meteorological Society* 53 (1927): 321–323.

64. Gilbert T. Walker, "On Monsoon Forecasting in India," *Bulletin of the American Meteorological Society* 19 (1938): 297–299.

65. Charles Normand, "Monsoon Seasonal Forecasting," *Quarterly Journal of the Royal Meteorological Society* 79 (1953): 463–473, 引文见第 469 页。

66. Walker, "Meteorology of India," 838–855, 引文见第 848 页。

67. Sikka, "India Meteorological Department"；引述自沃克爵士和菲尔德的文章，这些文章保存在印度气象总局局长办公室，但不对研究人员开放。

68. Calvino, *Invisible Cities*, 17.

第六章　水与自由

1. M. K. Gandhi, *Hind Swaraj and Other Writings,* ed. Anthony J. Parel (Cambridge: Cambridge University Press, 1997), 131.

2. Jawaharlal Nehru to B. J. K. Hallowes (Deputy Commissioner, Allahabad, and President of the Famine Relief Fund of Gonda), June 26, 1929, in *The Essential Writings of Jawaharlal Nehru,* ed. S. Gopal and Uma Iyengar (Delhi: Oxford University Press, 2003), 12.

3. Jawaharlal Nehru, "The Basis of Society," Presidential Address to Bombay Youth Congress, Poona, December 12, 1928, in *Essential Writings of Jawaharlal Nehru*, 1: 8–10.

4. Sun Yat-sen, *The International Development of China* (New York: Knickerbocker Press, 1922).

5. Sun Yat-sen, "Third Principle of the People: People's Livelihood," 引自 Deirdre Chetham, *Before the Deluge: The Vanishing World of the Yangtze's Three Gorges* (New York: Palgrave Macmillan, 2002), 117。

6. David A. Pietz, *The Yellow River: The Problem of Water in Modern China* (Cambridge, MA: Harvard University Press, 2015), 第三章；引文见第 93—94 页。

7. 有关默哈德抗议活动事件的论述引自 Christophe Jaffrelot, *Dr Ambedkar and Untouchability: Analysing and Fighting Caste* (London: Hurst and Company, 2005), 47–48。

8. Sudipta Kaviraj, "Ideas of Freedom in Modern India," in Robert H. Taylor ed. *The*

Idea of Freedom in Asia and Africa, (Stanford, CA: Stanford University Press, 2002), 120–121.

9. M. K. Gandhi, "Salt Tax," *Young India,* February 27, 1930, in *Collected Works of Mahatma Gandhi* (New Delhi: Government of India Publica- tions Division, 1970), 48: 499–500.

10. Robert Carter and Erin McCarthy, "Watsuji Tetsurô," in Edward N. Zalta ed. *The Stanford Encyclopedia of Philosophy,* (Winter 2014 Edition), http: //plato.stanford.edu/ archives/win2014/entries/watsuji-tetsuro/.

11. Watsuji Tetsuro, *A Climate: A Philosophical Study,* trans. Geoffrey Bownas (Tokyo: Ministry of Education, 1961), 18–20.

12. Watsuji, *Climate,* 25–26.

13. Watsuji, *Climate,* 22–23, 38.

14. Watsuji, *Climate,* 39.

15. 阿连卡玛尔·穆克吉出现在以下书中 : C. A. Bayly, *Recovering Liberties: Indian Thought in the Age of Liberalism and Empire* (Cambridge: Cambridge University Press, 2012); Alison Bashford, *Global Population: History, Geopolitics, and Life on Earth* (New York: Columbia University Press, 2014)。

16. Radhakamal Mukerjee, "Social Ecology of a River Valley," *Sociology and Social Research* 12 (1927): 341–347, 引 文 见 第 342 页 ; Radhakamal Mukerjee, *Regional Sociology* (New York and London: Century and Co., 1926); Radhakamal Mukerjee, *The Changing Face of Bengal: A Study in Riverine Economy* (Calcutta: University of Calcutta Press, 1938)。

17. Léon Metchnikoff, *La Civilisation et Les Grands Fleuves Historiques* (Paris: Hachette, 1889); Mukerjee, "Social Ecology," 引文见第 342 页 ; William Willcocks, *Ancient System of Irrigation in Bengal and its Application to Modern Problems* (Calcutta: University of Calcutta Press, 1930)。

18. Mukerjee, "Social Ecology," 345–347.

19. C. J. Baker, "Economic Reorganization and the Slump in South and Southeast Asia," *Comparative Studies in Society and History* 23 (1981): 325–349.

20. 本人对移民的详细研究可参阅 Sunil S. Amrith, *Crossing the Bay of Bengal: The Furies of Nature and the Fortunes of Migrants* (Cambridge, MA: Harvard University Press, 2013), 尤可参阅第四章和第五章。

21. Confidential letter from the Agent of the Government of India in British Malaya to the Government of India, April 3, 1933: NAI, Department of Education, Health and Lands: Overseas, file no. 206-2/32—L&O.

22. J. S. Furnivall, *Netherlands India* (Cambridge: Cambridge University Press, 1939), 428.

23. "World's Largest Dam Opened," *The Statesman,* August 22, 1934.

24. Handwritten memo by "SA," April 30, 1938, appended to the file of correspondence following the Chief Engineer's "Note on the Beneficial Effects of the Stanley Reservoir to Cauvery Delta Irrigation," Tamil Nadu State Archives, Chennai, Government Order 547-I, 27/2/1936.

25. Handwritten note in Government of Madras Public Works Department, Government Order number 375, February 24, 1938. Tamil Nadu State Archives, Chennai [TNSA].

26. Pietz, *Yellow River,* chapter 3.

27. *National Planning Committee No. 2*: *Being an Abstract of the Proceedings and other Particulars Relating to the National Planning Committee* (Bombay: K.T. Shah, 1940), 43.

28. "Burma-China Frontier: Chinese Claim to the Irrawaddy Triangle" (1933), BL, IOR, L/P&S/12/2231, 此资料还包括威廉·克雷德纳的文章，见 *Eastern Miscellany* (Shanghai), January 10, 1931; P. M. R. Leonard and V. G. Robert, *Report on the Fourth Expedition to the "Triangle" for the Liberation of Slaves* (Rangoon: Government Printing, 1930), 引用档案中注释的文本。

29. *Madras Fisheries Bulletin, 1918–1937* (Madras: Government Print- ing, 1938), 2; 见 Ajantha Subramanian, *Shorelines*: *Space and Rights in South Asia* (Stanford: Stanford University Press, 2009), 120–124。

30. Micah Muscolino, "Yellow River Flood, 1938–47," DisasterHistory.org, www. disasterhistory.org/yellow-river-flood-1938-47; Micah S. Muscolino, *The Ecology of War in China*: *Henan Province, the Yellow River, and Beyond, 1938–1947* (Cambridge: Cambridge University Press, 2015), 查阅日期为 2018 年 3 月 3 日。

31. Christopher Bayly and Tim Harper, *Forgotten Armies*: *The Fall of British Asia, 1941–45* (London: Allen Lane, 2004).

32. Srinath Raghavan, *India's War*: *The Making of Modern South Asia, 1939–45* (London: Allen Lane, 2016).

33. India Meteorological Department, *Hundred Years of Weather Service (1875–1975)*, 手稿见金奈区域气象中心，查阅日期为 2015 年 2 月。

34. Sunil S. Amrith, "Food and Welfare in India, c. 1900–1950," *Comparative Studies in Society and History* 50 (2008): 1010–1035; 尼赫鲁的引文出自其在 1929 年 6 月 26 日写给哈洛斯（B. J. K. Hallowes）的一封信，亦见本章注释 2。

35. *The Ramakrishna Mission*: *Bengal and Orissa Cyclone Relief, 1942–44* (Howrah: Ramakrishna Mission, 1944), 1–2.

36. Bayly and Harper, *Forgotten Armies,* 282–291.

37. Note to Famine Commission (1944): Papers of L. G. Pinnell, British Library, Asian and African Studies Collection, European Manuscripts: MSS Eur D 911/7.

38. 有关生态降级问题，可参阅 Iftekhar Iqbal, *The Bengal Delta: Ecology, State, and Social Change, 1840–1943* (Basingstoke: Palgrave/MacMillan, 2010), 第八章。有关饥荒问题，可参阅 Sugata Bose, "Starvation Amidst Plenty: The Making of Famine in Bengal, Honan and Tonkin, 1942–45," *Modern Asian Studies* 24, no. 4 (1990): 699–727; Amartya Sen, *Poverty and Famines: An Essay on Entitlement and Deprivation* (Oxford: Oxford University Press, 1981); Paul Greenough, *Prosperity and Misery in Modern Bengal: The Famine of 1943–4* (New York: Oxford University Press, 1982); 以及 Bayly and Harper, *Forgotten Armies*, 282–291。

39. Jawaharlal Nehru, *The Discovery of India* [1946] (New Delhi: Oxford University Press, 2003), 496–498; S. G. Sardesai, *Food in the United Provinces* (Bombay: People's Publishing House, 1944), 19, 36–37.

40. V. D. Wickizer and M. K. Bennett, *The Rice Economy of Monsoon Asia* (Stanford, CA: Stanford University Press, 1941), 1, 189.

41. Nehru, *Discovery of India*, 535; Gyan Chand, *Problem of Population* (London: Oxford University Press, 1944), 10.

42. File note on Bhakra Dam Project, February 23, 1945, NAI, Political Department, I A Branch: file no. 2 (22)—IA/45.

43. File note by T.A.W. Foy, October 31, 1946, NAI, 21 (22)—IA/45.

44. Meghnad Saha, editorial, *Science and Culture* 1 (1935): 3–4.

45. Meghnad Saha, "Flood," *Science and Culture* 9 (September 1943): 95–97.

46. Meghnad Saha and Kamalesh Ray, "Planning for the Damodar Valley"（原文发表于 *Science and Culture*, 10 [1944]），in Santimay Chatterjee ed. *Collected Works of Meghnad Saha*, (Bombay: Orient Longman, 1987), 2: 115–144, 引文见第 116, 132, 135 页。

47. Saha and Ray, "Planning for the Damodar Valley," 132, 135.

第七章　河水的拦截与堵截

1. 针对这个时期最清晰的论述，可参阅 Christopher Bayly and Tim Harper, *Forgotten Wars: The End of Britain's Asian Empire* (London: Allen Lane, 2007)；有关亚洲早期的冷战问题，可参阅 Odd Arne Westad, *The Cold War: A World History* (New York: Basic Books, 2017), 第五章。

2. 有关此问题的简明概述，可参阅 Yasmin Khan, *The Great Partition: The Making of India and Pakistan* (New Haven, CT: Yale University Press, 2007)。

3. Vazira Fazila-Yacoobali Zamindar, *The Long Partition and the Making of Modern South Asia: Refugees, Boundaries, Histories* (New York: Columbia University Press, 2007); Joya Chatterji, *The Spoils of Partition: Bengal and India, 1947–67* (Cambridge: Cambridge

University Press, 2007); 有关移动装置的证言证词，可参阅 Urvashi Butalia, *The Other Side of Silence: Voices from the Partition of India* (London: Hurst, 2000)。

4. David Gilmartin, *Blood and Water: The Indus River Basin in Modern History* (Berkeley: University of California Press, 2015), 206.

5. Government of India, Press Information Bureau, "Facts about Canal Dispute" — enclosure in a letter from S. V. Sampath to all Indian Missions abroad, September 27, 1949: National Archives of India （印度国家档案馆，以下简称 NAI ）, Ministry of External Affairs （外务部，以下简称 MEA ）, File 6/1/7-XP (P)/49。

6. Joya Chatterji, "The Fashioning of a Frontier: The Radcliffe Line and Bengal's Border Landscape, 1947–52," *Modern Asian Studies* 33, no. 1 (1999): 185–242.

7. Rammanohar Lohia, *The Guilty Men of India's Partition* (Allahabad: Kitabistan, 1960).

8. Ayesha Jalal, *The Pity of Partition: Manto's Life, Times, and Work Across the India-Pakistan Divide* (Princeton: Princeton University Press, 2013).

9. Saadat Hasan Manto, "Yazid," in *Naked Voices: Stories and Sketches*, trans. Rakhshanda Jalil (New Delhi: Roli Books, 2008), 106.

10. India Meteorological Department, *Hundred Years of Weather Service (1875–1975)*, 手稿见金奈区域气象中心，查阅日期为 2015 年 2 月，第 55 页。

11. C. N. Vakil, *Economic Consequences of the Partition,* 2nd ed. (Bombay: National Information and Publications, 1949), 3–4.

12. Gilmartin, *Blood and Water,* 206.

13. Daniel Haines, *Rivers Divided: Indus Basin Waters in the Making of India and Pakistan* (Oxford: Oxford University Press, 2016), 第三章。

14. 引自 Haines, *Rivers Divided,* 51。

15. India, Ministry of External Affairs, Directive on Canal Water Dispute Between India and Pakistan, NAI, MEA, File 6/1/7-XP (P)/49.

16. 有关运河水资源争议的指导性意见，可参阅 NAI, MEA, File 6/1/7-XP (P)/49。

17. Manu Goswami, *Producing India: From Colonial Economy to National Space* (Chicago: University of Chicago Press, 2004).

18. Gilmartin, *Blood and Water,* 212; Bashir A. Malik, *Indus Waters Treaty in Retrospect* (Lahore: Brite Books, 2005), 104.

19. David E. Lilienthal, "Kashmir: Another 'Korea' in the Making?," *Collier's* 128, no. 5 (1951): 58.

20. "Today in Earthquake History: Assam, 1950," Seismo Blog, Berkeley Seismology Lab, 查阅日期为 2018 年 3 月 1 日，见 http: //seismo.berkeley.edu/blog/2017/08/15/today-in-earthquake-history-assam-1950.html; M. C. Podder, "Preliminary Report on the Assam Earthquake of 15th August 1950," *Bulletin of the Geological Survey of India,*

Series B 2 (1950): 1–40; Francis Kingdon Ward, "Aftermath of the Assam Earthquake of 1950," *The Geographical Journal* 121 (1955): 290–303。

21. *Census of India, 1951,* vol. 1, Part 1A (New Delhi: Government Press, 1953).

22. Georges Canguilhem, *The Normal and the Pathological,* trans. Carolyn R. Fawcett (New York: Zone Books, 1989), 161.

23. *Census of India 1951,* vol. 1, Part 1A: 126–131.

24. *Census of India 1951,* vol. 1, Part 1A: 150.

25. Sanjoy Chakravorty, *The Price of Land: Acquisition, Conflict, Consequence* (New Delhi: Oxford University Press, 2013), 尤可参阅第七章。

26. Report of American Famine Mission to India, led by T. W. Schultz, cited in Henry Knight, *Food Administration in India, 1939–47* (Stanford, CA: Stanford University Press, 1954), 253; Government of India, Foodgrains Policy Committee, *Interim Report* (New Delhi, 1948); Government of India, Foodgrains Policy Committee, *Final Report* (New Delhi, 1948); *Report of the Foodgrains Enquiry Committee, 1957* (New Delhi: Ministry of Food & Agriculture, 1957), 26–27.

27. 1948 年 4 月 15 日尼赫鲁对印度政府各部部长的信件，可参阅 Madhav Khosla ed. *Letters for a Nation: From Jawaharlal Nehru to His Chief Ministers, 1947–1963,* (New Delhi: Allen Lane, 2014), 147–148. 有关希拉库德水库，可参阅 Rohan D'Souza, "Damming the Mahanadi River: The Emergence of Multi-Purpose River Valley Development in India (1943–46)," *Indian Economic and Social History Review* 40 (2003): 81–105.

28. Henry C. Hart, *New India's Rivers* (Bombay: Orient Longmans, 1956), 250.

29. India, Central Water-Power, Irrigation & Navigation Commission, *Quinquennial Report, April 1945–March 1950,* p. 2: BL, IOR, V/24/4496.

30. 有关科斯拉生平富有见地的论述，可参阅 Daniel Klingensmith, *One Valley and a Thousand: Dams, Nationalism, and Development* (New Delhi: Oxford University Press, 2007)。

31. A. N. Khosla, "Our Plans," *Indian Journal of Power and River Valley Development* [*IJPRVD*], June 1951: 1–4.

32. India, Central Water & Power Commission, *Major Water & Power Projects of India* (Bhagirath Pamphlet 1, June 1957).

33. 尼赫鲁在 1954 年 7 月 8 日楠格拉运河开工仪式上的讲话，可参阅 Sarvepalli Gopal ed. *Jawaharlal Nehru: An Anthology,* (New Delhi: Oxford University Press, 1980), 213–215。

34. 有关影片分歧历史的问题，可参阅 Peter Sutoris, *Visions of Development: Films Division of India and the Imagination of Progress, 1948–75* (London: Hurst, 2016), 其中包括埃兹

拉·米尔事业的讨论；还可参阅 Judith Pernin et al., "The Documentary Film in India, 1948–1975,"（该资料日期不明），Hong Kong Baptist University, 最后一次查阅日期为 2018 年 5 月 13 日，http://digital.lib. hkbu. edu. hk/documentary-film/india. php#footnote。

35. *Bhakra Nangal,* dir. N.S. Thapa, Government of India Films Division (1958).

36. 有关利连索尔，可参阅 Klingensmith, *One Valley and a Thousand*。

37. Hart, *New India's Rivers,* 97.

38. Hugh Tinker, "A Forgotten Long March: The Indian Exodus from Burma, 1942," *Journal of Southeast Asian Studies* 6 (1975): 1–15; Sunil S. Amrith, *Crossing the Bay of Bengal: The Furies of Nature and the Fortunes of Migrants* (Cambridge, MA: Harvard University Press, 2013), 第六章。

39. Letter from the Secretary to the Government of Punjab, Public Works Department, to the Secretary to the Governor General, June 18, 1945, NAI, file no. 21 (22)—IA/45; 1946 年 1 月 31 日马德拉斯代表与海得拉巴邦代表的会晤，详见 Government of India, Political Branch: Hyderabad Residency; NAI, file no. 92 (2), 1946。

40. Hart, *New India's Rivers,* 115.

41. "Lathi Charge on Strikers," *Times of India,* January 31, 1954, 9.

42. Hart, *New India's Rivers,* 178–184.

43. Ashis Nandy, "Dams and Dissent: India's First Modern Environ- mental Activist and His Critique of the DVC Project," *Futures* 33 (2001): 709–731.

44. World Bank Group Archives, Washington DC（以下简称 WBA），File no. 1787276, Indus Basin Dispute, General Negotiations, 1949–52, Correspondence; File no, 1787280, Notes of Mission, September 1–16, 1954; File no. 1787263, Chronology of Indus Waters Dispute. 例如，1787269 号和 1787270 号档案（Indus Basin Dispute, Working Party, Correspondence vol. 3 & 4）均有几个事项因不适宜解密而被移除。

45. M. V. V. Ramana, *Inter-State River Water Disputes in India* (Hyderabad: Orient Longman, 1992), 第四章。

46. Sumathi Ramaswamy, *The Goddess and the Nation: Mapping Mother India* (Durham, NC: Duke University Press, 2009), 244.

47. *Mother India,* dir. Mehboob (1957).

48. 引自 Ramaswamy, *Goddess and the Nation,* 243。

49. Sangita Gopal and Sujata Moorti, *Global Bollywood: Travels of Hindi Song and Dance* (Minneapolis: University of Minnesota Press, 2008), 60.

50. Brian Larkin, "Bollywood Comes to Nigeria," 查阅日期为 2017 年 11 月 14 日，www.samarm agazine.org/archive/articles/21。

51. James C. Scott, *Seeing Like a State: Why Certain Schemes to Improve the Human*

Condition Have Failed (New Haven, CT: Yale University Press, 1998); Arturo Escobar, *Encountering Development: The Making and Unmaking of the Third World* (Princeton, NJ: Princeton University Press, 1995).

52. Chakravorty, *Price of Land,* 113–114; Rohan D'Souza, "Framing India's Hydraulic Crises: The Politics of the Modern Large Dam," *Monthly Review* 60 (2008): 112–124.

53. File note, February 23, 1945, Bhakra Dam Project, Government of India, Political Department, IA Branch, NAI, file no. 21 (22)—IA/45.

54. File note, Anon., March 12, 1945, Bhakra Dam Project, Government of India, Political Department, IA Branch: NAI, file no. 21 (22)—IA/45.

55. File note, Anon., March 12, 1945, NAI, file no. 21 (22)—IA/45.

56. Government of India, Political Branch: Hyderabad Residency; NAI, file no. 92 (2), 1946, 引文见此文件。

57. P. Chaturvedi and A. Dalal, *Law of Special Economic Zone: National and International Perspective* (Kolkata: Eastern Law House, 2009), 342, 转引自 Chakravorty, *Price of Land,* 115。

58. Walter Fernandes and Enakshi Ganguly Thukral, eds., *Development, Displacement and Rehabilitation* (New Delhi: Indian Social Institute, 1989); Esther Duflo and Rohini Pande, "Dams," *Quarterly Journal of Economics* 122 (2007): 601–646; Satyajit Singh, *Taming the Waters: The Political Economy of Large Dams in India* (New Delhi: Oxford University Press, 1997), 182–203; Chakravorty, *Price of Land,* 引文见第 123—130 页。

59. Singh, *Taming the Waters,* 133–158.

60. Jawaharlal Nehru, "Social Aspects of Small and Big Projects," 1958 年 11 月 17 日在新德里举办的印度灌溉和电力理事会上的就职演说，见 Baldev Singh, *Jawaharlal Nehru on Science and Society: A Collection of His Writings and Speeches* (New Delhi: Nehru Memorial Museum and Library, 1990), 172–175。

61. United Nations, Economic Commission for Asia and the Far East (ECAFE), *Economic Survey of Asia and the Far East, 1948* (Bangkok: ECAFE, 1949); C. Hart Schaaf, "The United Nations Economic Commission for Asia and the Far East," *International Organization* 7 (1953): 463–481, 引文见第 468 页。

62. Hart Schaaf, "Economic Commission for Asia" (1953).

63. Hart Schaaf, "Economic Commission for Asia" (1953), 481.

64. UN, ECAFE, *Economic Survey of Asia and the Far East, 1954* (Bangkok: ECAFE, 1955); 第十章包括中华人民共和国。

65. Kanwar Sain and K. L. Rao, *Report on the Recent River Valley Projects in China* (New Delhi: Government of India Central Water and Power Commission, 1955), 其完整行程出现在附件 F; "Mao is our Buddha" reported in Kanwar Sain, *Reminiscences of an*

Engineer (New Delhi: Young Asia Publications, 1978), 208–209。

66.　Sain, *Reminiscences of an Engineer*, 208–209.

67.　Sain and Rao, *River Valley Projects in China*, 206–207; 有关中国官员的列表出现在附件 G。

68.　Sain and Rao, *River Valley Projects in China*, 154.

69.　Judith Shapiro, *Mao's War Against Nature: Politics and Environment in Revolutionary China* (Cambridge: Cambridge University Press, 2001), 第一章。

70.　Sain and Rao, *River Valley Projects in China*, 162.

71.　有关连续性的详尽阐述，可参阅 Ball, *Water Kingdom*, 第八章。

72.　Sain and Rao, *River Valley Projects in China*. 郝副主任的讲话内容见附录 A。

73.　Sain, *Reminiscences of an Engineer*, 210.

74.　Christopher Sneddon, *Concrete Revolution: Large Dams, Cold War Geopolitics, and the US Bureau of Reclamation* (Chicago: University of Chicago Press, 2015); David Biggs, *Quagmire: Nation-Building and Nature in the Mekong Delta* (Seattle: University of Washington Press, 2010).

75.　Biggs, *Quagmire*, 172.

76.　Sneddon, *Concrete Revolution*.

77.　Sain, *Reminiscences of an Engineer*, 388–392.

78.　Nehru's letter to Zhou Enlai, September 26, 1959, published in *India-China Conflict* (New Delhi: Indian Ministry of External Affairs, 1964).

79.　Letter from B. C. Mishra, Ministry of External Affairs to Apa B. Pant, Political Officer of the Government of India, Gangtok, Sikkim, Octo- ber 7, 1960, in India, Ministry of External Affairs, "Construction of dam on Brahmaputra and Indus group of rivers by the Chinese": NAI, MEA, file F no. 4 (75)—T 60.

80.　Letter from R. S. Kapoor, Indian trade agent, Gyantse, Tibet to Apa Pant, Political Officer of the Government of India, Gangtok, Sikkim, December 15, 1960: NAI, MEA, file F no. 4 (75)—T 60.

81.　标注"绝密"的信件源自于 K. K. Framji, Chief Engineer & Joint Secretary, Ministry of Irrigation and Power to B. C. Mishra, DS (China), Ministry of External Affairs, January 5, 1961: NAI, MEA, file F no. 4 (75)—T 60。

82.　Rohinton Mistry, *Such a Long Journey* (London: Faber & Faber, 1991), 10.

第八章　海洋与地下水

1.　Neel Mukherjee, *The Lives of Others* (London: Vintage, 2014), 195–197.

2.　印度海洋研究国家委员会（Indian National Committee on Oceanic Research，以下简称 INCOR），*International Indian Ocean Expedition: Indian Scientific Programmes,*

1962-1965 (New Delhi: Council of Scientific and Industrial Research, 1962), 15。

3. Bernard Bailyn, "The Challenge of Modern Historiography," *American Historical Review* 87 (1982): 1–24, 引述自第 10—11 页。

4. Sunil S. Amrith, *Crossing the Bay of Bengal: The Furies of Nature and the Fortunes of Migrants* (Cambridge, MA: Harvard University Press, 2013), 第七章。

5. India, Ministry of External Affairs, Memorandum on the International Conference of Plenipotentiaries on the Law of the Sea [undated, probably late 1957]. NAI, MEA: UN II Section, file no. 9 (6) UN II/57.

6. Daniel Behrman, *Assault on the Largest Unknown: The International Indian Ocean Expedition* (Paris: UNESCO Press, 1981), 10–11; G. E. R. Deacon, "The Indian Ocean Expedition," *Nature* 187 (August 13, 1960): 561–562.

7. Warren S. Wooster, "Indian Ocean Expedition," *Science,* n.s., 150 (October 15, 1965): 290–292.

8. INCOR, *International Indian Ocean Expedition,* 15.

9. *The Indian Ocean Bubble*, issue 5, March 1, 1960, Woods Hole Oceanographic Institution Open Access Server, 查阅日期为 2018 年 3 月 10 日, https: //darchive. mblwhoilibrary.org/handle/1912/218。

10. Behrman, *Assault,* 27。

11. Behrman, *Assault,* 52.

12. INCOR, *International Indian Ocean Expedition,* 1–5.

13. Klaus Wyrtki, *Oceanographic Atlas of the International Indian Ocean Expedition* (Washington, DC: National Science Foundation, 1971).

14. Behrman, *Assault,* 64.

15. INCOR, *International Indian Ocean Expedition,* 44.

16. Gilbert T. Walker, "The Atlantic Ocean," *Quarterly Journal of the Royal Meteorological Society* 53 (1927): 113.

17. Deacon, "Indian Ocean Expedition"; INCOR, *International Indian Ocean Expedition,* 12; Wyrtki, *Oceanographic Atlas,* 7.

18. C. S. Ramage, *Monsoon Meteorology* (London: Academic Press, 1971), 1; Thomas A. Schroeder, "A Personal View of the History of the Department of Meteorology, University of Hawaii at Manoa" (2006), www.soest.hawaii.edu/met/history.pdf, 查阅日期为 2016 年 6 月 1 日。

19. Sanchari Pal, "Anna Mani Is One of India's Greatest Woman Scien- tists," *The Better India,* January 21, 2017, https: //www.thebetterindia.com /83063/anna-mani-scientist-meteorology-ozone-wind-energy/, 查阅日期为 2018 年 5 月 1 日。

20. C. S. Ramage, *Meteorology in the Indian Ocean* (Geneva: World Meteorological

Association, 1965).

21. Ramage, *Meteorology in the Indian Ocean.*

22. Behrman, *Assault,* 67.

23. Behrman, *Assault,* 65; C. S. Ramage and C. R. Raman, *Meteorological Atlas of the International Indian Ocean Expedition* (Washington, DC: US Government Printer, 1972).

24. Behrman, *Assault,* 66.

25. Ramage, *Meteorology in the Indian Ocean.*

26. Roger Revelle and H. E. Suess, "Carbon Dioxide Exchange Between Atmosphere and Ocean and the Question of an Increase of Atmospheric CO2 During the Past Decades," *Tellus* 9 (1957): 18–27, 引文见第 19—20 页。有关海洋学以及气候变化发现的讨论，可参阅 Naomi Oreskes, "Changing the Mission: From the Cold War to Climate Change," in Naomi Oreskes and John Krige ed. *Science and Technology in the Global Cold War,* (Cambridge, MA: MIT Press, 2014), 141–187。

27. Behrman, *Assault,* 11–12.

28. P. K. Das, *The Monsoons* (New Delhi: National Book Trust, 1968), 6.

29. Francine Frankel, *India's Political Economy, 1947–1977: The Gradual Revolution* (Princeton, NJ: Princeton University Press, 1980), 247–248.

30. 印度小麦进口的数据源自于 Nick Cullather, *The Hungry World: America's Cold War Battle Against Poverty in Asia* (Cambridge, MA: Harvard University Press, 2010), 144; *Economic Survey of Indian Agriculture for 1966–67* (New Delhi: Government of India, 1969); Frankel, *India's Political Economy,* 293。

31. David Ludden, *An Agrarian History of South Asia* (Cambridge: Cambridge University Press, 1999), 尤可参阅第四章。

32. David C. Engerman, *The Price of Aid: The Economic Cold War in India* (Cambridge, MA: Harvard University Press, 2018); Cullather, *Hungry World.*

33. Cullather, *Hungry World,* 207.

34. C. Subramaniam, *Hand of Destiny,* vol. 2, *The Green Revolution* (Bombay: Bharatiya Vidya Bhavan, 1993), 137–138.

35. Frankel, *India's Political Economy,* 270.

36. Subramaniam, *Hand of Destiny,* vol. 2, 154, 165–167.

37. "Years Before a Revolution," *Times of India,* August 22, 1965.

38. 转引自 Mahesh Rangarajan, "Striving for a Balance: Nature, Power, Science and Indira Gandhi's India, 1917–1984," *Conservation and Society* 7 (2009): 299–312。

39. Cullather, *Hungry World,* 223.

40. Paul R. Brass, "The Political Uses of Crisis: The Bihar Famine of 1966–1967," *Journal*

of Asian Studies 45 (1986): 245–267, 249.

41.　Ronald E. Doel and Kristine C. Harper, "Prometheus Unleashed: Science as a Diplomatic Weapon in the Lyndon B. Johnson Administration," *Osiris* 21 (2006): 66–85.

42.　James R. Fleming, *Fixing the Sky: The Checkered History of Weather and Climate Control* (New York: Columbia University Press, 2010); Kristine C. Harper, *Make It Rain: State Control of the Atmosphere in Twentieth Century America* (Chicago: University of Chicago Press, 2017).

43.　Lyndon B. Johnson, *The Vantage Point: Perspectives of the Presidency, 1963–1969* (New York: Holt, Rinehart and Winston, 1971), 226.

44.　Doel and Harper, "Prometheus Unleashed," 80, 83.

45.　Rajni Kothari, "The Congress 'System' in India," *Asian Survey* 4 (1964): 1161–1173; Confidential Despatch from British High Commission, Delhi to London, 3 March 1967, in United Kingdom National Archives (UKNA), "India—Political Affairs—Internal" FO 37/35.

46.　Ashutosh Varshney, *Democracy, Development, and the Countryside: Urban-Rural Struggles in India* (Cambridge: Cambridge University Press, 1998), 57.

47.　Geoffrey Parker, *Global Crisis: War, Climate Change & Catastrophe in the Seventeenth Century* (New Haven, CT: Yale University Press, 2013); Sam White, *The Climate of Rebellion in the Early Modern Ottoman Empire* (Cambridge: Cambridge University Press, 2011).

48.　Indira Gandhi, "Man and Environment," speech at the Plenary Session of United Nations Conference on Human Environment, Stockholm, June 14, 1972: 全文可参阅 http: //lasulawsenvironmental.blogspot.com /2012/07/indira-gandhis-speech-at-stockholm.html, 查阅日期为 2018 年 5 月 14 日。

49.　Paul Ehrlich, *The Population Bomb* (New York: Ballantine Books, 1968), 15–16.

50.　Indira Gandhi, "Man and Environment," speech at the Plenary Session of United Nations Conference on Human Environment, Stockholm, June 14, 1972; Jairam Ramesh, "Poverty Is the Greatest Polluter: Remem- bering Indira Gandhi's Stirring Speech in Stockholm," *The Wire,* June 7, 2017, accessed November 30, 2017, https: // thewire.in/144555/indira-gandhi-nature-pollution/, 查阅日期为 2017 年 11 月 30 日。

51.　有关人口强行控制问题，可参阅 Matthew Connelly, *Fatal Misconception: The Struggle to Control World Population* (Cambridge, MA: Harvard University Press, 2008); Emma Tarlo, *Unsettling Memories: Narratives of the Emergency in Delhi* (London: Hurst, 2003)。

52.　Shyam Divan and Armin Rosencranz, eds., *Environmental Law and Policy in India:*

Cases, Materials and Statutes (New Delhi: Oxford University Press, 2001), 167–241; 所引用案例出自 Aggarwal Textile Industries v. State of Rajasthan, S.B.C. Writ Petition No. 1375/80, March 2, 1981, 见 Divan and Rosencranz, *Environmental Law*, 187。

53. Anthony Acciavatti, "Re-imagining the Indian Underground: A Biography of the Tubewell," in Anne Rademacher and K. Sivaramakrishnan ed. *Places of Nature in Ecologies of Urbanism*, (Hong Kong: Hong Kong University Press, 2017), 206–237, 引文见第 207 页。

54. Tushaar Shah, *Taming the Anarchy: Groundwater Governance in South Asia* (New York: Routledge, 2008); Tushaar Shah, "Climate Change and Groundwater: India's Opportunities for Mitigation and Adaptation," *Environmental Research Letters* 4 (2009): 1–13.

55. Roger Revelle and V. Lakshminarayana, "Ganges Water Machine," *Science*, n.s., 188 (1975): 611–616, 引文见第 611 页 ; K. L. Rao, *India's Water Wealth: Its Assessment, Uses, and Projections* (New Delhi: Orient Longman, 1975)。

56. Joshua Eisenman, "Building China's 1970s Green Revolution: Responding to Population Growth, Decreasing Arable Land, and Capital Depreciation," in Priscilla Roberts and Odd Arne Westad ed. *China, Hong Kong, and the Long 1970s: Global Perspectives*, (New York: Palgrave Macmillan, 2017), 55–86.

57. Sigrid Schmalzer, *Red Revolution, Green Revolution: Scientific Farming in Socialist China* (Chicago: University of Chicago Press, 2016), 引文见第 13 页。

58. Francine Frankel, *India's Green Revolution: Economic Gains and Political Costs* (Princeton, NJ: Princeton University Press, 1971); N. K. Dubash, *Tubewell Capitalism: Groundwater Development and Agrarian Change in Gujarat* (New Delhi: Oxford University Press, 2002); Shah, "Climate Change and Groundwater."

59. L. J. Walinsky, ed., *Agrarian Reform As Unfinished Business: The Selected Papers of Wolf Ladejinsky* (Washington, DC: World Bank, 1977); G. Rosen, "Obituary: Wolf Ladejinsky (1899–1975)," *Journal of Asian Studies* 36 (1976): 327–328.

60. Wolf Ladejinsky, "Drought in Maharashtra (Not in a Hundred Years)," typescript contained in World Bank Archives (WBA), file number 1167800, Drought Prone Areas Project—India—Correspondence vol. 1.

61. Jean Drèze, "Famine Prevention in India" (working paper 45, WIDER: United Nations University, Helsinki, 1988), 69–75.

62. John A. Young, "Physics of the Monsoon: The Current View," in Jay S. Fein and Pamela L. Stephens ed. *Monsoons*, (New York: John Wiley & Sons, 1987), 211–243, 引文见第 211 页。关于"湿润过程"，见 Peter J. Webster, "Monsoons," *Scientific American* 245 (1981): 108–119; 有关耦合问题，可参阅 Kirsten Hastrup and Martin

Skrydstrup, eds., *The Social Life of Climate Change Models: Anticipating Nature* (London: Routledge, 2012)。

63. Jacob Bjerknes, "A Possible Response of the Atmospheric Had- ley Circulation to Equatorial Anomalies of Ocean Temperature," *Tellus* 18 (1966): 820–829; Jacob Bjerknes, "Atmospheric Teleconnections from the Equatorial Pacific," *Journal of Physical Oceanography* 97 (1969): 163–172.

64. P. J. Webster, H. R. Chang, and V. E. Toma, *Tropical Meteorology and Climate* (Oxford: Wiley Blackwell, in press), 第十四章。

65. R. A. Madden and P. R. Julian, "Detection of a 40–50 Day Oscillation in the Zonal Wind in the Tropical Pacific," *Journal of the Atmospheric Sciences* 28 (1971): 702–770; R. A. Madden and P. R. Julian, "Description of Global-Scale Circulation Cells in the Tropics with a 40–50 Day Period," *Journal of the Atmospheric Sciences* 29 (1972): 1109–1123.

66. David M. Lawrence and Peter J. Webster, "The Boreal Summer Intraseasonal Oscillation: Relationship between Northward and Eastward Movement of Convection," *Journal of the Atmopheric Sciences* 59 (2002): 1593–1606.

67. Adam Sobel, *Storm Surge: Hurricane Sandy, Our Changing Climate, and Extreme Weather of the Past and Future* (New York: Harper Wave, 2014), 9–20.

68. 有关国际季风实验，可参阅 Behrman, *Assault,* 64; Webster, Chang, and Toma, *Tropical Meteorology,* 第十四章。

69. C. S. Ramage, *The Great Indian Drought of 1899,* Occasional Paper, Aspen Instiute for Humanistic Studies, Program on Science, Technology, and Humanism (1977), 引文见第 4、6 页。

70. *Declaration of the Climate Conference* (Geneva: World Meteorological Organization, 1979), 1.

第九章　风暴地平线

1. World Bank Group, "China Overview," 引自 February 12, 2018, www.worldbank.org/en/country/china/overview。

2. Sumit Ganguly and Rahul Mukherjee, *India Since 1980* (Cambridge: Cambridge University Press, 2012), 第三章。

3. Anil Agarwal, Kalpana Sharma, and Ravi Chopra, *The State of India's Environment, 1982: A Citizens' Report* (New Delhi: Centre for Science and Environment, 1982), 20.

4. Naomi Oreskes, "The Scientific Consensus on Climate Change," *Science* 306 (December 2004): 1686.

5. Intergovernmental Panel on Climate Change, *Climate Change 2014: Impacts,*

Adaptation, and Vulnerability (Geneva: IPCC, 2014); World Bank, *Turn Down the Heat*: *Climate Extremes, Regional Impacts, and the Case for Resilience* (Washington, DC: World Bank, 2013).

6. Andreas Malm, *The Progress of This Storm*: *Nature and Society in a Warming World* (London: Verso, 2018), 5.

7. Angus Deaton, *The Great Escape*: *Health, Wealth, and the Origins of Inequality* (Princeton, NJ: Princeton University Press, 2013).

8. Hannah Ritchie, "Yields vs. Land Use: How the Green Revolution Enabled Us to Feed a Growing Population," *Our World in Data*, August 22, 2017, https://ourworldindata. org/yields-vs-land-use-how-has-the-world-produced-enough-food-for-a-growing-population，查阅日期为 2018 年 2 月 10 日。

9. Khushwant Singh, "The Indian Monsoon in Literature," in Jay S. Fein and Pamela L. Stephens ed. *Monsoons*, (New York: John Wiley & Sons, 1987), 35–50, 引文见第 48 页。

10. Jyoti Bhatt, "Divination of Rainy Days: An Annual Festival in Gujarat" [1987], in Asia Art Archive, Hong Kong: Jyoti Bhatt Archive, https://aaa.org.hk/en/collection/search/archive/jyoti-bhatt-archive-english/object/divination-of-rainy-days-an-annual-festival-in-gujarat，查阅日期为 2018 年 4 月 24 日。

11. University of Hawaii at Manoa Economics Department, "Harry T. Oshima (1918–1998)," www.economics. hawaii.edu/history/faculty/oshima.html，查阅日期为 2018 年 2 月 16 日。

12. Harry T. Oshima, *Economic Growth in Monsoon Asia*: *A Comparative Survey* (Tokyo: University of Tokyo Press, 1987); Harry T. Oshima, "Seasonality and Underemployment in Monsoon Asia," *Philippine Economic Journal* 19 (1971): 63–97.

13. 数据引自 A. Vaidyanathan, *Water Resources of India* (New Delhi: Oxford University Press, 2013); T. Shah, "Climate Change and Groundwater: India's Opportunities for Mitigation and Adaptation," *Environmental Research Letters* 4 (2009): 1–13, 引文见第 3 页。

14. Meera Subramanian, *A River Runs Again*: *India's Natural World in Crisis, from the Barren Cliffs of Rajasthan to the Farmlands of Karnataka* (New York: PublicAffairs, 2015), 9–66; 有关旁遮普邦、古吉拉特邦的讨论，可参阅 David Hardiman, "The Politics of Water Scarcity in Gujarat," in Amita Baviskar ed. *Waterscapes*: *The Cultural Politics of a Natural Resource* (New Delhi: Permanent Black, 2006), 39–62。

15. Daniyal Mueenuddin, "Nawabdin Electrician," in *In Other Rooms, Other Wonders* (New York: W.W. Norton, 2009), 13–28, 引文见第 13 页。

16. David A. Pietz, *The Yellow River*: *The Problem of Water in Modern China* (Cambridge, MA: Harvard University Press, 2015), 264–265; M. Webber et al., "The Yellow River in

Transition," *Environmental Science and Policy* 11 (2008): 422–429.

17. M. Rodell, I. Velicogna, and J. S. Famiglietti, "Satellite-Based Estimates of Groundwater Depletion in India," *Nature* 460 (2009): 999–1002.

18. M. K. Gandhi, "Some Mussooree Reminiscences," *Harijan*, June 23, 1946, 198; Ramachandra Guha, *The Unquiet Woods: Ecological Change and Political Protest in the Himalaya* (New Delhi: Oxford University Press, 1989).

19. Kathleen D. Morrison, "Dharmic Projects, Imperial Reservoirs, and New Temples of India: An Historical Perspective on Dams in India," *Conservation and Society* 8 (2010): 184.

20. 阿姆倍伽尔的观点见其在 1948 年 11 月 4 日印度制宪会议上的发言。有关前现代印度水源管理复杂性的研究，可参阅 David Mosse, *The Rule of Water: Statecraft, Ecology, and Collective Action in South Asia* (New Delhi: Oxford University Press, 2003); Haruka Yanagisawa, *A Century of Change: Caste and Irrigated Lands in Tamil Nadu, 1860s–1970s* (New Delhi: Manohar, 1996); 殖民规则绝对是生态的分水岭，对此观点抱有怀疑态度的概述，可参阅 Mahesh Rangarajan, "Environmental Histories of India: Of States, Landscapes, and Ecologies," in Kenneth Pomeranz and Edmund Burke III ed. *The Environment and World History,* (Berkeley: University of California Press, 2009), 229–254。

21. Agarwal, Chopra, and Sharma, *The State of India's Environment, 1982*; A. Agarwal and Sunita Narain, eds., *The State of India's Environment, 1984–85: A Second Citizens' Report* (New Delhi: Centre for Science and Environment, 1985), 引自 "Statement of Shared Concern"；科学与环境中心也发布了关于集水的纪录片，见 *Harvest of Rain,* dir. Sanjay Kak (1995), Centre for Science and Environment, 1995; Tim Forsyth, "Anil Agarwal," in D. Simon ed. *Fifty Key Thinkers on Development,* (London: Routledge, 2005), 9–14。

22. Vandana Shiva, *The Violence of the Green Revolution: Third World Agriculture, Ecology and Politics* (London: Zed Books, 1991), 11.

23. 第一份出自印度专家的报告在序言中提到了槟城的帮助，见 Agarwal, Chopra, and Sharma, *State of India's Environment, 1982*; 有关第三世界网络的论述，可参阅网站 www.twn.my/twnintro.html，查阅日期为 2018 年 2 月 1 日；有关槟城消费者协会的论述，可参阅 Matthew Hilton, *Prosperity for All: Consumer Activism in an Era of Globalization* (Ithaca, NY: Cornell University Press, 2009); 有关新型国际经济秩序兴衰的论述，可参阅 Nils Gilman, "The New International Economic Order: A Reintroduction," *Humanity* (Spring 2015): 1–16。

24. Anil Agarwal and Sunita Narain, *Global Warming in an Unequal World: A Case of Environmental Colonialism* (Delhi: Centre for Science and Environment, 1991).

25. P. Sainath, *Everybody Loves a Good Drought*: *Stories from India's Poorest Districts* (New Delhi: Penguin, 1996), 引文见第 319–320 页。

26. Aseem Shrivastava and Ashish Kothari, *Churning the Earth*: *The Making of Global India* (New Delhi: Viking, 2012), 176–183; P. Sainath, "Farm Suicides: A 12-Year Saga," *The Hindu*, January 25, 2010; P. Sainath, "The Largest Wave of Suicides in History," *The Hindu*, February 16, 2009; Akta Kaushal, "Confronting Farmer Suicides in India," *Alternatives* 40 (2016): 46–62.

27. Gyansham Shah, Harsh Mander, Sukhadeo Thorat, Satish Deshpande, and Amita Baviskar, *Untouchability in Rural India* (New Delhi: Sage, 2006), 75.

28. Agarwal, Chopra, and Sharma, *State of India's Environment, 1982,* 20–23.

29. Darryl D'Monte, *Temples of Tombs? Industry versus Environment, Three Controversies* (New Delhi: Centre for Science and Environment, 1985), 15.

30. M. C. Mehta v. Union of India (Kanpur Tanneries), *All India Reporter* (1988), SC 1037; M. C. Mehta v. Union of India (Municipalities), *All India Reporter* (1988), SC 1115: 案例引自 *Environmental Law and Policy in India*: *Cases, Materials and Statutes,* ed. Shyam Divan and Armin Rosencranz (New Delhi: Oxford University Press, 2001), 210–225。梅赫塔的生平见 the M. C. Mehta Foundation, http: //mcmef.org/m-c-mehta/; 梅赫塔相关经历可见他 1996 年获得戈德曼环境奖的授奖词，见 www.goldmanprize.org/recipient/mc-mehta/。

31. Judith Shapiro, *China's Environmental Challenges* (London: Polity, 2012), 112–118.

32. Ma Jun, *China's Water Crisis*, trans. Nancy Yang Liu and Lawrence R. Sullivan (Norwalk, CT: EastBridge/International Rivers, 2004), 引文见第 vii—xi, 79—80 页；中文初版见《中国水危机》（中国环境科学出版社 1999 年版）。

33. "India—Mr McNamara's Meeting with the Indian Finance Minister," Memorandum of September 27, 1978: WBA, Contacts with Member Countries: India—Correspondence 09, folder 1771081.

34. 点击戈德曼环境奖网站，进入梅达·帕特卡尔主页，可浏览她所获得的环保金奖：www. goldmanprize. org/recipient/medha-patkar/，查阅日期为 2018 年 3 月 1 日。

35. "Bankwide Lessons Learned from the Experience with the India Sardar Sarovar (Narmada) Project," World Bank report, May 19, 1993, http: //documents.worldbank. org/curated/en/221941467991015938/Lessons-learned-from-Narmada，查阅日期为 2018 年 3 月 19 日。

36. Smita Narula, "The Story of Narmada Bachao Andolan: Human Rights in the Global Economy and the Struggle against the World Bank," *New York University Public Law and Legal Theory Working Papers* 106 (2008); Balakrishnan Rajagopal, "The Role of Law in Counterhegemonic Globalization and Global Legal Pluralism: Lessons from

the Narmada Valley Struggle in India," *Leiden Journal of International Law* 18 (2005): 345–355; Alf Gunvald Nilsen, *Dispossession and Resistance in India: The River and the Rage* (London: Routledge, 2010). 有关穆迪的评论引自 "54 Years On, Modi Opens Sardar Sarovar Dam," *FirstPost,* September 18, 2017, www.firstpost.com/politics/ sardar-sarovar-dam-inaugurated -narendra-modi-alleges-conspiracy-to-stop-project-congress-calls-it-election-gimmick-4054251.html., 查阅日期为 2018 年 3 月 20 日。

37. 20 世纪八九十年代的研究综述见 Satyajit Singh, *Taming the Waters: The Political Economy of Large Dams in India* (New Delhi: Oxford University Press, 1997), 尤其是第 133—163 页有关生态后果的讨论。

38. 有关位移问题，可参阅 Sanjoy Chakravorty, *The Price of Land: Acquisition, Conflict, Consequence* (New Delhi: Oxford University Press, 2013), 尤其是附录 A9.2; 以及 Singh, *Taming the Rivers,* 182–203。有关全球视角的水坝位移问题，可参阅 International Committee of the Red Cross, *World Disasters Report 2012: Focus on Forced Migration and Displacement* (Geneva: Red Cross, 2012)。有关水坝比例失调对边缘化社会影响的论述，可参阅 Esther Duflo and Rohini Pande, "Dams," *Quarterly Journal of Economics* 122 (2007): 601–646。

39. Arundhati Roy, "The Greater Common Good," *Outlook,* May 24, 1999; 相关评论可参阅 Ramachandra Guha, "The Arun Shourie of the Left," *The Hindu,* November 26, 2000。

40. Vairamuthu, *Kallikaatu Ithihaasam* (Chennai: Thirumagal, 2001).

41. *Dams and Development: A New Framework for Decision Making. The Report of the World Commission on Dams* (London: Earthscan, 2000).

42. Ramaswamy R. Iyer, "The Story of a Troubled Relationship," *Water Alternatives* 6 (2013): 168–176, 引文见第 169、175 页；耶尔的经历，见 Amita Baviskar: "He Watered the Arid Fields of Administration with Intellectual Rigour and Honesty," *The Wire,* September 11, 2015, https: //thewire.in/environment/watering-the-arid-fields-of-administration-with-intellectual-rigour-and-honesty., 查阅日期为 2018 年 5 月 2 日。

43. Ravi S. Jha, "India's River Linking Project Mired in Cost Squabbles and Politics," *The Guardian,* February 5, 2013, www.theguardian.com /environment/2013/feb/05/ india-river-link-plan-progress-slow, 查阅日期为 2018 年 5 月 4 日 ; Supreme Court of India. Writ Petition (Civil) No. 512 of 2002 in Re. Networking of Rivers, judgment, accessed May 14, 2018, http: //courtnic.nic.in/supremecourt/temp/512200232722012p. txt, 查阅日期为 2018 年 5 月 14 日 ; Y. A. Alagh, G. Pangare, and B. Gujja, *Interlinking of Rivers in India: Overview and Ken-Betwa Link* (New Delhi: Academic Foundation, 2006)。

44. Ramaswamy R. Iyer, "River Linking Project: A Disquieting Judgment," *Economic*

and Political Weekly, April 7, 2012, 33–40, 引文见第 37 页。

45. Meera Subramanian, *A River Runs Again: India's Natural World in Crisis, from the Barren Cliffs of Rajasthan to the Farmlands of Karnataka* (New York: PublicAffairs, 2015).

46. "China Has Built the World's Largest Water Diversion Project," *The Economist,* April 5, 2018; 有关历史视野下的计划，可参阅 Kenneth Pomeranz, "The Great Himalayan Watershed: Water Shortages, Mega-Projects and Environmental Politics in China, India, and Southeast Asia," *Asia Pacific Journal: Japan Focus* 7 (2009), 2018 年 2 月 1 日查阅，https: //apjjf.org/-Kenneth-Pomeranz/3195/article.html。

47. C. J. Vörösmarty et al, "Battling to Save the World's River Deltas," *Bulletin of the Atomic Scientists,* 65, 2 (2009): 31–43; James Syvitski, "Sinking Deltas Due to Human Activities," *Nature Geoscience* 2 (2009): 681–686; Roger L. Hooke, "On the History of Humans as Geomorphic Agents," *Geology* 28 (2000): 843–846.

48. Pomeranz, "The Great Himalayan Watershed."

49. Shripad Dharmadhikary, *Mountains of Concrete: Dam Building in the Himalayas* (Berkeley: International Rivers, 2008); Douglas Hill, "Transboundary Water Resources and Uneven Development: Crisis Within and Beyond Contemporary India," *South Asia: Journal of South Asian Studies* 36 (2013): 243–257; John Vidal, "China and India 'Water Grab' Dams Put Ecology of the Himalayas in Danger," *The Observer,* August 10, 2013.

50. Dharmadhikary, *Mountains of Concrete.*

51. Dharmadhikary, *Mountains of Concrete*; R. Grumbine and M. Pandit, "Threats from India's Himalaya Dams," *Science* 339 (2013): 36–37; Rohan D'Souza, "Pulses Against Volumes: Transboundary Rivers and Pan-Asian Connectivity," in Karen Stoll Farrell and Sumit Ganguly ed. *Heading East: Security, Trade, and Environment Between India and Southeast Asia,* (Oxford: Oxford University Press, 2016); Jane Qiu, "Flood of Protest Hits Indian Dams," *Nature* 492 (2012): 15–16; 范晓的文章见 Charlton Lewis, "China's Great Dam Boom: A Major Assault on Its Rivers," *Yale Environment 360,* November 4, 2013, https: //e360.yale.edu/features/chinas_great_dam_boom_an_ assault_on_its_river_systems，查阅日期为 2018 年 3 月 1 日。

52. T. Bolch et al., "The State and Fate of the Himalayan Glaciers," *Science* 336 (2012): 310–314; World Bank, *Turn Down the Heat*; Dexter Filkins, "The End of Ice: Exploring a Himalayan Glacier," *New Yorker,* April 4, 2016.

53. S. P. Xie et al., "Towards Predictive Understanding of Regional Climate Change," *Nature Climate Change* 5 (2015): 921–930.

54. A. Turner and H. Annamalai, "Climate Change and the South Asian Monsoon,"

Nature Climate Change 2 (2012): 587–595; M. Bollasina, Y. Ming, and V. Ramaswamy, "Anthropogenic Aerosols and the Weakening of the South Asian Summer Monsoon," *Science* 334 (2011): 502–505; Deepti Singh, "South Asian Monsoon: Tug of War on Rainfall Changes," *Nature Climate Change* 6 (2016): 20–22; R. Krishnan et al., "Deciphering the Desiccation Trend of the South Asian Monsoon Hydroclimate in a Warming World," *Climate Dynamics* 47 (2016): 1007–1027.

55. J. Lelieveld, P. J. Crutzen, V. Ramanathan et al., "The Indian Ocean Experiment: Widespread Air Pollution from South and Southeast Asia," *Science* 291 (2001): 1031–1036; P. J. Crutzen and E. F. Stoermer, "The Anthropocene," *Global Change Newsletter* 41 (2000): 17–18.

56. V. Ramanathan, "Atmospheric Brown Clouds: Impact on South Asian Climate and Hydrological Cycle," *Proceedings of the National Academy of Science* 102 (2005): 5326–5333; H. V. Henriksson et al., "Spatial Distributions and Seasonal Cycles of Aerosols in India and China seen in Global Climate-Aerosol Model," *Atmospheric Chemistry and Physics* 11 (2011): 7975–7990.

57. Bollasina, Ming, and Ramaswamy, "Anthropogenic Aerosols"; Theodore G. Shepherd, "Atmospheric Circulation as a Source of Uncertainty in Climate Change Projections," *Nature Geoscience* 7 (2014): 703–708.

58. Singh, "South Asian Monsoon," 21; Krishnan et al., "Deciphering the Desiccation Trend"; D. Niyogi, C. Kishtawal, S. Tripathi, and R. Govindaraju, "Observational Evidence that Agricultural Intensification and Land Use Change May Be Reducing the Indian Summer Monsoon Rainfall," *Water Resources Research* 46 (2010), https: //doi. org/10.1029/2008WR007082.

59. D. Singh, M. Tsiang, B. Rajaratnam, and N. Diffenbaugh, "Observed Changes in Extreme Wet and Dry Spells During the South Asian Summer Monsoon," *Nature Climate Change* 4 (2014): 456–461; Krishnan et al., "Deciphering the Desiccation Trend"; B. N. Goswami, S. A. Rao, D. Sengupta, and S. Chakravorty, "Monsoons to Mixing in the Bay of Bengal: Multiscale Air-Sea Interactions and Monsoon Predictability," *Oceanography* 29 (2016): 28–37.

60. Adam Sobel, *Storm Surge: Hurricane Sandy, Our Changing Climate, and Extreme Weather of the Past and Future* (New York: Harper Wave, 2014), 203–232; Amitav Ghosh, *The Great Derangement: Climate Change and the Unthinkable* (Chicago: University of Chicago Press, 2016), 41–43.

61. 数据来源 : EM-DAT International Disaster Database, www.emdat.be，查阅日期为 2018 年 4 月 22 日。

62. Ubydul Haque et al., "Reduced Deaths from Cyclones in Bangladesh: What More

Needs to Be Done?," *Bulletin of the World Health Organization* 90 (2012): 150–156, doi: 10.2471/BLT.11.088302.

63. A. Mahadevan et al., "Freshwater in the Bay of Bengal: Its Fate and Role in Air-Sea Heat Exchange," *Oceanography* 29 (2016): 72–81.

64. "Seafloor Holds 15 Million Years of Monsoon History," https: //news.brown.edu/ articles/2015/02/monsoons，查阅日期为 2018 年 4 月 10 日。

65. Concerned Citizens' Commission, *Mumbai Marooned: An Inquiry into the Mumbai Floods, 2005* (Mumbai: Conservation Action Trust, 2006).

66. Ghosh, *Great Derangement,* 50–51.

67. Anuradha Mathur and Dilip da Cunha, "The Sea and Monsoon Within: A Mumbai Manifesto," in Mohsen Mostafavi with Gareth Doherty ed. *Ecological Urbanism,* (Cambridge, MA: Harvard University Graduate School of Design/Lars Müller, 2010), 194–207.

68. Susan Hanson et al., "A Global Ranking of Port Cities with High Exposure to Climate Extremes," *Climatic Change* 104 (2011): 89–111; Orrin H. Pilkey, Linda Pilkey-Jarvis, and Keith C. Pilkey, *Retreat from a Rising Sea: Hard Choices in an Age of Climate Change* (New York: Columbia University Press, 2016), 65–74.

69. International Federation of Red Cross and Red Crescent Societies, "Indonesia: Jakarta Floods," Information Bulletin 4.2007, September 26, 2007; Pilkey, Pilkey-Jarvis, and Pilkey, *Retreat from a Rising Sea,* 70–71.

70. On the contemporary geopolitics of the Bay, 参见 Sunil S. Amrith *Crossing the Bay of Bengal: The Furies of Nature and the Fortunes of Migrants* (Cambridge, MA: Harvard University Press, 2013), 第八章。

71. A. Mahadevan et al., "Bay of Bengal: From Monsoons to Mixing," *Oceanography* 29 (2016): 14–17, 地图见第 16 页。

72. International Federation of Red Cross Societies, *World Disasters Report 2012: Focus on Forced Migration and Displacement* (Geneva: IFRC, 2013), 231.

73. Amrith, *Crossing the Bay of Bengal,* 第八章。

74. Joya Chatterji, "Dispositions and Destinations: Refugee Agency and 'Mobility Capital' in the Bengal Diaspora, 1947–2007," *Comparative Studies in Society and History* 55 (2013): 273–304; IFRC, *World Disasters Report 2012,* 38.

75. *Groundswell: Preparing for Internal Climate Migration* (Washington, DC: World Bank, 2018).

76. World Bank, "Policy Note #2: Internal Climate Migration in South Asia" (2018), https: //openknowledge.worldbank.org/bitstream/handle/10986/29461/ GroundswellPN2.pdf?sequence=7&isAllowed=y，查阅日期为 2018 年 5 月 14 日。

77. ASEAN, *Master Plan on ASEAN Connectivity 2025* (Jakarta: Asean Secretariat, 2016); Constantino Xavier, *Bridging the Bay of Bengal: Towards a Stronger BIMSTEC* (New Delhi: Carnegie India, February 2018).

78. Aparna Roy, "Bay of Bengal Diplomacy," *The Hindu,* October 10, 2017.

79. 季节观察 (Season Watch), www.seasonwatch.in/. 查阅日期为 2018 年 5 月 1 日。

80. Prasenjit Duara, *The Crisis of Global Modernity: Asian Traditions and a Sustainable Future* (Cambridge: Cambridge University Press, 2014).

81. 甘地引用辛格在《文学中的印度季风》（"Indian Monsoon in Literature"）的话语，第 50 页。

尾声：水边的历史与记忆

1. Zadie Smith, "Elegy for a Country's Seasons," *New York Review of Books,* April 3, 2014.

2. Namrata Kala, "Learning, Adaptation, and Climate Uncertainty: Evidence from Indian Agriculture," working paper, August 2017, https: //namratakala.files.wordpress.com/2017/08/kala_learning_aug-2017_final.pdf, 查阅日期为 2018 年 3 月 3 日。

3. Suprabha Seshan, "Once, the Monsoon," June 22, 2017, https: //countercurrents.org/2017/06/22/once-the-monsoon/, 查阅日期为 2018 年 3 月 10 日。

4. M. Rajshekhar, "Why Tamil Nadu's Fisherfolk Can No Longer Find Fish," *Scroll,* July 8, 2016, https: // scroll.in/ article/808960/ why-tamil-nadus-fisherfolk-can-no-longer-find-fish，查阅日期为 2018 年 4 月 15 日，文本引自拉杰舍克哈的报告；E. Vivekanandan, "Impact of Climate Change in the Indian Marine Fisheries and Potential Adaptation Options," in *Coastal Fishery Resources of India: Conservation and Sustainable Utilisation* (Cochin, India: Society of Fisheries Technologists, 2010), 169–184; Amitav Ghosh and Aaron Savio Lobo, "Bay of Bengal: Depleted Fish Stocks and Huge Dead Zone Signal Tipping Point," *The Guardian,* January 31, 201。